高等医药院校药学主要课程复习指南丛书

有机化学复习指南

主 编 关 丽
副主编 王秀珍 陈传兵

天津出版传媒集团

天津科技翻译出版有限公司

图书在版编目(CIP)数据

有机化学复习指南 / 关丽主编 . —天津:天津科技翻译出版有限公司,2014.1(2021.3重印)
(高等医药院校药学主要课程复习指南丛书)
ISBN 978-7-5433-3312-3

Ⅰ.①有… Ⅱ.①关… Ⅲ.①有机化学—医学院校—教学参考资料 Ⅳ.①062

中国版本图书馆 CIP 数据核字(2013)第 242731 号

出　　版:天津科技翻译出版有限公司
出 版 人:刘 庆
地　　址:天津市南开区白堤路 244 号
邮政编码:300192
电　　话:022-87894896
传　　真:022-87895650
网　　址:www.tsttpc.com
印　　刷:天津新华印务有限公司
发　　行:全国新华书店
版本记录:787×1092　16 开本　10 印张　200 千字
2014 年 1 月第 1 版　2021 年 3 月第 2 次印刷
定价:21.80 元

《高等医药院校药学主要课程复习指南丛书》

编委会名单

《有机化学复习指南》

编者名单

主　编　关　丽

副主编　王秀珍　陈传兵

编　者　（按姓名汉语拼音排序）

陈传兵（广州中医药大学）

关　丽（广东药学院）

李银涛（长治医学院）

牛　奔（大连医科大学）

万屏南（江西中医药大学）

王秀珍（广东药学院）

前　言

在日常教学活动中，总有同学说有机化学真难，要掌握并应用它非常不容易。事实确实如此。有机化学的知识点比较多，而部分章节内容间的联系并不是很紧密，所以又给人以零散的感觉。但只要方法正确，学好有机化学也并非难事。在教学中，我们经常鼓励学生在课后，特别是每一章学习结束后，及时归纳总结、提炼知识点，将课本中十几页，甚至几十页的内容"浓缩"在几页纸上，复习时既能节省时间又可以提高学习效率。再辅以一定量的课后练习，学好有机化学也就比较容易了。我们根据多年来从事有机化学的教学经验以及有机化学的教学要求编写了本书，希望能为读者提供一定参考。

全书共17章，每章内容分为四个部分：学习要点、经典习题、知识地图和习题参考答案。"学习要点"是对每章的知识点提出要求，通过结构与性质的关系，概括和归纳了本章的基本理论和基本反应，并对重点和难点内容进行了标示，以便于读者理解和掌握有机化学反应的规律及特点。"经典习题"为具有代表性的习题，希望通过练习能启发学生的思维、提高解题能力，以达到巩固和拓宽知识的目的。"知识地图"是对本章内容的集中概览，以图表的形式列出，比较形象地反映了本章知识点及相互间的关系，能帮助学生进一步掌握本章学习内容，这也是本书的突出特色之一。"习题参考答案"旨在供学生练习之后进行自检。

本书的编写分工如下：关丽负责第1章、第3章和第12章；牛奔负责第2章、第13章和第16章；王秀珍负责第4章、第10章和第15章；陈传兵负责第5章、第7章和第9章；李银涛负责第6章、第8章和第14章；万屏南负责第11章和第17章。本书编写过程中还得到了广东药学院陈琳老师及有机化学教研室同事的帮助，在此一并表示感谢。

编　者

2013年10月

前言

编者

2015年10月

目　录

第一章 绪 论

本章基本内容包括有机化合物和有机化学的定义，有机化合物的结构理论，共价键的参数与断裂，酸碱理论及有机化合物的分类与表示方法。重点内容是有机化合物的杂化轨道理论、共价键的参数及路易斯酸碱理论。

学习要点

1. 杂化轨道理论▲ 元素的原子在成键时变成激发态，能量相近的原子轨道重新组合成为杂化轨道。杂化轨道的数目等于参与杂化的原子轨道数目。杂化轨道的方向性更强，更易成键。

表 1-1 碳原子的杂化方式及相关属性

杂化方式	轨道组成	轨道间夹角	共价键类型	形成分子的形状
sp^3杂化	1个s+3个p	109.5°	σ / 单键	四面体形
sp^2杂化	1个s+2个p	120°	σ+π/双键	平面形
sp杂化	1个s+1个p	180°	σ+2π/三键	线形

2. 共价键的参数▲

- 键长⟶化学键稳定性的指标之一（键长越长，越易极化）
- 键角⟶反应分子的立体形状
- 键能⟶衡量共价键强度（键能越大，键越牢固）
  - 双原子分子：键能＝离解能
  - 多原子分子：键能＝离解能平均值
- 键的极性⟶由电负性不同引起，以偶极矩衡量
- 键的可极化性⟶成键原子体积越大，电负性越小，则键的可极化性越大，越易发生反应

3. 酸碱理论▲

表 1-2 各种酸碱理论的比较

酸碱理论	酸碱定义		特点
	酸	碱	
阿累尼乌斯电离理论	电离出质子	电离出氢氧负离子	较大局限性
勃朗斯德质子理论	质子给予体	质子接受体	共轭酸碱
路易斯电子理论	电子接受体	电子给予体	酸碱范围极大扩大

4. 酸性强度与结构的关系▲▲ 物质的酸性主要取决于其解离出H^+后所产生的负离子（共轭碱）的稳定性。负离子越稳定，则该酸的酸性越强。

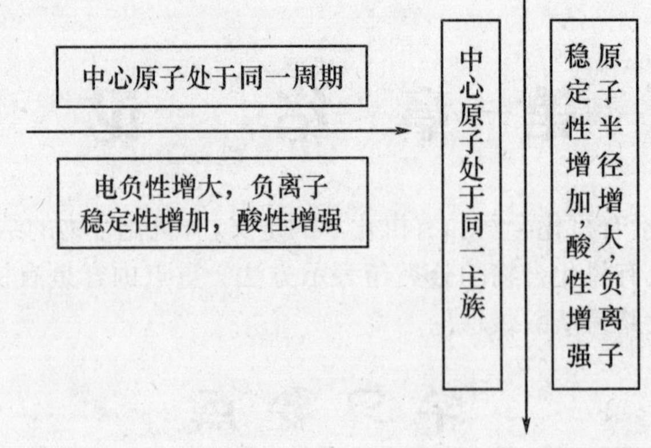

经典习题

1. 指出下列化合物中碳原子的杂化状态：

(1) CH_3OH　(2) CH_3-CN　(3) CH_3COOH　(4) CH_3NH_2

2. 写出下列化合物的路易斯结构式：

(1) CH_3NO_2　(2) H_2S　(3) HCN　(4) $COCl_2$　(5) C_2H_2　(6) NaBr

3. 根据八隅体规则，用黑点标出下列结构式中所有的孤对电子：

$H_2\overset{-}{C}-\overset{+}{N}\equiv N$　$H_2C=\overset{+}{N}=\overset{-}{N}$　$\overset{-}{O}-\overset{+}{O}=O$　$\overset{-}{O}-O-\overset{+}{O}$　$H_3C-C\equiv\overset{+}{N}-\overset{-}{O}$　NH_2

4. 选择题：

(1) 下列结构中，不属于路易斯酸的是：

A. $ZnCl_2$　B. Ag^+　C. RO^-　D. BF_3

(2) 下列物质中，不属于路易斯碱的是：

A. RSH　B. Cu^{2+}　C. NH_3　D. $CH_2=CH_2$

(3) 下列化合物中，属于非极性分子的是：

A. H_2O　B. CH_2Cl_2　C. CH_3OCH_3　D. CCl_4

(4) 下列共价键中，在外电场作用下最易极化的是：

A. C—I　B. C—O　C. C—F　D. C—S

5. 判断题：

(1) 有机化合物中，键能和离解能是一致的，没有差别。

(2) 价键理论和分子轨道理论的主要区别在于价键理论所描述的成键电子是定域的，而分子轨道理论是以离域观点为基础的。

(3) 分子中无极性共价键，但整个分子可能有偶极矩。

(4) 分子中有极性共价键，但整个分子可能无偶极矩。

6. 比较下列负离子的稳定性：

(1) 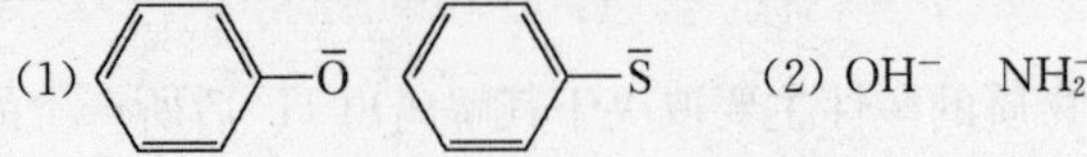　(2) OH^-　NH_2^-

7. 下列化合物有偶极矩吗？若有，请标明其方向。

BF_3　HCN　CH_2Cl_2　HCHO

知识地图

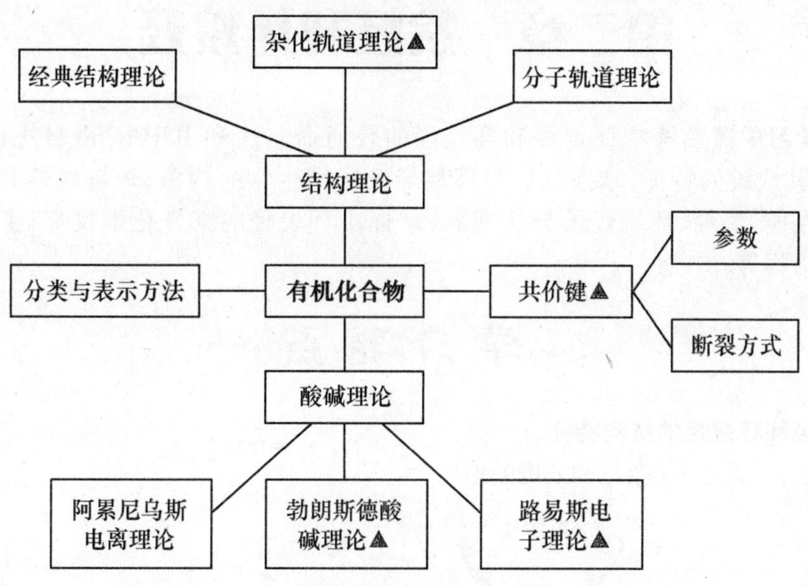

习题参考答案

1.(1) sp^3 (2) CH_3 sp^3,CN sp (3) CH_3 sp^3,COOH sp^2 (4) sp^3

2.(1) $H:\overset{H}{\underset{H}{C}}:\overset{:\ddot{O}:}{\ddot{N}}::\ddot{O}:$ (2) $H:\ddot{\underset{..}{S}}:H$ (3) $H:C\vdots\vdots N:$ (4) $:\ddot{Cl}:\overset{:\ddot{O}}{C}:\ddot{Cl}:$ (5) $H:C\vdots\vdots C:H$ (6) $Na^+ :\ddot{\underset{..}{Br}}:^-$

3. $H_2\overset{-}{C}—\overset{+}{N}\equiv N:$ $H_2C=\overset{+}{N}=\overset{-}{N}:$ $:\overset{-}{\underset{..}{O}}—\overset{+}{\underset{..}{O}}=\underset{..}{O}:$ $:\overset{-}{\underset{..}{O}}—\underset{..}{O}—\overset{+}{\underset{..}{O}}:$ $H_3C—C\equiv\overset{+}{N}—\overset{-}{\underset{..}{O}}:$ $C_6H_5—\ddot{N}H_2$

4.(1) C (2) B (3) D (4) A

5.(1) 错 (2) 对 (3) 错 (4) 对

6.(1) $C_6H_5—\overset{-}{O}$ < $C_6H_5—\overset{-}{S}$ (2) $OH^- > NH_2^-$

7. BF_3偶极矩为 0

H—C≡N CH_2Cl_2 $H_2C=O$

第二章　烷烃和环烷烃

本章学习中需熟练掌握烷烃和环烷烃的普通命名法和 IUPAC 命名法，碳原子的 sp^3 杂化及其成键的特征，掌握烷烃与环烷烃及其衍生物的构象；理解烷烃和环烷烃的主要化学性质，烷烃、环烷烃的异构现象；掌握小环烷烃的特殊化学反应；了解烷烃的卤代反应历程等。

学习要点

1. 烷烃和环烷烃的结构特征

（1）烷烃碳原子 sp^3 杂化和 σ 键的形成

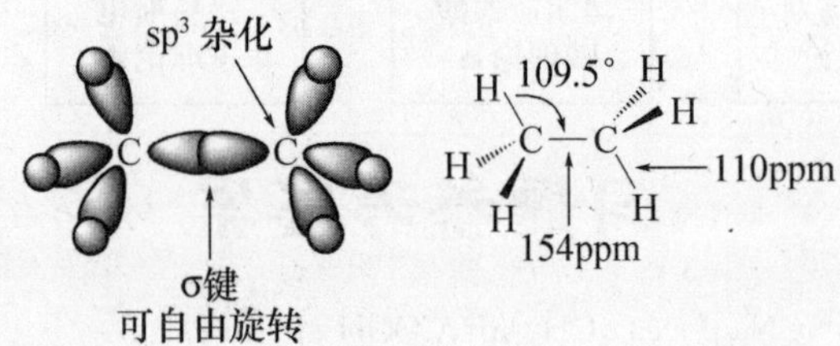

（2）小环烷烃的结构特征

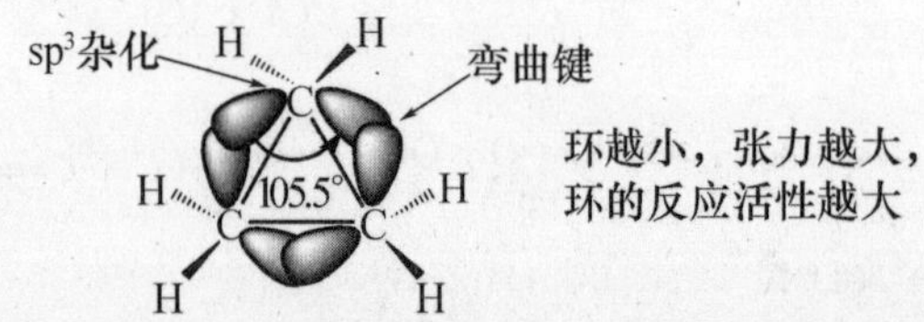

（3）异构现象

异构
- 构造异构　碳链异构：由碳原子连接方式和顺序不同引起，如 和
- 立体异构
  - 构象异构：由单键旋转引起原子在空间的不同排列，如 和 ， 和
  - 构型异构：由于环不能无限扭曲所引起，如 和

2. 构象　由于围绕键旋转所产生的分子的各种立体形象称为构象。

（1）构象式的表达

重叠式　　交叉式　　重叠式　　交叉式

锯架式　　纽曼投影式

（2）丁烷的构象

全重叠式　　邻位交叉式　　部分重叠式　　对位交叉式

稳定性顺序为：对位交叉式＞邻位交叉式＞部分重叠式＞全重叠式

（3）环己烷的构象

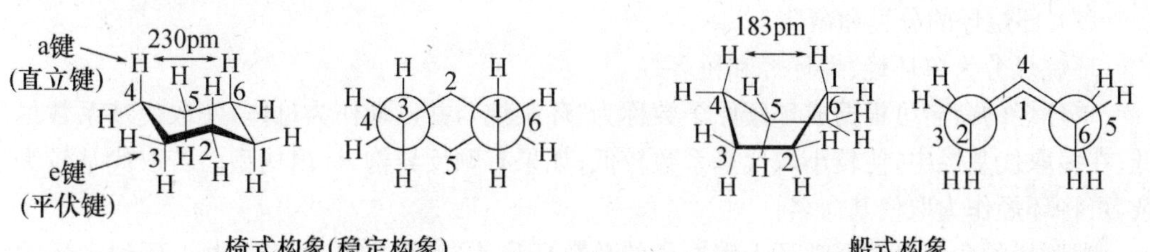

椅式构象(稳定构象)　　船式构象

环己烷的椅式构象中，任何两个相邻的C—H键间都处于交叉式，既没有扭转张力也没有角张力，又是无张力环，是环己烷众多构象中最稳定的。椅式构象中有两种类型的C—H键，分别称为a键和e键。经过翻环以后，环上原来的a键全部变为e键，原来的e键则全部变为a键。

船式构象中，C_2与C_3、C_5与C_6之间的碳氢为重叠式构象，引起扭转张力；同时，由于旗杆氢间的距离较小而产生跨环张力，因此不如椅式构象稳定。

3. 烷烃和环烷烃的命名▲▲

（1）烷烃的命名

①普通命名法（仅适合于简单的烷烃）

直链烷烃，碳原子数在10个以下的，用天干法，称为“正某烷”。含十一个碳原子以上的用中文数字表示碳原子数。碳链一末端带异丙基，其他部分无支链的烷烃，按碳原子数称为“异某烷”。碳链一端有叔丁基，其他部分无支链的烷烃称为“新某烷”。根据碳原子所连的其他碳原子的数目，将碳原子分为伯、仲、叔、季四类碳原子，也可依次表示为1°、2°、3°、4°碳原子。

伯(1°)碳　仲(2°)碳　叔(3°)碳　季(4°)碳

$CH_3CH_2CH_2CH_2CH_2CH_3$　　$CH_3CH(CH_3)CH_2CH_2CH_3$　　$CH_3C(CH_3)_2CH_2CH_3$

正己烷　　异己烷　　新己烷

②系统命名法

系统命名法是根据国际上通用的 IUPAC 命名原则并结合我国文字特点拟定的，烷烃的系统命名主要内容："链要长"——选择含碳原子最多的碳链作为主链；"基要多"——有几条等长碳链时，选择取代基最多的作为主链；"系数低"——从距离取代基最近的一端开始编号。例如：

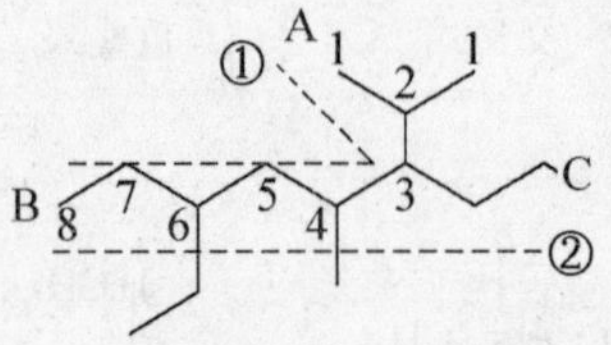

2,4-二甲基-3,6二乙基辛烷

选主链有两个等长碳链①A→B 和②B→C，链①有 4 个取代基，链②只有 3 个，所以选①做主链；编号时由 A→B 或 B→A，前者取代基系数为 2、3、4、6，后者取代基为 3、5、6、7，选系数低 A→B 编号；确定名称为 2,4-二甲基-3,6-二乙基辛烷。注意，最后的取代基和母体名称之间不加短横线。

(2) 环烷烃的分类和命名

环烷烃分为单环烃、螺环烃和桥环烃。

单环烃的命名可根据成环碳原子数称为"环某烷"，并以环作为母体，使取代基系数尽量低；在多取代基烃中，使较小取代基系数较低；如果有顺反异构，标出构型。若取代基较为复杂，可将环烃作为取代基命名。

螺环烃的命名可根据螺环上碳原子的总数目称为"螺某烷"，并按照由小环到大环的顺序给环上碳原子编号，在方括号内标出每个环中的碳数(不包括螺原子)。

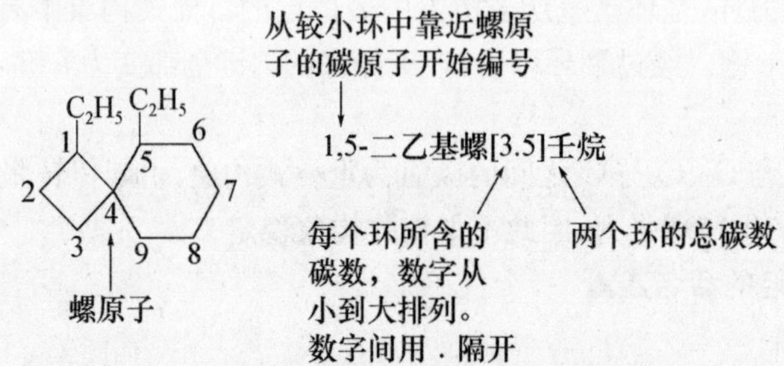

桥环烃的命名从桥头碳开始，按照先长桥后短桥的顺序给环上碳原子编号，每条桥上的碳原子数写在方括号内(均不计桥头碳原子)。

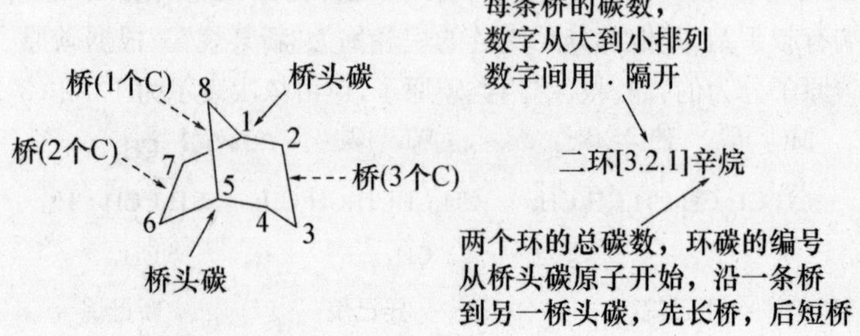

4. 烷烃和环烷烃的物理性质　烷烃和环烷烃的熔点和沸点等物理性质主要与分子间的吸引力密切相关，一般随着分子量的增大呈现递增现象。同分异构体中，直链异构体的沸点比含支链的高；同碳原子数的环烃比开链烃沸点高。

5. 烷烃和环烷烃的化学性质▲

(1) 烷烃

主要化学性质：

- 卤代反应　$RH \xrightarrow{X_2/光或高温} RX$　反应活性：$3°H > 2°H > 1°H > CH_4$；$F_2 >> Cl_2 > Br_2 >> I_2$；反应选择性：$Br_2 > Cl_2$
- 裂解反应　$RH \xrightarrow{500 \sim 800℃}$ 小分子烷烃＋小分子烯烃
- 氧化反应　$RH \xrightarrow[氧化或燃烧]{O_2} CO_2 + H_2O$

①自由基链锁反应机制

在光或高温下发生卤代反应，反应通常很难停留在一元取代阶段，得到的产物是卤代烷的混合物，反应为自由基链锁反应机制。

链引发　$Cl—Cl \xrightarrow[或\triangle]{h\nu} 2\dot{C}l$

链增长　$\dot{C}l + H—CH_3 \longrightarrow \dot{C}H_3 + HCl$

$\dot{C}H_3 + \dot{C}l—Cl \longrightarrow CH_3Cl + \dot{C}l$

⋮

链终止　$\dot{C}H_3 + \dot{C}l \longrightarrow CH_3Cl$

$\dot{C}H_3 + \dot{C}l \longrightarrow CH_3CH_3$

$\dot{C}l + \dot{C}l \longrightarrow Cl—Cl$

②氢的相对反应活性▲

氢原子活性顺序：$3°H > 2°H > 1°H > CH_3—H$。不同种类氢原子的活性差异还与取代的卤素有关。卤素的活性：$F_2 > Cl_2 > Br_2 > I_2$。

③自由基的结构及相对稳定性▲▲

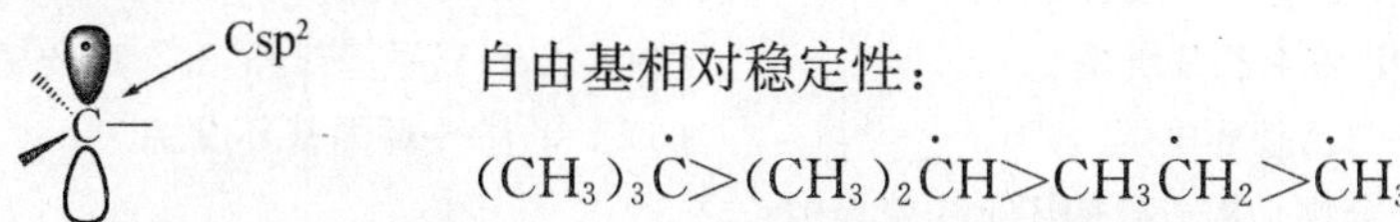

自由基相对稳定性：

$(CH_3)_3\dot{C} > (CH_3)_2\dot{C}H > CH_3\dot{C}H_2 > \dot{C}H_3$

自由基中间体的相对稳定性决定了卤代物在混合产物中的比例。

(2) 小环烷烃▲▲

在环烷烃中，常见的五元环、六元环烃的价键结构和化学性质与烷烃类似；而小环(三元环和四元环)性质活泼，易与 H_2、HX、X_2 等试剂发生开环反应，但一般不易发生氧化反应。开环时一般断裂的是取代基最多和取代基最少的碳碳键。

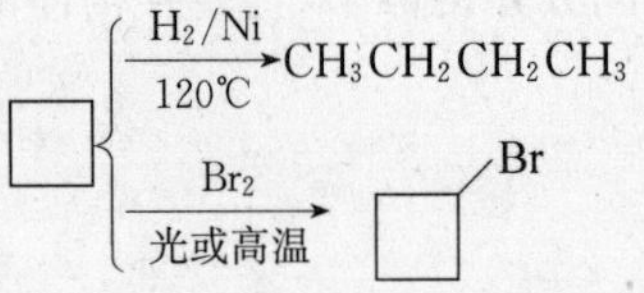

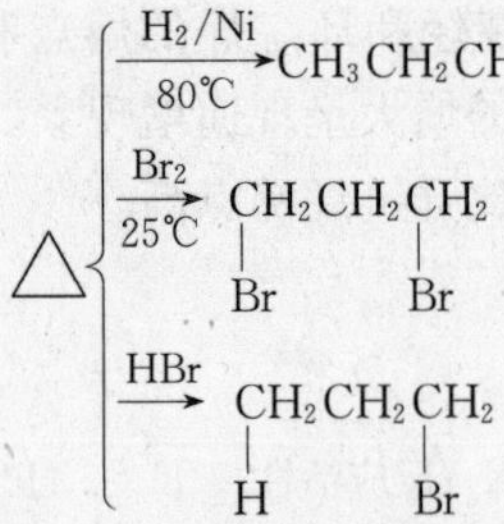

褪色,可用于与烯烃区别

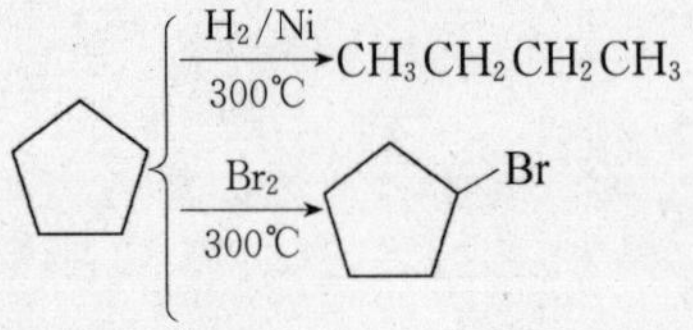

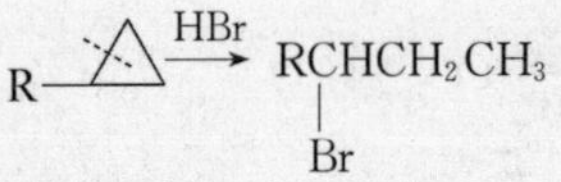

氢与含氢较多的环碳原子结合,
溴与含氢较少的环碳原子相连

⟡⟡⟡⟡⟡⟡ 经典习题 ⟡⟡⟡⟡⟡⟡

1. 根据系统命名法命名下列化合物:

(1) 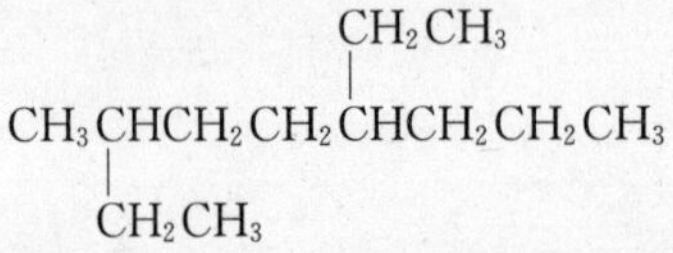

(2) 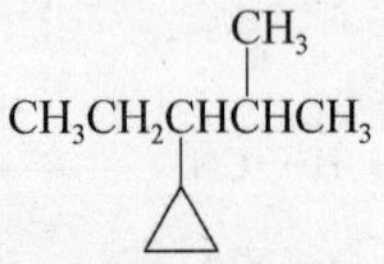

(3) 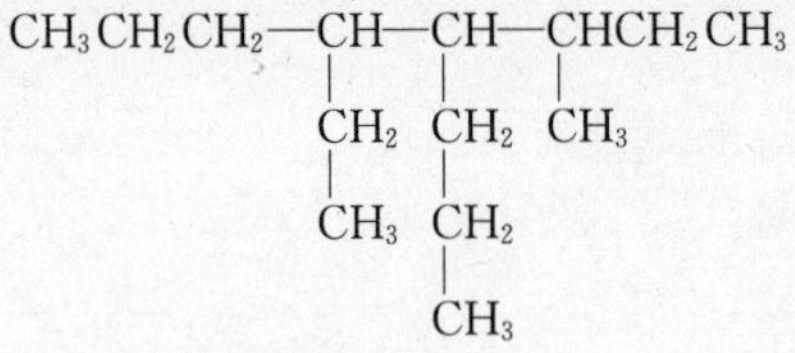

(4) 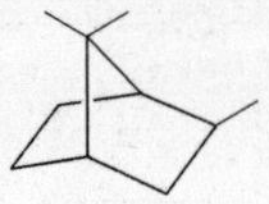

(5) 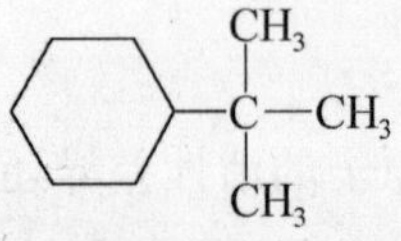

(6) 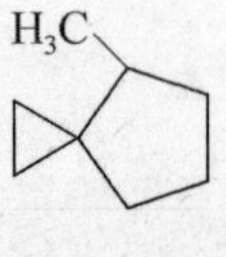

2. 写出结构式:

(1) 2-甲基-3-乙基-3-环己基己烷　　(2) 1,7-二乙基螺[3.5]壬烷

(3) 2,4-二甲基-4-乙基庚烷　　(4) 1,2,8-三甲基二环[3.2.1]辛烷

(5) 反-1,3-二乙基环戊烷　　(6) 1-甲基-3-环丙基环戊烷

3. 下面各对化合物是构造异构还是构象异构?

(1) 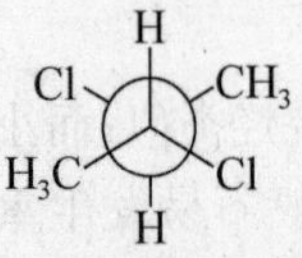 与 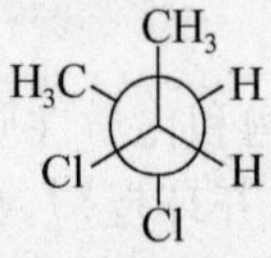　　(2) 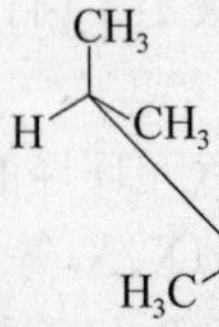 与 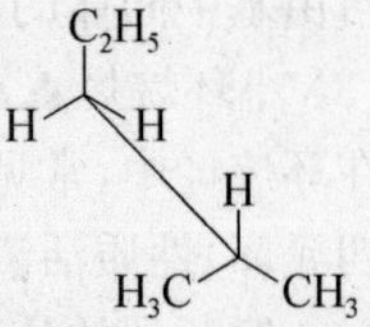

4. 写出化合物 $CH_3CH_2CH_2Br$ 绕 $C_1—C_2$ 的 σ 键旋转时典型构象的 Newman 投影式,并比较稳定性。

5. 试将下列烷基自由基按稳定顺序排列:

(1) $(CH_3)_2CHCH_2\dot{C}H_2$　　(2) $(CH_3)_3\dot{C}CHCH_3$　　(3) $(CH_3)_2\dot{C}CH_2CH_3$

6. 完成下列反应式：

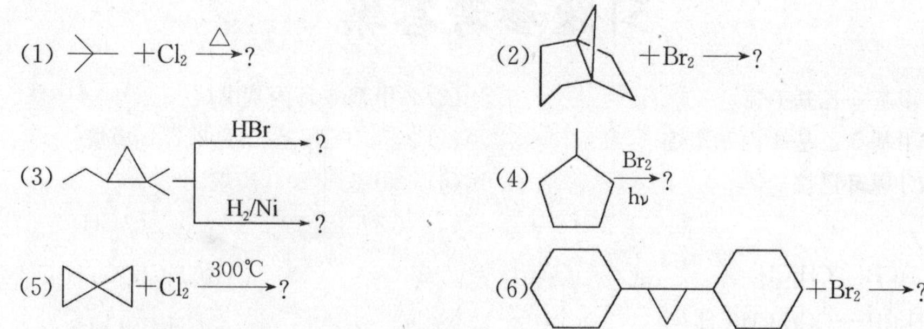

7. 用化学方法区分环丙烷与环戊烷。

8. 写出分子式为 C_7H_{16}，并符合下列要求的构造式：

(1) 含一个季碳原子和一个叔碳原子　(2) 含两个仲碳原子和一个季碳原子

9. 下列化合物按沸点降低的顺序排列：

(1) 丁烷　(2) 己烷　(3) 3-甲基戊烷

(4) 2-甲基丁烷　(5) 2,3-二甲基丁烷　(6) 环己烷

10. 某环烃的分子式为 C_7H_{14}，只含 1 个 1°碳原子，写出可能的结构式并命名。

11. 环己烷与氯在光或热条件下，生成一氯环己烷的反应是自由基链反应。写出链引发、链增长、链终止的各步反应式。

12. 化合物 A 的分子式为 C_6H_{12}，室温下能使溴水褪色，但不能使 $KMnO_4$ 溶液褪色，与 HBr 反应得到化合物 B($C_6H_{13}Br$)，A 氢化得到 2,3-二甲基丁烷，写出 A、B 的结构式及各步反应式。

知识地图

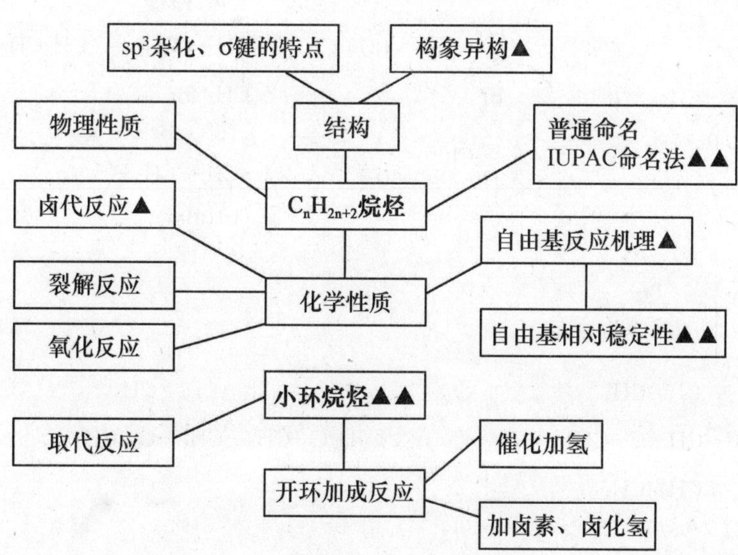

习题参考答案

1. (1) 3-甲基-6-乙基壬烷　　(2) 2-甲基-3-环丙基戊烷
　(3) 3-甲基-5-乙基-4-丙基辛烷　　(4) 2,7,7-三甲基二环[2.2.1]庚烷
　(5) 叔丁基环己烷　　(6) 4-甲基螺[2.4]庚烷

2. (1)

$$\begin{array}{c} \quad CH_3 \quad CH_2CH_3 \\ CH_3CH-CCH_2CH_2CH_3 \\ | \\ \text{(环己基)} \end{array}$$

(2)

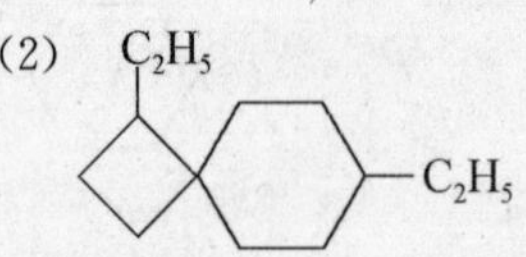

(3)

$$\begin{array}{c} CH_3 \\ CH_3CHCH_2CCH_2CH_2CH_3 \\ CH_3 \quad C_2H_5 \end{array}$$

(4)

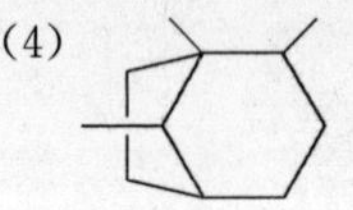

(5)

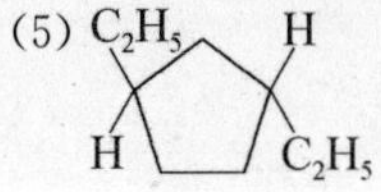

(6)

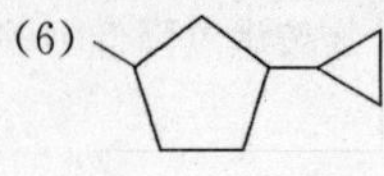

3. (1) 构象异构　(2) 构造异构

4.

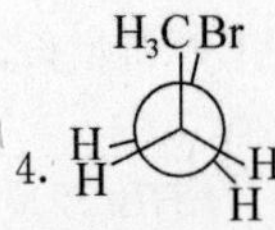

全重叠式

邻位交叉式（Br；H，CH_3；H，H；H）

部分重叠式（HBr；H，H；CH_3，H）

对位交叉式（Br；H，H；H，H；CH_3）

稳定性顺序为:对位交叉式＞邻位交叉式＞部分重叠式＞全重叠式

5. (3) ＞(2) ＞(1)

6. (1) （结构式，含 Cl）

(2)

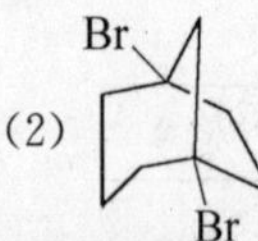

(3)

$$\begin{array}{c} CH_3 \\ CH_3CH_2CH-CCH_3 \\ CH_3 \quad Br \end{array} \qquad \begin{array}{c} CH_3 \\ CH_3CH_2CH-CHCH_3 \\ CH_3 \end{array}$$

(4) （结构式，含 Br）　(5) （结构式，含 Cl）　(6)

$$\begin{array}{c} Br \\ \text{环己基}-CH-CH-\text{环己基} \\ CH_2Br \end{array}$$

7. （环戊烷、环丙烷）$\xrightarrow[\text{室温,避光}]{Br_2}$ ×；褪色

8. (1)

$$\begin{array}{c} CH_3 \\ H_3C-CH-C-CH_3 \\ CH_3 \quad CH_3 \end{array}$$

(2)

$$\begin{array}{c} CH_3 \\ H_3C-CH_2-CH_2-C-CH_3 \\ CH_3 \end{array}$$

9. (6) ＞(2) ＞(3) ＞ (5) ＞ (4) ＞ (1)

10.

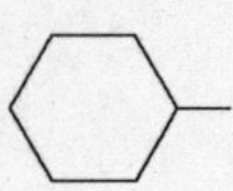

正丁基环丙烷　正丙基环丁烷　乙基环戊烷　甲基环己烷

11. 链引发　$Cl_2 \longrightarrow 2Cl$

链增长 $C_6H_{12} + Cl\cdot \longrightarrow C_6H_{11}\cdot + HCl$

$C_6H_{11}\cdot + Cl_2 \longrightarrow C_6H_{11}-Cl + Cl\cdot$

链终止 $Cl\cdot + Cl\cdot \longrightarrow Cl_2$

$C_6H_{11}\cdot + C_6H_{11}\cdot \longrightarrow C_6H_{11}-C_6H_{11}$

$Cl\cdot + C_6H_{11}\cdot \longrightarrow C_6H_{11}-Cl$

12. A（1,1,2-三甲基环丙烷）$+ HBr \longrightarrow CH_3-CH(CH_3)-CBr(CH_3)-CH_3$（B）

A　　B

A $+ Br_2 \longrightarrow CH_3CH(CH_2Br)CBr(CH_3)_2$

A $+ H_2 \xrightarrow{Ni} CH_3CH(CH_3)CH(CH_3)_2$

第三章 烯 烃

本章学习中需熟练掌握烯的 IUPAC 命名，次序规则及顺反异构体的命名；理解双键的形成，比较 σ 键和 π 键的异同及相应的化学性质；掌握烯烃的化学性质、亲电加成反应的机制、碳正离子的结构及诱导效应等。

学 习 要 点

1. 烯烃的结构

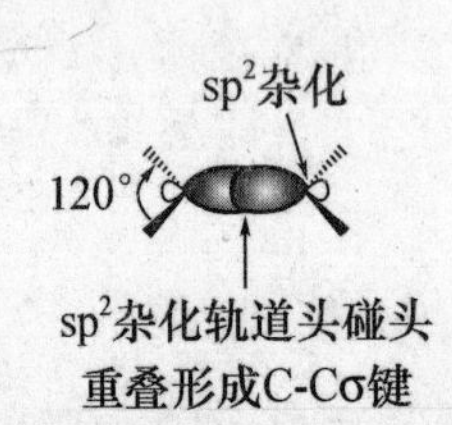

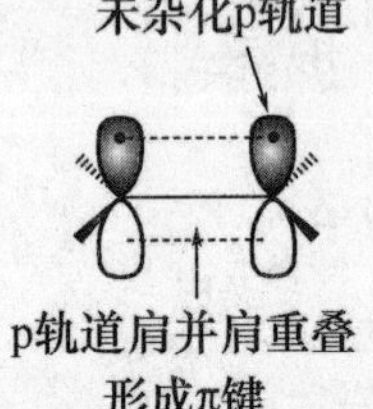

π键键能小，易被破坏，发生加成、氧化等反应

2. 烯烃的命名▲▲ 选择包含双键在内的最长碳链作为主链，编号时尽量使双键的位次较低。取代基的名称与位次等与烷烃相同。

当双键碳上所连接的两个基团不相同时，则会产生顺反异构（几何异构）。

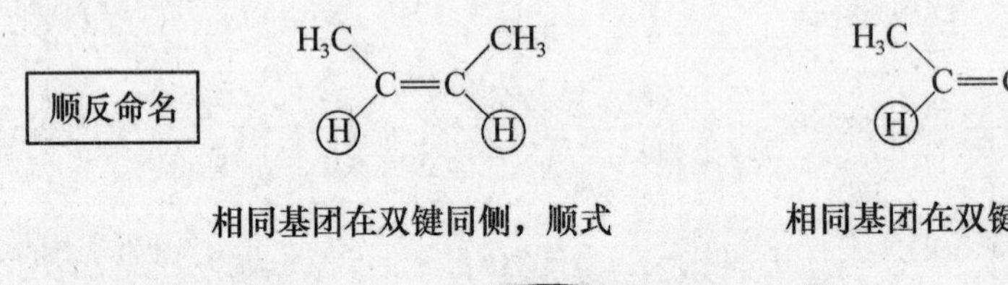

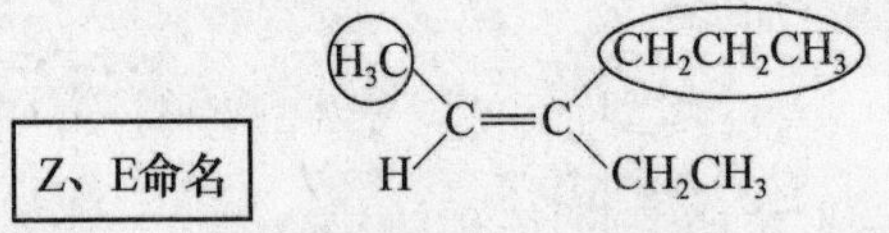

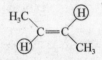

较优基团在双键同侧，Z型　　　较优基团在双键异侧，E型

注意，顺与 Z、反与 E 没有对应关系！

确定基团优先次序的规则如下：

(1) 原子序号大的优先，同位素则质量大的优先。

(2) 若直接与双键碳相连的原子相同，则比较与它相连的其他原子；若第二个原子也相同，则比较第三个原子，以此类推。

(3) 基团中若含有双键或三键时，可看作是连接了两个或三个相同的原子。

注意，次序规则里的所谓“优先”是指基团较大，并不是说在命名时要优先编号。

3. 化学性质▲▲

化学性质：

- 催化加氢　$>C=C< \xrightarrow[\text{催化剂}]{H_2} -\underset{H}{C}-\underset{H}{C}-$
- 亲电加成
  - 加 HX　$>C=C< \xrightarrow{HX} -\underset{H}{C}-\underset{X}{C}-$
  - 加 H_2SO_4　$>C=C< \xrightarrow{HOSO_2OH} -\underset{H}{C}-\underset{OSO_2OH}{C}- \xrightarrow{H_2O} -\underset{H}{C}-\underset{OH}{C}-$ 间接水合法
  - 加 H_2O　$>C=C< \xrightarrow[H_3PO_4,300℃/7MPa]{H_2O} -\underset{H}{C}-\underset{OH}{C}-$ 直接水合法
  - 加 X_2+H_2O　$>C=C< \xrightarrow{X_2+H_2O} -\underset{X}{C}-\underset{OH}{C}-$

  （以上三项）马氏加成
  - 加 X_2　$>C=C< \xrightarrow[CCl_4]{X_2} -\underset{X}{C}-\underset{X}{C}-$　Br_2/CCl_4 溶液褪色，用于鉴别
- 自由基加成 $CH_3CH=CH_2 \xrightarrow[ROOR]{HBr} CH_3CH_2CH_2Br$ 过氧化物效应，HCl 和 HI 无此现象
- 硼氢化-氧化反应 $H_3C-\overset{H}{C}=\overset{H}{C}-H \xrightarrow{B_2H_6/THF} H_3C-\underset{H}{\overset{H}{C}}-\underset{BH_2}{\overset{H}{C}}-H \xrightarrow{2H_3C-\overset{H}{C}=\overset{H}{C}-H} (CH_3CH_2CH_2)_3B$

  $\xrightarrow{H_2O_2/OH^-} 3CH_3CH_2CH_2OH$　反马氏加成，可用于制备伯醇
- 氧化反应
  - $KMnO_4$ 氧化
    - $>C=C< \xrightarrow[OH^-]{\text{冷稀 }KMnO_4} >\underset{OH}{C}-\underset{OH}{C}<$ 顺式氧化，褪色，用于鉴别烯烃
    - $H_3C\underset{CH_3}{C}=CH_2 \xrightarrow[H_2O]{KMnO_4} CH_3\overset{O}{\overset{\|}{C}}CH_3 + H\overset{O}{\overset{\|}{C}}-OH$，$HCOOH \xrightarrow{KMnO_4} CO_2+H_2O$　注意反应条件　用于推断烯烃结构，鉴别烯烃
  - 臭氧化　$H_3C\underset{CH_3}{C}=CH_2 \xrightarrow[Zn/H_2O]{O_3} CH_3\overset{O}{\overset{\|}{C}}CH_3 + H-\overset{O}{\overset{\|}{C}}-H$ 用于推断烯烃结构
  - 环氧化　$>C=C< \xrightarrow{RCOOOH} >\overset{O}{C-C}<$ 生成环氧化物，顺式加成
- α-H 的卤代反应 $CH_3CH=CH_2$
  - $\xrightarrow[500\sim600℃]{Cl_2} \underset{Cl}{CH_2}CH=CH_2$
  - $\xrightarrow[(C_6H_5COO)_2]{NBS} \underset{Br}{CH_2}CH=CH_2$　注意反应条件
- 聚合反应　n $>C=C< \longrightarrow \left[-C-C-\right]_n$

4. 亲电加成反应机制▲▲▲ 由缺电子或带正电荷试剂进攻双键所发生的加成反应称为亲电加成反应。根据反应试剂及条件的不同，反应机制也不同。

(1) 碳正离子机制：以烯烃和卤化氢的加成为例，反应过程中生成碳正离子中间体，反应机制如下：

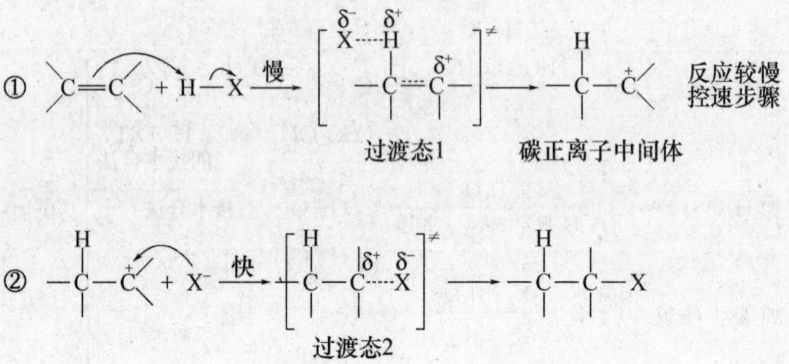

① 反应较慢 控速步骤

过渡态1 碳正离子中间体

② 过渡态2

(注：反应中箭头所指为电子转移的方向)

生成的碳正离子越稳定，所需的活化能越低，反应越易进行。大多数亲电加成反应以此机制进行。

卤化氢的反应活性顺序为：HI>HBr>HCl>HF。

(2) 溴鎓离子机制：烯烃与溴的反应是通过环状溴鎓离子中间体的反式加成，反应机制如下：

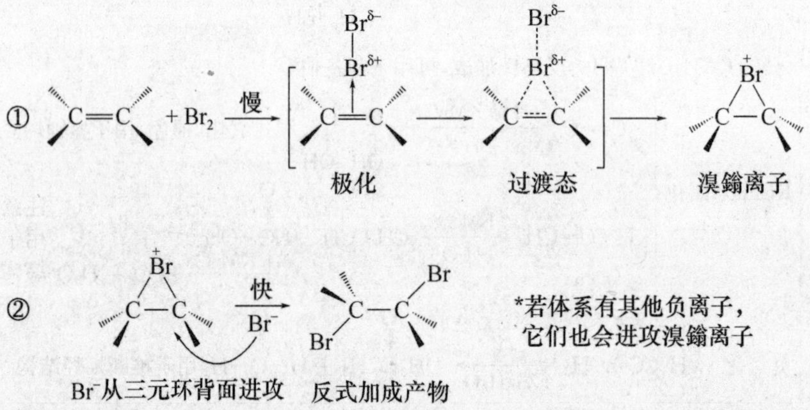

①

极化 过渡态 溴鎓离子

②

*若体系有其他负离子，它们也会进攻溴鎓离子

Br^-从三元环背面进攻 反式加成产物

除与单质溴的加成外，烯烃与次溴酸的加成也采取此种机制。需注意的是，氯和碘均不易形成环状鎓离子，因此其反应通常以碳正离子机制进行。

5. 碳正离子的结构 ▲

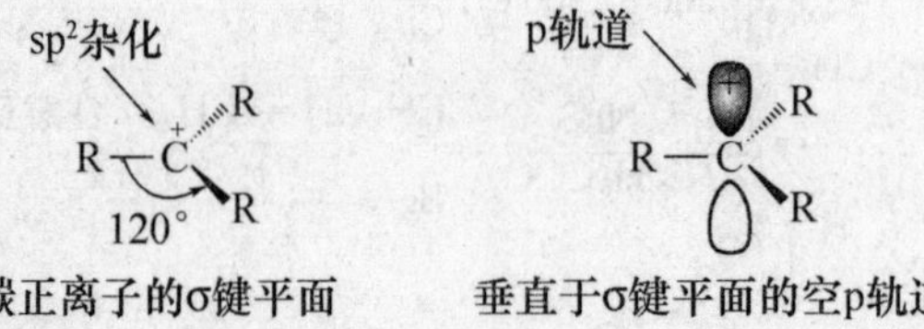

sp^2杂化 120°

碳正离子的σ键平面

p轨道

垂直于σ键平面的空p轨道

6. 碳正离子稳定性与电子效应▲▲▲ 碳正离子的稳定性与其电子效应有关，包括诱导效应和超共轭效应。

（1）诱导效应：由于形成共价键两原子的电负性不同，使共价键电子云偏向于电负性较大的原子，由此所产生的电子效应称为诱导效应(用"I"表示)。电负性大的原子表现为吸电子诱导效应(-I效应)，电负性小的表现为给电子诱导效应(＋I效应)。

sp^2杂化碳原子由于s轨道成分比较多，其电负性比sp^3杂化碳原子要大，因此烷基表现为＋I效应。碳正离子所连接的烷基越多，＋I效应越大(诱导效应具有加和性)，则正电荷越分散，碳正离子就越为稳定。

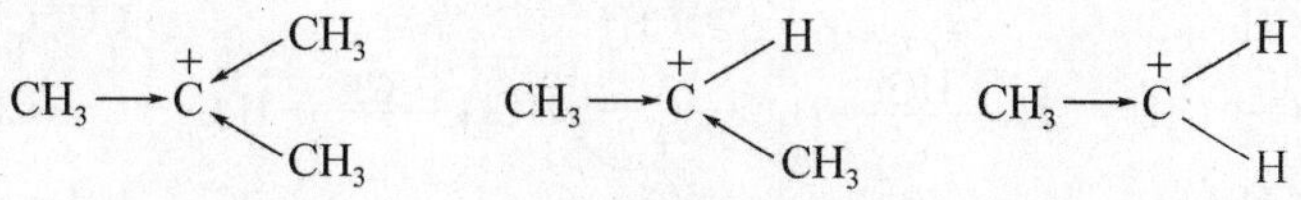

$CH_3 \rightarrow \overset{+}{C}(CH_3)_2$　　$CH_3 \rightarrow \overset{+}{C}H(CH_3)$　　$CH_3 \rightarrow \overset{+}{C}H_2$

伯碳正离子　　仲碳正离子　　叔碳正离子

诱导效应是σ电子的偏移，是一种永久效应，没有外电场影响时也存在。

（2）超共轭效应：若与碳正离子相邻的α碳上有C—H σ键，当C—H σ轨道与碳正离子的空p轨道处于同一平面时，两轨道可发生部分重叠而发生共轭，正电荷得到分散，体系变得较为稳定，这种现象称为σ-p超共轭效应。超共轭效应是σ电子的离域，即共轭后电子的运动范围扩大，这一点与诱导效应是不同的。

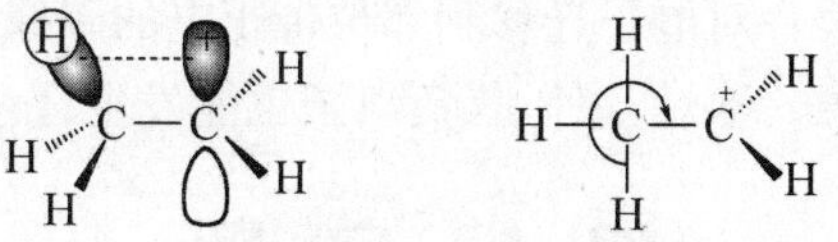

σ-p超共轭及表示方法

α碳上的C—H键越多，超共轭效应越大，因此烷基超共轭效应大小次序为：

$$CH_3— > RCH_2— > R_2CH— > R_3C—$$

7. 马氏规则及理论解释▲▲ 不对称烯烃与不对称试剂加成时，试剂的正性部分加在含氢较多的双键碳原子上，负性部分加在含氢少的双键碳原子上，这一规律称为马尔科夫尼科夫规则，简称马氏规则。马氏规则可用电子效应来解释。

（1）生成的碳正离子中间体稳定，则反应所需的活化能就低，反应速率也就越快，结果就得到马氏加成产物。如：

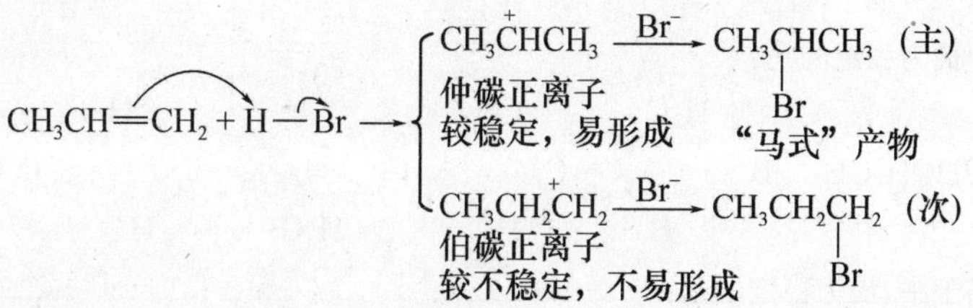

$CH_3CH{=}CH_2 + H—Br \rightarrow$
- $CH_3\overset{+}{C}HCH_3$ 仲碳正离子 较稳定，易形成 $\xrightarrow{Br^-}$ $CH_3CH(Br)CH_3$ "马式"产物 (主)
- $CH_3CH_2\overset{+}{C}H_2$ 伯碳正离子 较不稳定，不易形成 $\xrightarrow{Br^-}$ $CH_3CH_2CH_2Br$ (次)

（2）马氏规则也可以由烯烃的电子效应来解释。如：

$$H_3C\longrightarrow \overset{\delta^+}{\underset{2}{CH}}=\overset{\delta^-}{\underset{1}{CH_2}}+\overset{\delta^+}{H}-\overset{\delta^-}{Br}\longrightarrow CH_3\overset{Br}{\underset{2}{C}H}\underset{1}{CH_3}\quad(主)$$

"马式"产物

由于甲基的给电子诱导效应和超共轭效应，π 电子向 C-1 方向移动，结果使 C-1 带部分负电荷，而 C-2 带部分正电荷。在进行亲电加成时，H^+ 与 C-1 结合，而 Br^- 与 C-2 结合，结果得到符合马氏规则的主要产物。

8. 碳正离子的重排 ▲▲ 碳正离子的一个重要特点是易发生重排，如：

$$H_3C-C(CH_3)_2-CH=CH_2 \xrightarrow{HCl} H_3C-C(CH_3)_2-\overset{+}{C}HCH_3 \xrightarrow{Cl^-} H_3C-C(CH_3)_2-CHClCH_3$$

仲碳正离子　　　　未重排产物17%

↓ 烷基重排

$$H_3C-\overset{+}{C}(CH_3)-CH(CH_3)CH_3 \xrightarrow{Cl^-} H_3C-CCl(CH_3)-CH(CH_3)CH_3$$

叔碳正离子　　　　重排产物83%

在重排反应中，烷基带着一对电子迁移到邻位带正电的碳原子上，生成更稳定的碳正离子，这是重排反应的动力来源。除烷基外，氢负离子也能发生迁移。

经 典 习 题

1. 命名或写出结构式：

(1) $(CH_3)_2CHCH_2(H_3C)C=C(CH(CH_3)_2)(CH_2CH_3)$　　(2) $CH_3CH=CHCH_2$—环戊基　　(3) 3,4-二甲基环己烯（结构式）

(4) 异戊二烯　　(5) (E)-2-氯-3-溴-2-戊烯　　(6) 烯丙基

2. 顺-2-丁烯的沸点高于反-2-丁烯，但反-2-丁烯的熔点却比顺-2-丁烯高，试解释。

3. 选择题：

(1) 下列烯烃中最为稳定的是：

A. $CH_2=CHCH_2CH_3$　B. $(H_3C)(H)C=C(CH_3)(H)$（顺式）　C. $(H)(H_3C)C=C(CH_3)(H)$（反式）　D. $CH_2=CHCH_3$

(2) 下列碳正离子中，最为稳定的是：

A. $\overset{+}{C}H_2CH_2CH_2CH_3$　B. $CH_3\overset{+}{C}HCH_2CH_3$　C. $\overset{+}{C}H_2CH(CH_3)CH_3$　D. $CH_3\overset{+}{C}(CH_3)CH_3$

(3) 下列烯烃与 HBr 的亲电加成活性由高到低为：

①$CH_2=CH_2$　②$CH_2=CHCH_3$　③$CH_2=CHNO_2$　④$CH_2=CHCl$

A. ②>①>④>③　B. ②>①>③>④　C. ①>②>③>④　D. ①>②>④>③

(4) 下列烯烃与 HBr 反应主要得到重排产物的是：

A.　B.　C.　D.

4. 完成下列反应式：

(1) $CCl_3CH=CH_2 + HBr \longrightarrow ?$

(2) $CH_3C(CH_3)=CH_2 + HCl \longrightarrow ?$

(3) $CH_3C(CH_3)=CH_2 + HBr \xrightarrow{(C_6H_5COO)_2} ?$

(4) 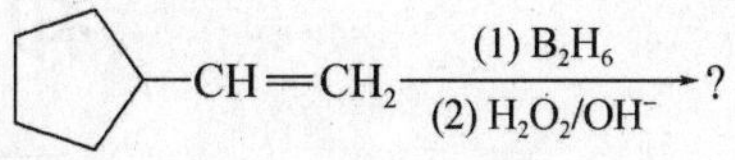 环戊基$-CH=CH_2 \xrightarrow[(2)\ H_2O_2/OH^-]{(1)\ B_2H_6} ?$

(5) $CH_2=CHCH_2CH_3 + HOCl \longrightarrow ?$

(6) 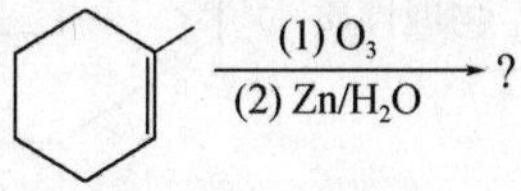 $\xrightarrow[(2)\ Zn/H_2O]{(1)\ O_3} ?$

(7) $CH_3CH=CH_2 + Cl_2 \xrightarrow{高温} ?$

(8)  $\xrightarrow{稀、冷KMnO_4} ?$

(9) 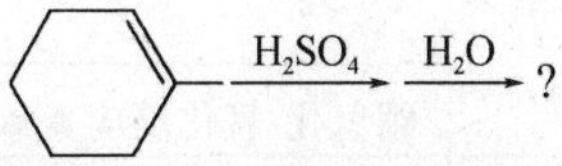 $\xrightarrow{H_2SO_4} \xrightarrow{H_2O} ?$

(10) $CH_2=CHCH_2C(CF_3)=CH_2 + Br_2(1mol) \longrightarrow ?$

5. 用化学方法区分下列各组化合物：

(1) 环己烷和环己烯

(2) 戊烷、1-戊烯和 2-戊烯

6. 完成反应并写出可能的反应机制。

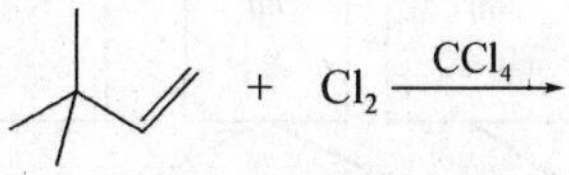

$+ Cl_2 \xrightarrow{CCl_4}$

7. 有 A、B、C、D 四种烯烃，在高锰酸钾氧化下可得到下列产物：A 得到 2-丁酮并生成一种气体；B 得到乙酸和丙酸；C 只得到丙酸；D 得到乙酸、2,4-戊二酮和一种气体，试写出 A、B、C、D 可能的结构式。

8. 某烯烃 A 的分子式为 C_8H_{12}，A 催化氢化时可吸收 2 分子的氢气；A 经臭氧化还原水解只得到一种二元醛 B，试写出 A、B 可能的结构式。

9. 试解释下列实验事实：

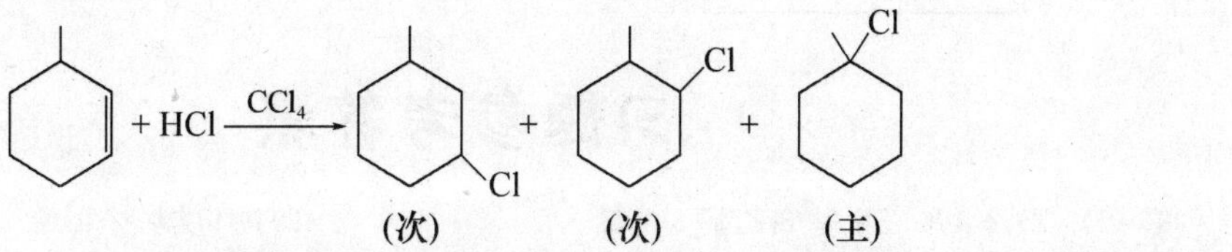

$+ HCl \xrightarrow{CCl_4}$ Cl (次) + Cl (次) + Cl (主)

10. 两种烯烃分别与 HCl 作用时可生成下列两种氯代烷，它们可能具有怎样的构造？（不考虑碳正离子的重排）

(1) 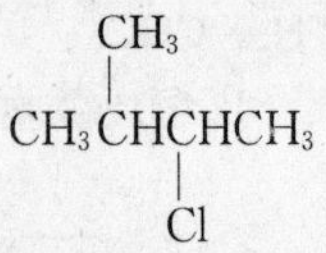 $CH_3CH(CH_3)CH(Cl)CH_3$　　(2) 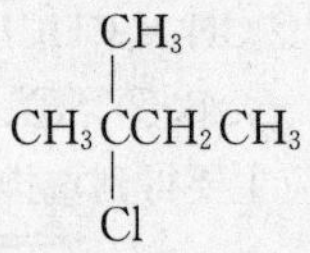 $CH_3C(CH_3)(Cl)CH_2CH_3$

11. 合成题：

(1) 以丙烯为原料，合成 $CH_2(Br)CH(OH)CH_2(OH)$ ，其他无机试剂任选。

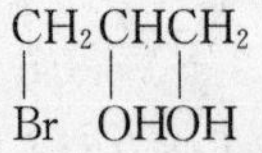

(2) 以1-丁烯为原料，合成1-丁醇，其他试剂任选。

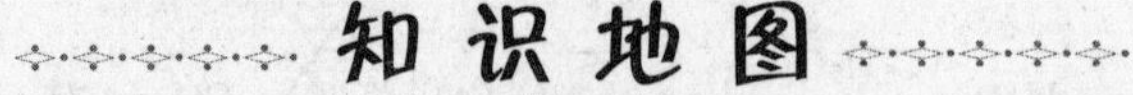

知识地图

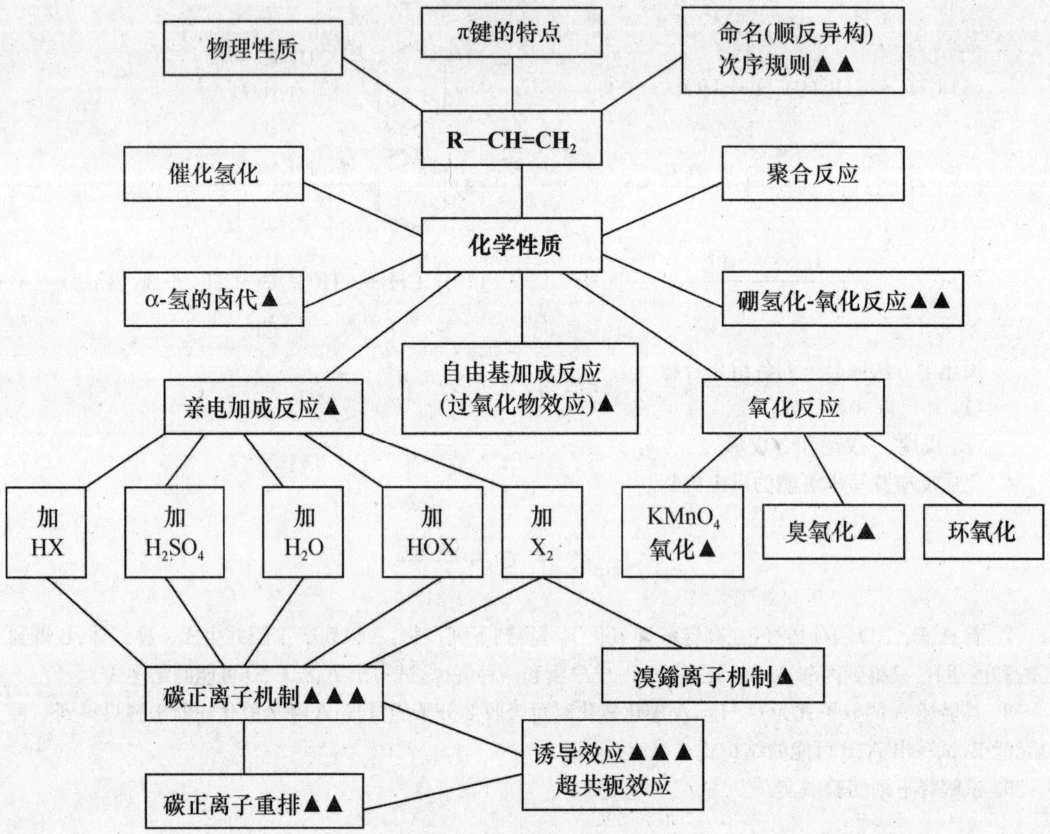

- $R—CH=CH_2$
  - 物理性质
  - π键的特点
  - 命名(顺反异构) 次序规则▲▲
  - 化学性质
    - 催化氢化
    - 聚合反应
    - α-氢的卤代▲
    - 硼氢化-氧化反应▲▲
    - 自由基加成反应(过氧化物效应)▲
    - 亲电加成反应▲
      - 加HX
      - 加H_2SO_4
      - 加H_2O
      - 加HOX
      - 加X_2
    - 氧化反应
      - $KMnO_4$氧化▲
      - 臭氧化▲
      - 环氧化
- 加HX、加H_2SO_4、加H_2O、加HOX → 碳正离子机制▲▲▲
- 加X_2 → 溴鎓离子机制▲
- 碳正离子机制▲▲▲ — 碳正离子重排▲▲
- 碳正离子机制▲▲▲、碳正离子重排▲▲ — 诱导效应▲▲▲ 超共轭效应

习题参考答案

1. (1) (Z)-2,4,6-三甲基-3-乙基-3-庚烯　　(2) 1-环戊基-2-丁烯

   (3) 3,5-二甲基环己烯　　(4) 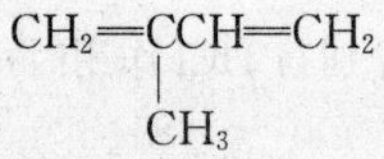 $CH_2=C(CH_3)CH=CH_2$

   (5) 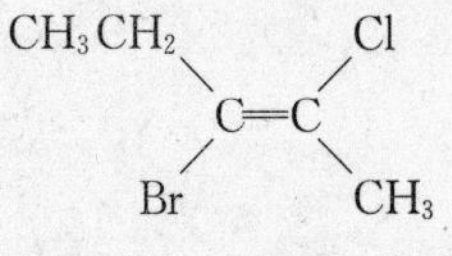 $CH_3CH_2(Br)C=C(Cl)CH_3$　　(6) $CH_2=CHCH_2—$

2. 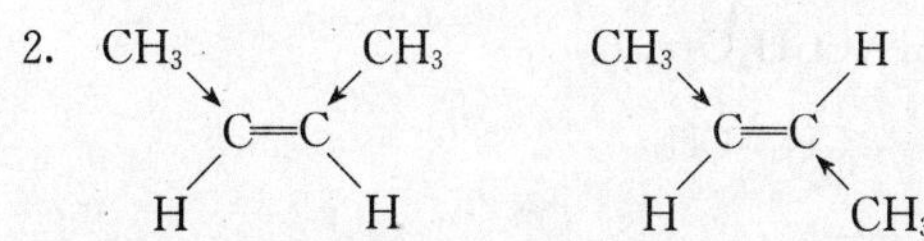

如上图所示，顺-2-丁烯的偶极矩大于 0，而反-2-丁烯的偶极矩为 0，因此顺-2-丁烯分子间的作用力较强，沸点较高。反-2-丁烯有较高的对称性，而顺-2-丁烯的对称性较差，因此反式的熔点较高。

3. (1) C (2) D (3) A (4) B

4. (1) 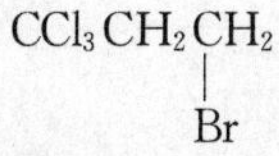 $CCl_3CH_2CH_2Br$ (2) 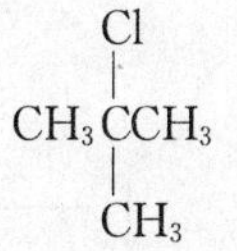 $CH_3C(Cl)(CH_3)CH_3$ (3) $CH_3CH(CH_3)CH_2Br$

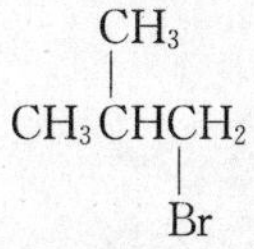

(4) 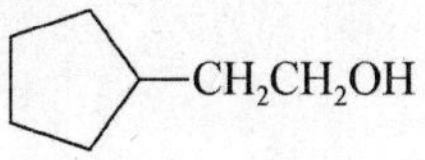 环戊基—CH_2CH_2OH (5) 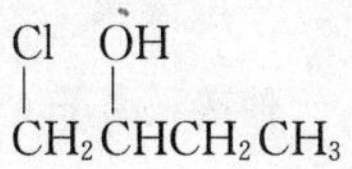 $CH_2(Cl)CH(OH)CH_2CH_3$ (6) 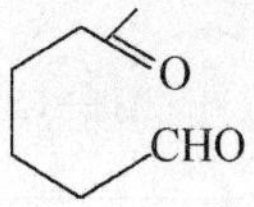 O, CHO

(7) 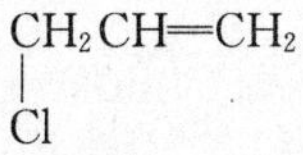 $CH_2(Cl)CH{=}CH_2$ (8) 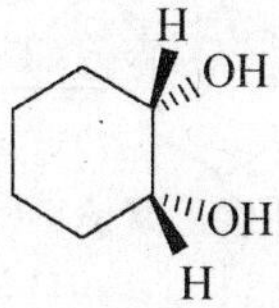 H, OH, OH, H (9) 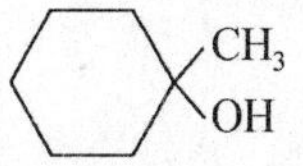 CH_3, OH

(10) 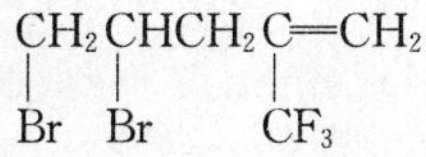 $CH_2(Br)CH(Br)CH_2C(CF_3){=}CH_2$

5. (1) 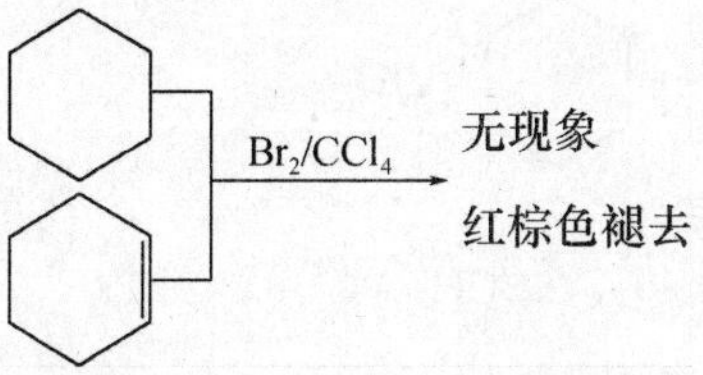 环己烷 / 环己烯 $\xrightarrow{Br_2/CCl_4}$ 无现象 / 红棕色褪去

(2) 戊烷 / 1-戊烯 / 2-戊烯 $\xrightarrow{KMnO_4}$ 无现象 / $KMnO_4$褪色并有气体放出 / $KMnO_4$褪色

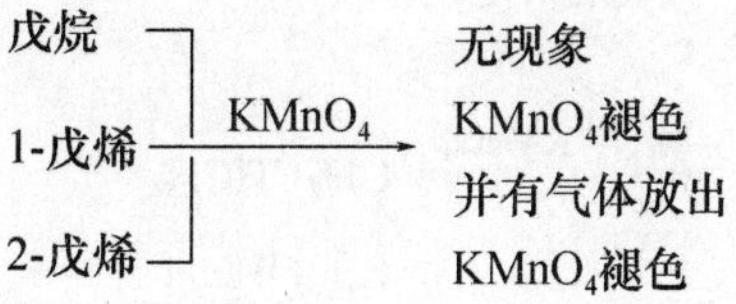

6. 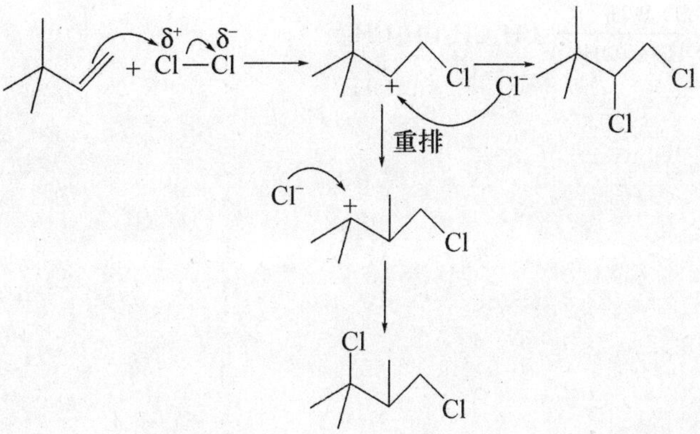 δ^+ δ^- + Cl—Cl → + Cl → Cl^- → Cl Cl

重排

Cl^- + Cl

↓

Cl Cl

7. A: $CH_3CH_2C(CH_3){=}CH_2$ B: $CH_3CH{=}CHCH_2CH_3$

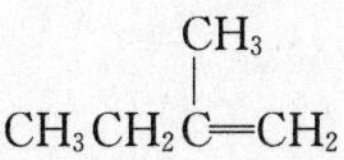

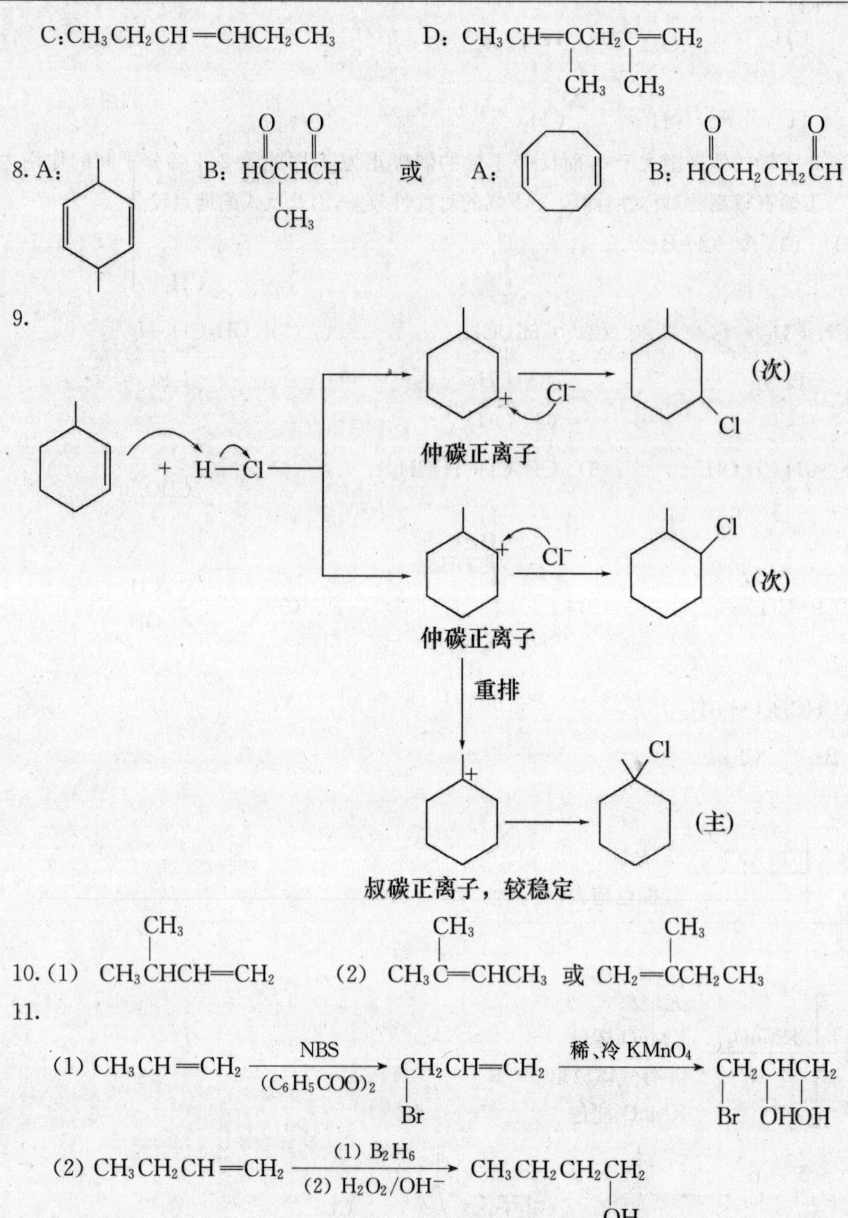
C：CH3CH2CH═CHCH2CH3
D：CH3CH═CCH2C═CH2
CH3 CH3
8. A：
B：HCCHCH
O O
CH3
或
A：
B：HCCH2CH2CH
O O
9.
+ H—Cl
+
Cl⁻
(次)
Cl
仲碳正离子
+
Cl⁻
Cl
(次)
仲碳正离子
重排
+
Cl
(主)
叔碳正离子，较稳定
10.(1) CH3CHCH═CH2
CH3
(2) CH3C═CHCH3 或 CH2═CCH2CH3
CH3 CH3
11.
(1) CH3CH═CH2
NBS
(C6H5COO)2
CH2CH═CH2
Br
稀、冷 KMnO4
CH2CHCH2
Br OHOH
(2) CH3CH2CH═CH2
(1) B2H6
(2) H2O2/OH⁻
CH3CH2CH2CH2
OH

第四章　炔烃和二烯烃

本章学习中需熟练掌握炔烃和二烯烃的 IUPAC 命名；理解共轭体系的形成及共振论对其的解释；掌握炔烃和二烯烃的化学性质、共轭效应等。

学习要点

1. 炔烃的结构

未参与杂化的两个 p 轨道垂直于杂化轨道对称轴，并且相互垂直；它们分别侧面重叠，形成两个 π 键。

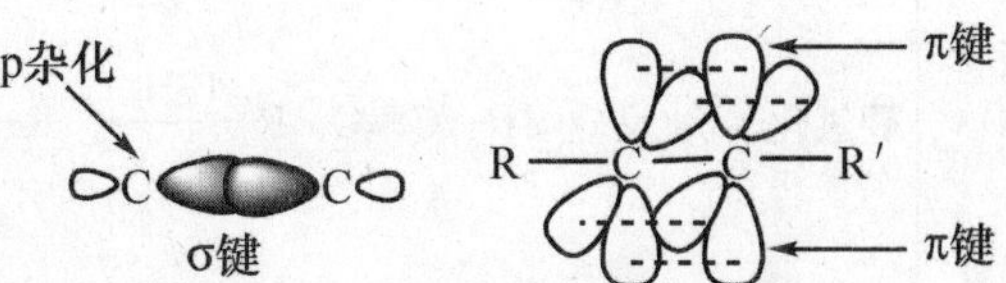

2. 炔烃的命名　炔烃的命名与烯烃类似，选择分子中包含碳碳三键在内的最长碳链为主链，根据主链碳原子数确定为“某炔”。如果分子中同时具有 C≡C 和 C=C 时，选择两者在内的最长碳链为主链，按碳原子个数称为“某烯炔”。编号从靠近三键或双键一端开始，若两者距离相同，给予双键较小编号。

3. 炔烃的化学性质▲▲

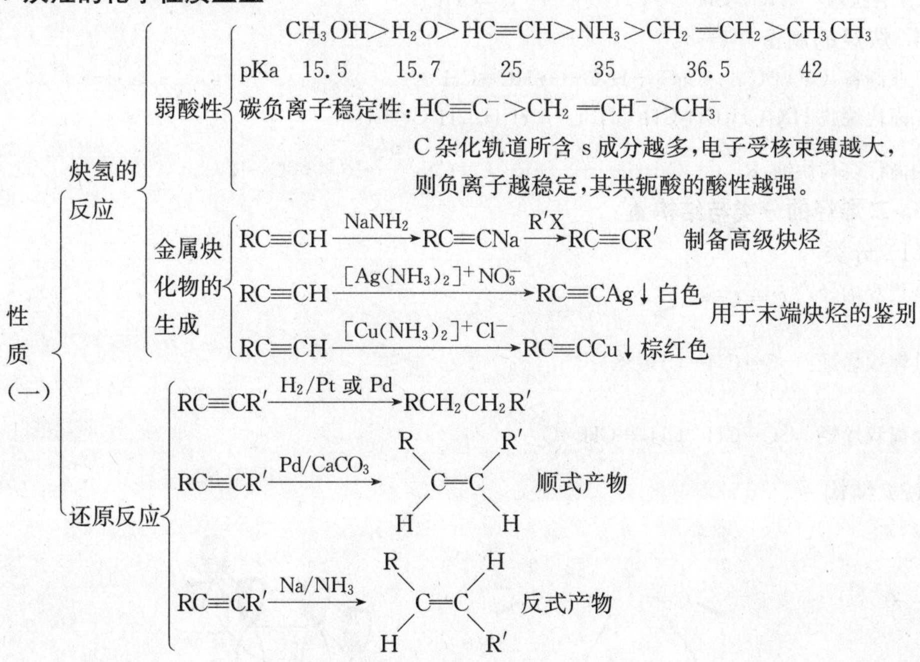

性质（二）

- 亲电加成
  - 加卤素 $RC\equiv CR' + X_2 \longrightarrow R-CX_2-CX_2-R'$
  - 加 HX $RC\equiv CR' + HX \longrightarrow R-CH_2-CX_2-R'$
  - 加 H_2O $RC\equiv CR' + H_2O \longrightarrow [RCH=C(OH)R'] \xrightarrow{\text{互变异构}} RCH_2-C(=O)R'$

  符合马氏规则
- 亲核加成 $R-C\equiv C-R' + ROH \longrightarrow R-CH=C(OR)-R'$
- 硼氢化-氧化反应 $R-C\equiv C-R' \xrightarrow{B_2H_6} [R-CH=C(R')-]_3B \xrightarrow{CH_3COOH}$ (R)(H)C=C(R')(H) 顺式烯烃

  $\xrightarrow[OH^-]{H_2O_2} [R-CH=C(OH)-R'] \longrightarrow R-CH_2-C(=O)-R'$
- 自由基加成 $R-C\equiv C-H \xrightarrow[ROOR]{HBr} R-CH=CHBr \xrightarrow[ROOR]{HBr} R-CH_2-CHBr_2$ 反马氏规则
- 氧化反应 $R-C\equiv C-R' \xrightarrow[100℃]{KMnO_4} RCOOH + R'COOH$
- 聚合反应 $2HC\equiv CH \longrightarrow CH_2=CH-C\equiv CH$

4. 炔烃的制备

工业制备：$CaO + C \longrightarrow CaC_2 + H_2O \longrightarrow HC\equiv CH$

二卤代烷脱 HX：$CH_3CH_2CH_2CHBr_2 \longrightarrow CH_3CH_2C\equiv CH$

伯卤代烷与炔钠：$R-C\equiv C-H \xrightarrow{NaNH_2} R-C\equiv CNa \xrightarrow{R'X} R-C\equiv C-R'$

5. 二烯烃的分类与结构▲

（1）分类

聚集双烯烃：$>C=C=C<$

共轭双烯烃：$>C=CH-CH=C<$

隔离双烯烃：$>C=CH-CH_2-CH=C<$

（2）结构

$\overset{1}{C}=\overset{2}{C}-\overset{3}{C}=\overset{4}{C}$（C=C 135pm，C—C 146pm）

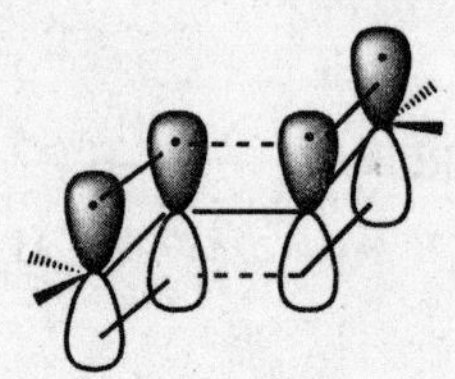

分子中的四个双键碳均是 sp^2 杂化，所有的 σ 键都在一个平面上。两个 π 键靠得很近，在 C-2 和 C-3 间可发生一定程度的重叠，这样使两个 π 键不再是孤立存在，而是相互结合成一个整体，称为 π-π 共轭体系。π 电子发生了离域，分子内能降低，键长趋于平均化。由于电子离域使分子降低的能量叫做离域能。

6. 共振论对共轭二烯烃结构的解释▲　一个分子（或离子或自由基）的结构不能用一个经典结构式表述时，可用几个经典结构式（或称极限式、共振结构式）来共同表述，分子的真实结构是这些极限式的共振杂化体。例如 1,3-丁二烯可用下面一些极限式表示：

$$[CH_2{=}CH{-}CH{=}CH_2 \longleftrightarrow \overset{+}{C}H_2{-}CH{=}CH{-}\overset{-}{C}H_2 \longleftrightarrow \overset{-}{C}H_2{-}CH{=}CH{-}\overset{+}{C}H_2 \longleftrightarrow$$

$$CH_2{=}CH{-}\overset{+}{C}H{-}\overset{-}{C}H_2 \longleftrightarrow CH_2{=}CH{-}\overset{-}{C}H{-}\overset{+}{C}H_2 \longleftrightarrow \overset{+}{C}H_2{-}\overset{-}{C}H{-}CH{=}CH_2]$$

7. 写极限式应遵循的原则▲

(1) 各极限式都必须符合路易斯结构的要求。

(2) 各极限式中原子核的排列要相同，不同的仅是电子排布。

(3) 各极限式中配对的电子或未配对的电子数应是相等的。

8. 共轭二烯烃的反应▲

共轭加成

$$CH_2{=}CH{-}CH{=}CH_2 \xrightarrow{HBr} \underset{H}{CH_2}{-}\underset{Br}{CH}{-}CH{=}CH_2 + \underset{H}{CH_2}{-}CH{=}CH{-}\underset{Br}{CH_2}$$

1,2-加成　低温，动力学控制

1,4-加成　高温，热力学控制

Diels-Alder 反应：（丁二烯）+ ‖ ⟶ （环己烯）

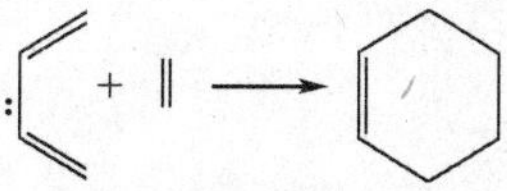

9. 共轭效应▲▲　在共轭体系中，电子不是局限在成键原子间而是在整个共轭体系运动，电子是离域的，所以又称为离域键。

共轭体系的类型：

- π-π 共轭　$CH_2{=}CH{-}CH{=}CH_2$
- p-π 共轭　$>C{=}C<$（C 上连 Y）　Y＝$-\ddot{X}$，$-\ddot{O}H(R)$，$-\overset{+}{C}<$，$-\overset{-}{C}<$，$-\overset{\cdot}{C}<$
- σ-p 和 σ-π 超共轭

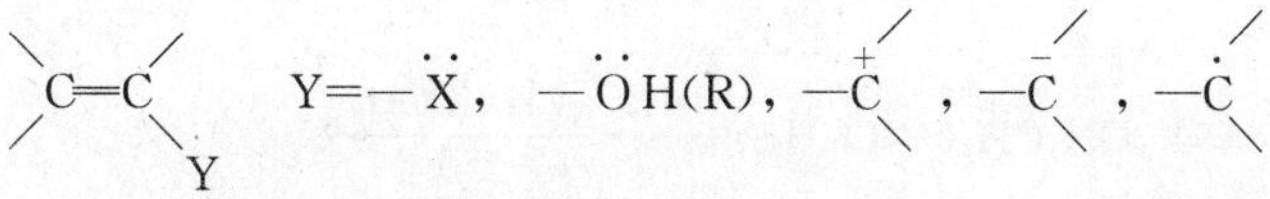

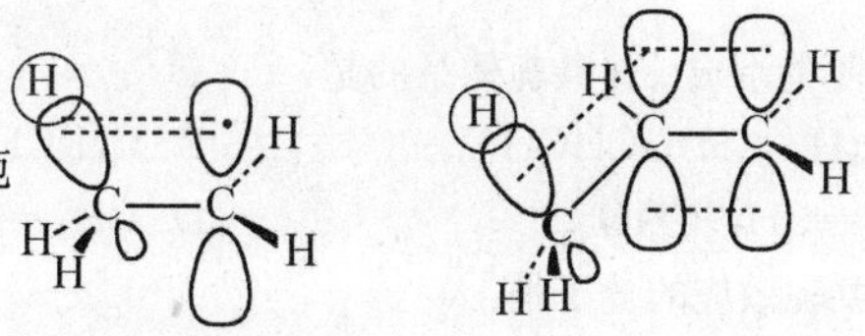

σ-p 和 σ-π 超共轭效应比其他共轭效应要弱得多。

经 典 习 题

1. 命名或写出结构式：

(1) $CH_3CH_2C\equiv CCHCH_2CH_3$（CH 上连 CH_2CH_3）

(2) 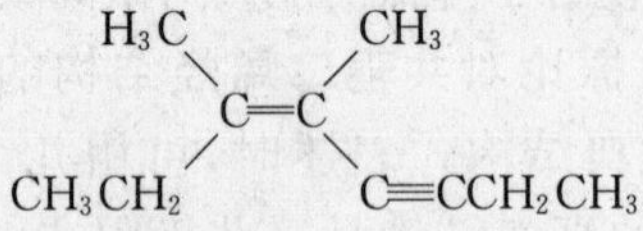 $(H_3C)(CH_3CH_2)C=C(CH_3)(C\equiv CCH_2CH_3)$（$H_3C$ 与 CH_3 同侧）

(3) $CH_3-C\equiv C-CH_2-CH=CH-CH_3$

(4) 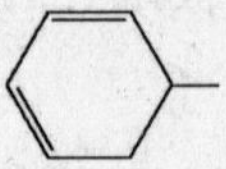 4-甲基环己烯（环己烯环上连甲基）

(5) 2,5-二甲基-3-庚炔

(6) 2-乙基-1,4-己二烯

2. 完成下列反应式：

(1) $CH_3CH_2C\equiv CH + NaNH_2 \longrightarrow ? \xrightarrow{CH_3CH_2Br} ?$

(2) $CH_3CH_2C\equiv CCH_3 + 2\ HCl \longrightarrow ?$

(3) $CH_3CH_2C\equiv CCHCH_3 + H_2O \xrightarrow[HgSO_4]{H_2SO_4} ?$（CH 上连 CH_3）

(4) $(CH_3)_2CHCH_2C\equiv CCH_2CH_3 \xrightarrow{KMnO_4} ? + ?$

(5) 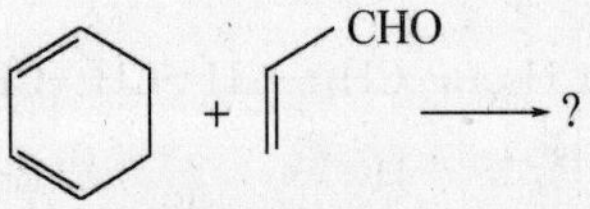 1,3-环己二烯 + $CH_2=CH-CHO$ $\longrightarrow ?$

(6) $CH_3CH_2C\equiv CH \xrightarrow{B_2H_6} \xrightarrow[OH^-]{H_2O_2} ?$

(7) $CH_3CH=CHCHC\equiv CH \xrightarrow[Pd/CaCO_3,PbO]{H_2} ?$（CH 上连 OH）

(8) 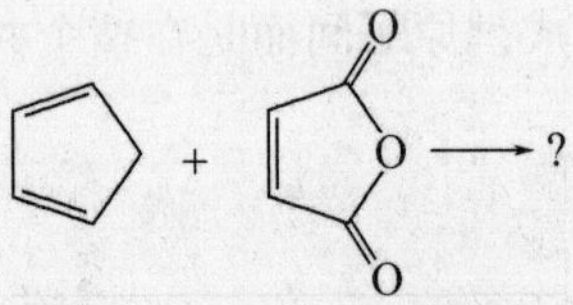 环戊二烯 + 顺丁烯二酸酐 $\longrightarrow ?$

(9) $CH_3CH_2C\equiv CCH_3 \xrightarrow{B_2H_6} \xrightarrow{CH_3COOH} ?$

3. 选择题：

(1) 下列分子中不能形成 π-π 共轭体系的是：

A. $CH_2=CH-CH=CHCH_3$　　B. $CH_3CH=CH-C\equiv CH$

C. $CH_3CH=CH-CHO$　　D. $CH_2=CHCH_2CH=CH_2$

(2) 具有 σ-π 超共轭效应的分子是：

A. $CH_2=CH-CH=O$　　B. $Cl-CH=CH-Cl$

C. $CH_3CH=CH-CH_3$　　D. $CH_2=CHCH=CH_2$

(3) 下列分子中能与顺丁烯二酸酐进行 Diels-Alder 反应的是：

A. 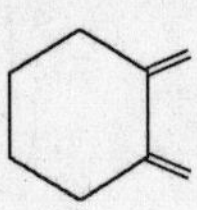 1,2-二亚甲基环己烷　　B. 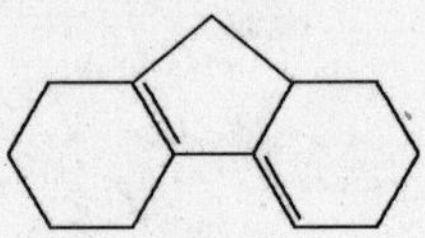 （三环共轭二烯结构式）

C. 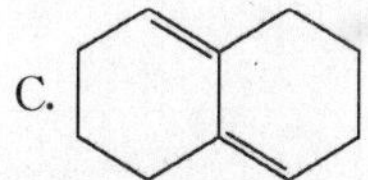　　　　D.

(4) 炔烃分子中碳碳三键上的两个 π 键是由下列哪条轨道形成的?

A. sp^3 轨道　　　　B. sp^2 轨道

C. sp 轨道　　　　D. p 轨道

4. 合成题:

(1) HC≡CH 为原料,其他试剂任意选择制备:

$$\underset{H}{\overset{CH_3CH_2}{}}\!\!>C=C<\!\!\underset{CH_2CH_2CH_3}{\overset{H}{}} \quad 和 \quad \underset{CH_3CH_2}{\overset{H}{}}\!\!>C=C<\!\!\underset{CH_2CH_2CH_3}{\overset{H}{}}$$

(2) $HC\equiv CH \longrightarrow$ (环氧化合物:H、H_3C 与 H、CH_2CH_3 分别连于环氧乙烷两个碳上)

5. 有三种化合物 A、B、C 都具有分子式 C_5H_8,它们都能使溴溶液褪色。A 与硝酸银的氨溶液作用生成白色沉淀,B、C 则不能。当用热的 $KMnO_4$ 溶液氧化时,A 得到 $CH_3CH_2CH_2COOH$ 和 CO_2,B 得到乙酸和丙酸,C 得到戊二酸,写出 A、B、C 的结构式。

6. 分子式为 C_6H_8 的某开链烃 A,可发生下列反应:(1)经催化加氢可生成 3-甲基戊烷;(2)与 $AgNO_3$ 氨溶液反应可生成白色沉淀;(3)在 Lindlar 催化剂作用下吸收 1 mol 氢生成化合物 B,B 可与顺丁烯二酸酐反应生成化合物 C。试推导 A、B、C 的结构。

7. 用简单的方法区别下列化合物:

(1) 戊烷,1-戊烯,1-戊炔

(2) 异丙基环丙烷,1,3-己二烯,2-己炔

8. 下列极限式中,哪个是错误的?为什么?

(1) $\underset{①}{H_3C-\dot{C}H-CH=CH_2} \longleftrightarrow \underset{②}{H_2\dot{C}-CH_2-CH=CH_2} \longleftrightarrow \underset{③}{H_3C-CH=CH-\dot{C}H_2}$

(2) $\underset{①}{\overset{+}{C}H_2-CH=CH_2} \longleftrightarrow \underset{②}{CH_2=CH-\overset{+}{C}H_2} \longleftrightarrow \underset{③}{H_2C\overset{\overset{+}{C}H}{\frown}CH_2}$

(3) $\underset{①}{:\ddot{\underset{..}{Br}}-CH=CH_2} \longleftrightarrow \underset{②}{:\ddot{\underset{..}{Br}}-\dot{C}H-\dot{C}H_2} \longleftrightarrow \underset{③}{:\overset{+}{\underset{..}{Br}}=CH-\overset{-}{C}H_2}$

(4) $\underset{①}{\overset{-}{C}H_2-\overset{+}{N}\equiv N:} \longleftrightarrow \underset{②}{\overset{-}{C}H_2-\underset{..}{N}=\overset{+}{N}:} \longleftrightarrow \underset{③}{CH_2=N=N:}$

9. 根据化合物的酸碱性,判断下列反应能否发生?

(1) $RC\equiv CNa+NH_3 \longrightarrow RC\equiv CH+NaNH_2$

(2) $RC\equiv CNa+H_2O \longrightarrow RC\equiv CH+NaOH$

10. 写出下式中 A,B,C,D 各化合物的构造式:

$A+Br_2 \longrightarrow B$　　　　$B+2KOH \xrightarrow{CH_3CH_2OH} C+2KBr+2H_2O$

$C+H_2 \xrightarrow{Pd/CaCO_3,PbO} D$　　　　$D \xrightarrow[H^+]{KMnO_4} 2CH_3COOH$

11. 与亲电试剂的加成反应中,烯烃比炔烃要活泼,但当炔烃与这些亲电试剂作用时,又容易使加成反

应停留在烯烃阶段，试解释原因。

知识地图

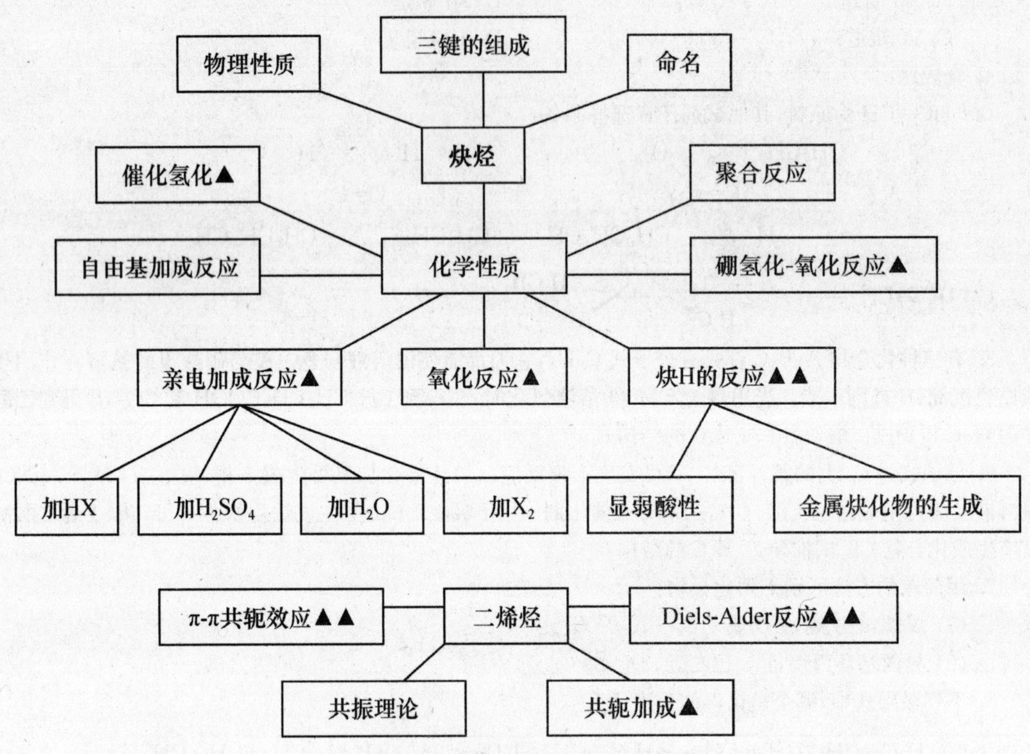

习题参考答案

1. (1) 5-乙基-3-庚炔　　(2) (Z)-3,4-二甲基-3-辛烯-5-炔

(3) 2-庚烯-5-炔　　(4) 5-甲基-1,3-环己二烯

(5) $CH_3CH(CH_3)CH{=}CHCH(CH_3)CH_2CH_3$　　(6) $CH_2{=}C(C_2H_5){-}CH_2CH{=}CHCH_3$

2. (1) $CH_3CH_2C{\equiv}CNa$　$CH_3CH_2C{\equiv}CCH_2CH_3$　　(2) $CH_3CH_2{-}CCl_2{-}CH_2CH_3$

(3) $CH_3CH_2CH_2C({=}O){-}CH(CH_3)CH_3$　　(4) $(CH_3)_2CHCH_2COOH$　CH_3CH_2COOH

(5) 双环[2.2.2]辛烯-CHO（结构式）　　(6) $CH_3CH_2CH_2CHO$

(7) $CH_3CH{=}CHCH(OH)CH{=}CH_2$　　(8)

(9) $\underset{CH_3CH_2}{\overset{H}{}}C{=}C\underset{CH_3}{\overset{H}{}}$

3.(1) D　(2) C　(3) A　(4) D

4.(1) $HC{\equiv}CH \xrightarrow{NaNH_2} HC{\equiv}CNa \xrightarrow{CH_3CH_2Br} HC{\equiv}CCH_2CH_3 \xrightarrow{NaNH_2} NaC{\equiv}CCH_2CH_3$

$\xrightarrow{CH_3CH_2CH_2Cl} CH_3CH_2CH_2C{\equiv}CCH_2CH_3 \xrightarrow[\text{Lindlar 催化}]{H_2}$ (H)(CH₃CH₂)C=C(H)(CH₂CH₂CH₃)

$\xrightarrow{Na/NH_3}$ (CH₃CH₂)(H)C=C(H)(CH₂CH₂CH₃)

(2) $HC{\equiv}CH \xrightarrow[②CH_3Br]{①NaNH_2} \xrightarrow[②CH_3CH_2Br]{①NaNH_2} CH_3C{\equiv}CC_2H_5 \xrightarrow{Na/NH_3}$ (H₃C)(H)C=C(H)(C₂H₅)

$\xrightarrow{RCO_3H}$ (环氧化合物：H、H₃C / CH₂CH₃、H)

5. A. $CH{\equiv}CCH_2CH_2CH_3$　　B. $CH_3C{\equiv}CCH_2CH_3$　　C.

6. A. $HC{\equiv}C{-}C(CH_3){=}CH{-}CH_3$　　B. $H_2C{=}CH{-}C(CH_3){=}CH{-}CH_3$　　C.

7.(1) 戊烷、1-戊烯、1-戊炔 $\xrightarrow{Br_2/H_2O}$ 戊烷：无现象；1-戊烯：褪色；1-戊炔：褪色

褪色者 $\xrightarrow{[Ag(NH_3)_2]NO_3}$ 1-戊烯：无现象；1-戊炔：白色沉淀

(2) 异丙基环丙烷、1,3-已二烯、2-已炔 $\xrightarrow[\triangle]{KMnO_4/H^+}$ 异丙基环丙烷：无现象；1,3-已二烯：褪色，有气体；2-已炔：褪色

8.(1) ②式不对。氢原子的位置发生变化。

(2) ③式不对。碳链骨架发生变化。

(3) ②式不对。单电子数目不相等。

(4) ③式不对。不符合路易斯结构式。

9.(1) 不可以　(2) 可以

10. A. $CH_3CH{=}CH{-}CH_3$ B. $CH_3\underset{\displaystyle Br}{\underset{|}{C}}H{-}\underset{\displaystyle Br}{\underset{|}{C}}H{-}CH_3$

C. $CH_3C{\equiv}C{-}CH_3$ D. $CH_3CH{=}CH{-}CH_3$

11. 炔烃与一分子 Br_2 加成得到邻二溴烯烃，两个双键碳原子上分别连有吸电子的溴原子，导致双键上电子云密度降低，双键活性减小，所以反应停留在烯烃阶段。

第五章　立体化学基础

本章将着重学习手性分子和非手性分子的判断方法；区分对映体、非对映体、外消旋体和内消旋体；掌握对映异构体的表示方法和命名，比较它们性质上的异同点；掌握多取代环己烷的稳定构象；了解对映体的拆分方法和不对称合成。

学 习 要 点

1. 基本概念

旋光性：能使平面偏振光振动平面发生旋转的性质。

手性：实物与其镜像不能重叠的现象，称为手性。

手性分子：若分子与其镜像不能重叠，则此分子为手性分子。

手性碳原子：与四个不同原子或基团相连的碳原子称为手性碳原子。

手性是分子的结构特点，而旋光性是分子的光学特性；分子的手性是产生旋光性的充分必要条件，也就是说手性分子都具有旋光性，而旋光性物质必定是手性分子。

手性碳原子是引起化合物产生手性的最普遍的原因，但不是产生手性的充分和必要条件；有些化合物含有手性碳原子，却不具有手性。

对映异构体：具有对映关系而不相同的一对化合物互称为对映异构体。

外消旋体：等量的一对对映异构体的混合物。

内消旋体：含有手性碳原子而没有旋光性的物质。

表 5-1　对映异构体的有关性质比较

手性碳原子数目	对映异构体个数	异构体之间性质比较
1个	2个对映异构体	旋光方向相反，其他物理性质相同；化学性质在非手性环境下相同，在手性环境下不同，有时相差比较大
2个不同手性碳	4个，两对对映异构体	对映异构体的性质同上。非对映体的旋光性不同，其他物理和化学性质也有差异
2个相同手性碳	3个，一对对映异构体和一个内消旋体	同上

2. 分子的对称性和手性　判断一个分子是否为手性分子，主要看其分子与镜像是否能互相重叠，这取决于分子本身是否具有对称性，即是否具有对称中心、对称面或对称轴。

凡具有对称面和对称中心的分子，与其镜像能够重叠，都是非手性分子，没有旋光性。若分子不含其他对称因素，仅有对称轴，它就必定和其镜像不能重叠，必定是手性分子。

3. 对映异构的表示方法

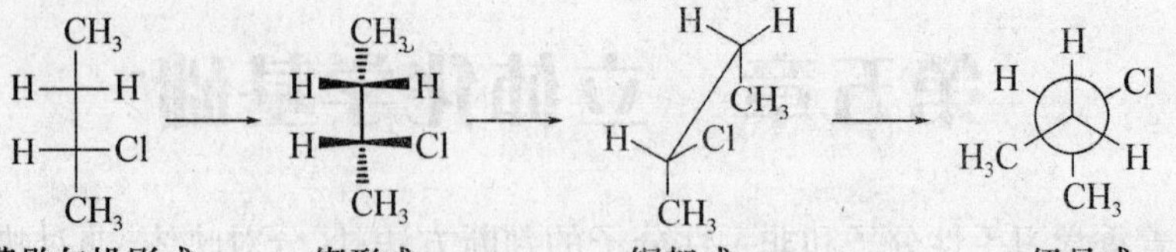

费歇尔投影式　　楔形式　　锯架式　　纽曼式

费歇尔投影式书写的原则：将碳链放于垂直线上；氧化态高的碳原子或主链中第一号碳原子在上方。把手性碳原子放于纸面上，其中两个基团放在横线上，表示指向前方，另两个基团放在竖线上，表示指向后方。

注意：费歇尔投影式不可离开平面翻转；在平面内旋转 90°，即变为其对映异构体；在平面内旋转 180°，其构型不变。

4. 对映异构体构型的命名

(1) D、L 构型命名法：以甘油醛为基础，合成其他化合物，凡是手性碳上键未断裂的过程，手性碳的构型一致。

D-(+)-甘油醛　　D-(−)-甘油酸　　L-(−)-甘油醛　　L-(+)-甘油酸

(2) R、S 构型命名法：把手性碳原子上四个基团中最小的基团放于离观测者最远的位置，来观察其他三个基团的顺序。按次序规则，三者的排列从最优基团到次优基团，再到最小基团。若为顺时针，则其构型用 R 表示；反之，用 S 表示。确定基团次序的规则，与烯烃命名中的规则相同。

特点：R、S 构型法能表示分子的绝对空间关系，看见一个光活异构体的名字，就可写出它的空间构型表达式。

注意：D、L 构型，R、S 构型与旋光方向无内在联系。

实际应用中可以根据费歇尔投影式直接命名。当最小基团处于竖直键上时，直接在平面内确定其构型；若最小基团处于横键上时，先在平面内确定构型，而实际构型与其相反。

5. 不含手性碳原子的旋光异构体

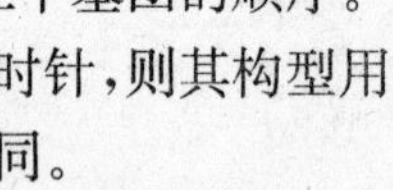

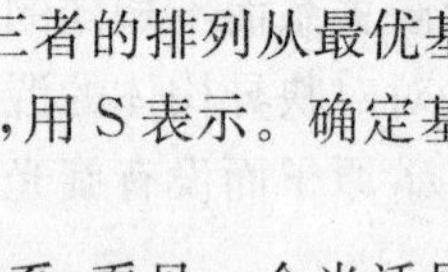

$a \neq b$　$d \neq e$

丙二烯类　　联苯类

丙二烯两端原子上各连接两个不同的基团，由于所连四个取代基各两两在相互垂直的平面上，整个分子没有对称面和对称中心，其具有手性。联苯类化合物，如果在苯环的邻位上即 2,2′,6,6′位置上引入体积相当大的不同取代基（$-NO_2$，—COOH 等），则两个苯环的单键旋转就要受到阻碍，以致它们不能处在同一平面上，而必须互成一定的角度。这样，整个分子就没有对称面或对称中心，就会有手性，从而产生立体异构体。

6. 取代环己烷的构象分析

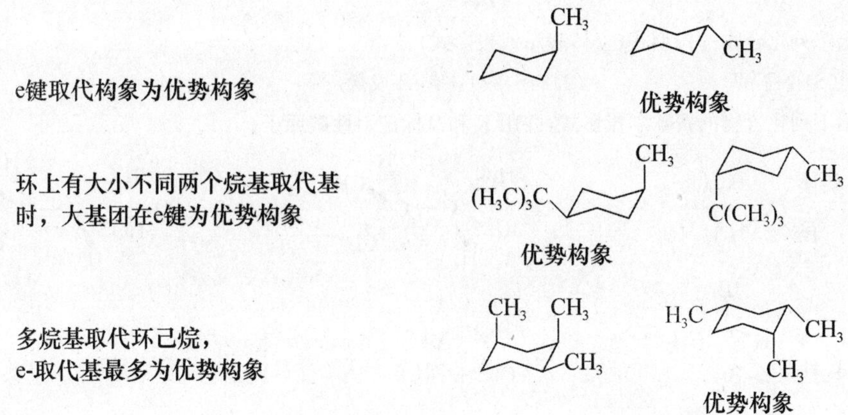

考虑氢键或偶极相互作用，有些情况下 a-取代会成为优势构象：

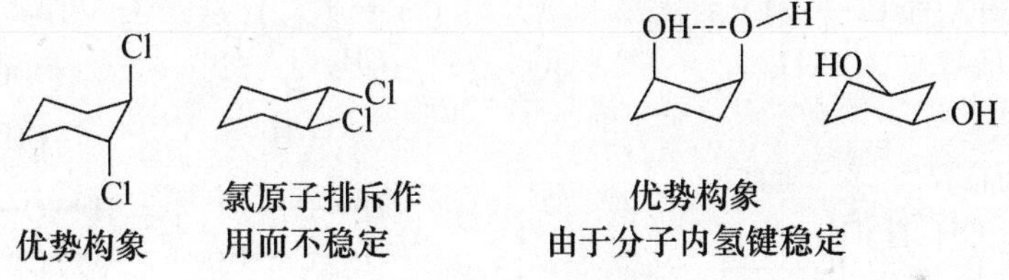

优势构象　　氯原子排斥作用而不稳定　　优势构象 由于分子内氢键稳定

经 典 习 题

1. 下面哪些是手性分子？

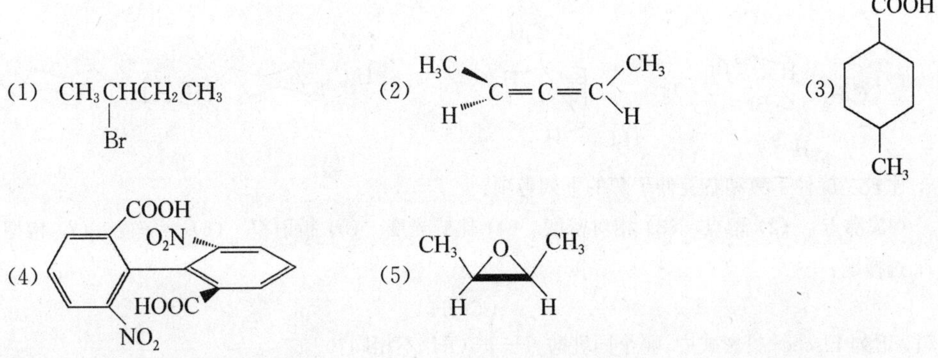

2. 判断下列化合物手性碳原子的构型：

(1) Fischer 投影式：上 $CH{=}CH_2$，左 H，右 Br，下 C_2H_5

(2) 上 CH_3，左 H，右 Cl，下 Br

(3) 上 CN，左 H，右 CH_3，下 C_2H_5

(4) 上 CH_2OH，左 H，右 OH，下 CH_2Cl

(5) 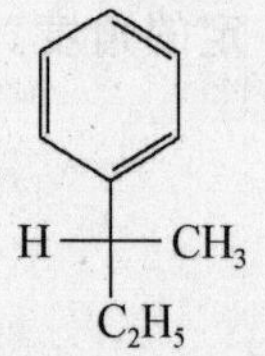 (6) 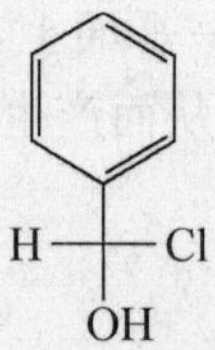 (7) 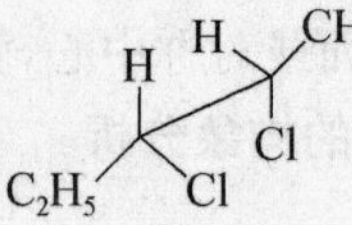 (8)

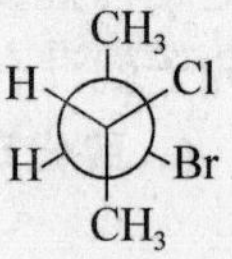

3. 写出下列化合物的构型式(立体表示或投影式):

(1) (S)-2-丁醇　　(2)(4S,2Z)-4-溴-2-戊烯

4. 写出下列化合物的费歇尔投影式,并用 R 和 S 标记手性碳原子。

(1) 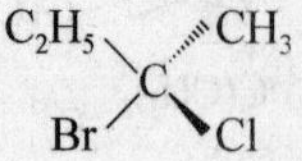 (2) 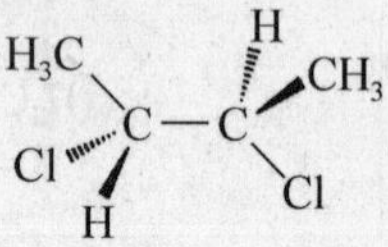 (3)

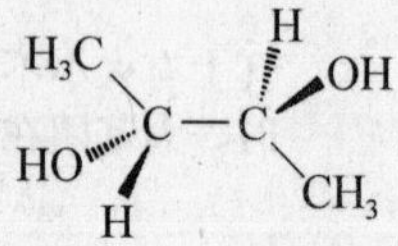

(4) 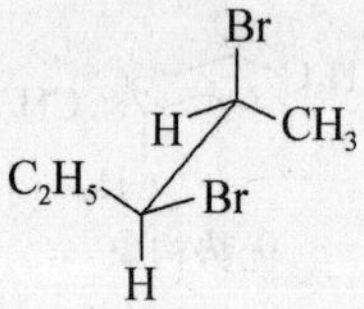 (5)

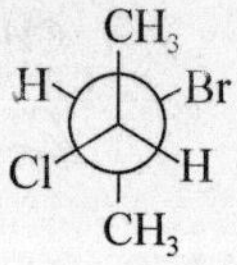

5. 下列各对化合物哪些属于非对映体,对映体,顺反异构体或同一化合物?

(1) 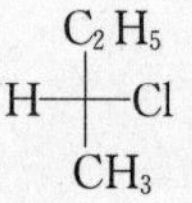 与 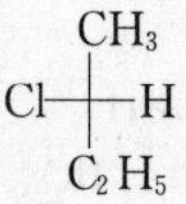　　(2) 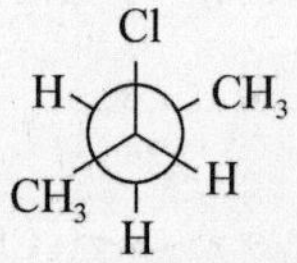 与

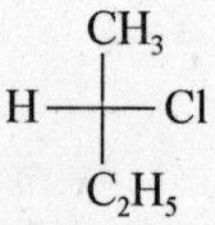

(3) 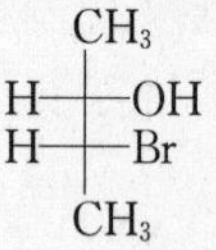 与 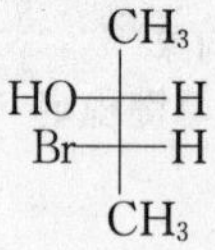　　(4) 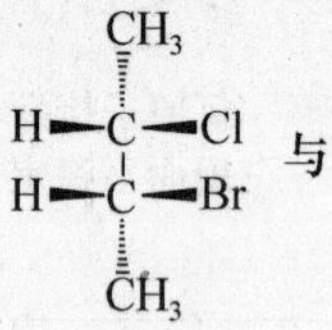 与

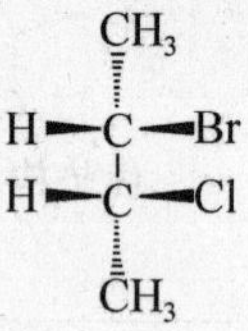

(5) 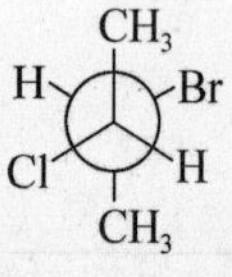 与 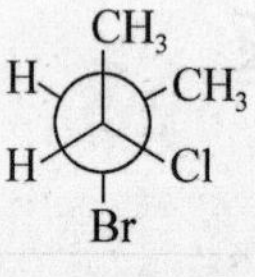　　(6) 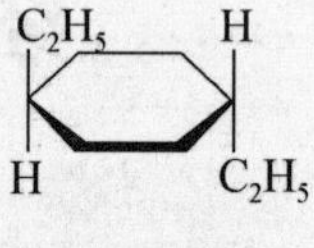 与

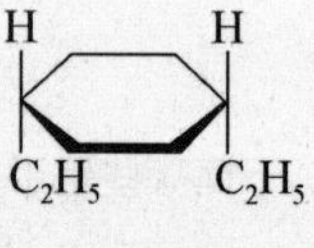

(7) 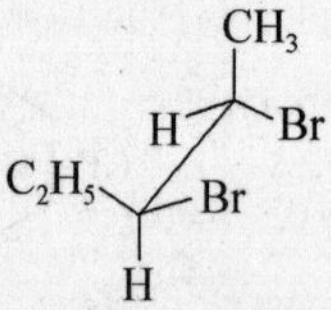 与 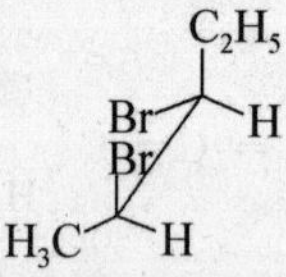　　(8) 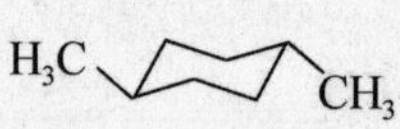 与

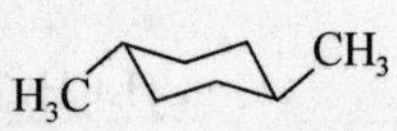

6. 比较左旋仲丁醇和右旋仲丁醇的下列各项:

(1) 沸点　(2) 熔点　(3) 相对密度　(4) 比旋光度　(5) 折射率　(6) 溶解度　(7) 构型

7. 选择题:

(1) 下列 Fischer 投影式中,哪个同乳酸 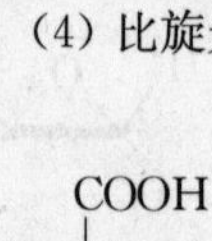 不相同?

A. 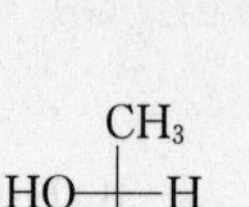　B. 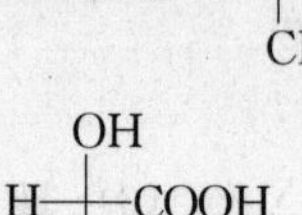　C. 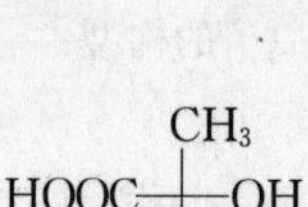　D.

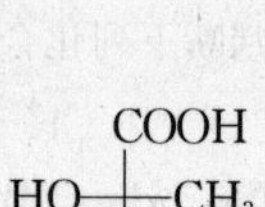

(2) Fischer 投影式 $\begin{array}{c} CH_3 \\ H \text{—+—} Br \\ C_2H_5 \end{array}$ 与下列哪个化合物是同一化合物？

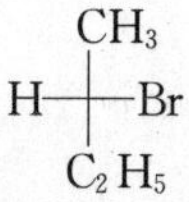

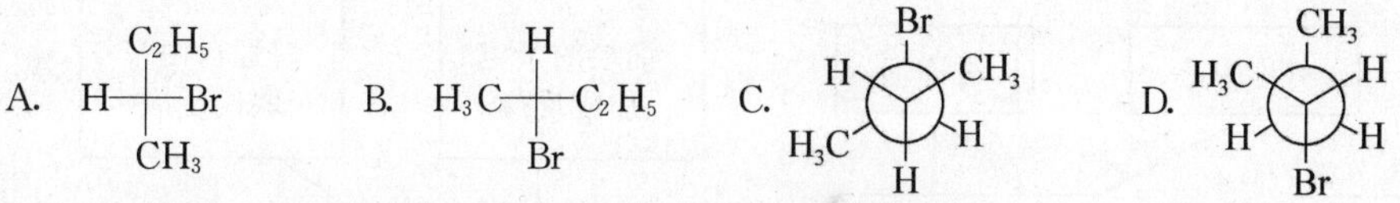

A. $\begin{array}{c} C_2H_5 \\ H \text{—+—} Br \\ CH_3 \end{array}$　B. $\begin{array}{c} H \\ H_3C \text{—+—} C_2H_5 \\ Br \end{array}$　C. （Newman 投影式：前 Br、CH_3、H；后 H、H_3C、H）　D. （Newman 投影式：前 CH_3、H、Br；后 H_3C、H、H）

8. 根据给出的四个立体异构体的 Fischer 投影式，回答下列问题：

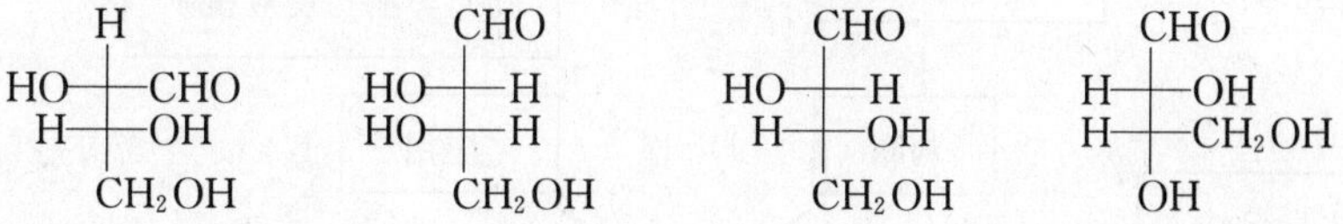

$\begin{array}{c} H \\ HO \text{—+—} CHO \\ H \text{—+—} OH \\ CH_2OH \\ (\text{I}) \end{array}$　$\begin{array}{c} CHO \\ HO \text{—+—} H \\ HO \text{—+—} H \\ CH_2OH \\ (\text{II}) \end{array}$　$\begin{array}{c} CHO \\ HO \text{—+—} H \\ H \text{—+—} OH \\ CH_2OH \\ (\text{III}) \end{array}$　$\begin{array}{c} CHO \\ H \text{—+—} OH \\ H \text{—+—} CH_2OH \\ OH \\ (\text{IV}) \end{array}$

(1)(Ⅱ)和(Ⅲ)是否为对映体？　(2)(Ⅰ)和(Ⅳ)是否为对映体？

(3)(Ⅱ)和(Ⅳ)是否为对映体？　(4)(Ⅰ)和(Ⅱ)的沸点是否相同？

(5)(Ⅰ)和(Ⅲ)的沸点是否相同？

(6) 把这四种立体异构体等量混合，混合物有无旋光性？

9. 环己烯与溴进行加成反应，预期将得到什么产物？写出其反应式。产品是否有旋光性？是左旋体、右旋体、外消旋体，还是内消旋体？

10. 判断下列叙述是否正确：

(1) 一对对映异构体总是物体与镜像的关系。

(2) 物体和其镜像分子在任何情况下都是对映异构体。

(3) 非手性的化合物可以有手性碳原子。

(4) 具有 S 构型的化合物是左旋(－)的对映体。

(5) 所有手性化合物都有非对映异构体。

(6) 非光学活性的物质一定是非手性的化合物。

(7) 如果一个化合物有一个对映体，它必须是手性的。

(8) 所有具有不对称碳原子的化合物都是手性的。

(9) 某些手性化合物可以是非光学活性的。

(10) 某些非对映异构体可以是物体与镜像的关系。

(11) 当非手性的分子经反应得到的产物是手性分子，则必定是外消旋体。

(12) 如果一个化合物没有对称面，则必定是手性化合物。

11. 家蝇的性诱剂是一个分子式为 $C_{23}H_{46}$ 的烃类化合物，加氢后生成 $C_{23}H_{48}$；用热而浓的 $KMnO_4$ 氧化时，生成 $CH_3(CH_2)_{12}COOH$ 和 $CH_3(CH_2)_7COOH$。性诱剂和溴的加成产物是一对对映体。试问这个性诱剂可能具有何种结构？

12. 一旋光化合物 A(C_8H_{12}) 用铂催化加氢得到没有手性的化合物 B(C_8H_{18})，A 用林德拉催化剂加氢得到手性化合物 C(C_8H_{14})，但用金属钠在液氨中还原得到另一个没有手性的化合物 D(C_8H_{14})。试推测 A 的结构。

13. 用碱性 $KMnO_4$ 与顺-2 丁烯反应，得到一个熔点为 32℃的邻二醇，而与反-2 丁烯反应，得到熔点为 19℃的产物。上述两种产物都是无旋光的。将熔点为 19℃的产物进行拆分，可以得到旋光度绝对值相同，方向相反的一对对映体。(1)试推测熔点为 19℃的及熔点为 32℃的邻二醇各是什么构型。(2)用 $KMnO_4$ 羟基化的立体化学是怎样的？

知识地图

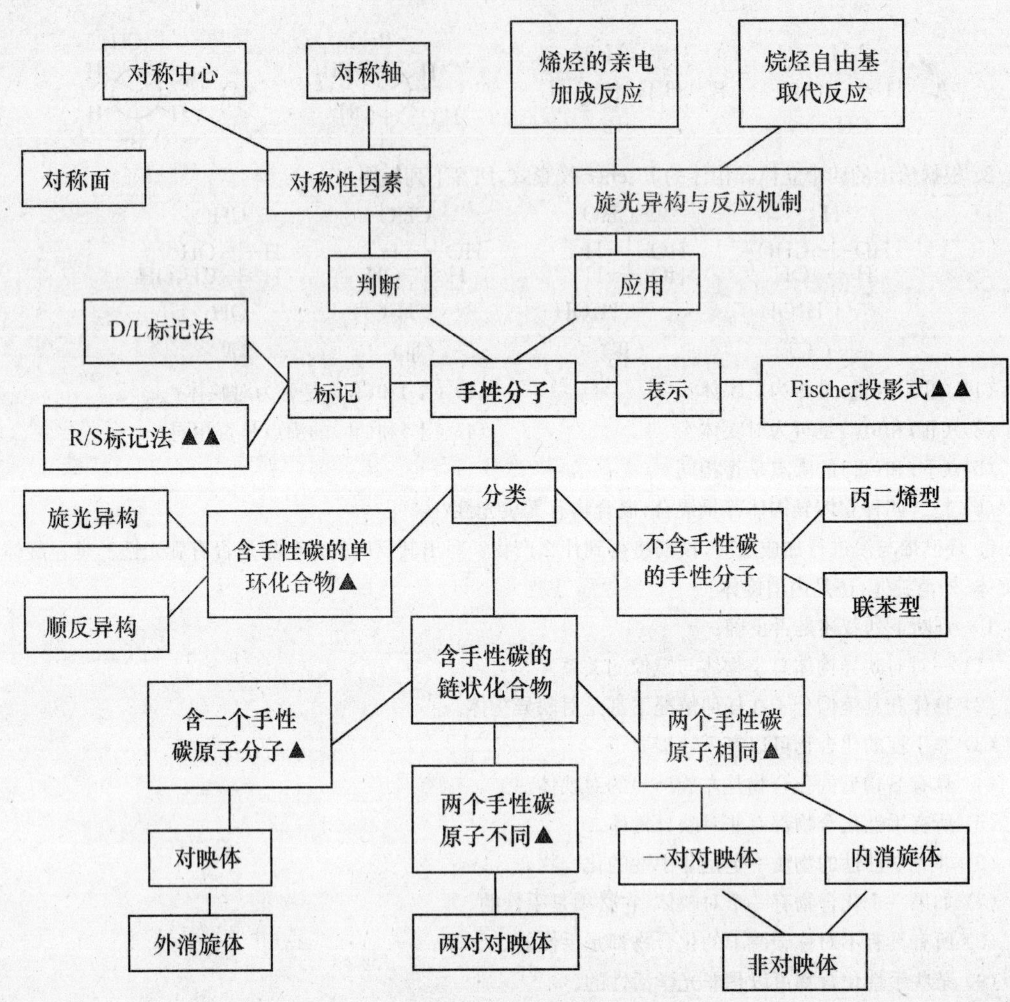

习题参考答案

1.(1)、(2)、(4)为手性分子。

2.(1)、(2)、(3)、(5)为 R 构型;(4)、(6)为 S 构型;(7)、(8)均为 2R,3R。

3.

(1) Fischer 投影式:上 CH_3,左 H,右 OH,下 C_2H_5

(2) CH_3(H)C=C(H)—C(H)(Br)—CH_3

4.

(1) Fischer 投影式:上 CH_3,左 Br,右 C_2H_5,下 Cl (S)

(2) CH_3 / Cl—H (R) / H—Cl (R) / CH_3

(3) CH_3 / H—OH (S) / H—OH (R) / CH_3

(4) Fischer 投影式：上 CH_3；H—C—Br (S)；Br—C—H (S)；下 C_2H_5

(5) Fischer 投影式：上 CH_3；H—C—Br (S)；H—C—Cl (R)；下 CH_3

5. (1)、(2)、(8)均为同一化合物；(3)、(4)、(5)为对映体；(6)为顺反异构体；(7)为非对映体。

6. (1)、(2)、(3)、(5)、(6)相同；(4)大小相同，方向相反；(7)互为对映异构体。

7. 均为 B。

8. (1) 不是 (2) 不是 (3) 不是 (4) 相同 (5) 不相同 (6)无旋光性

9.

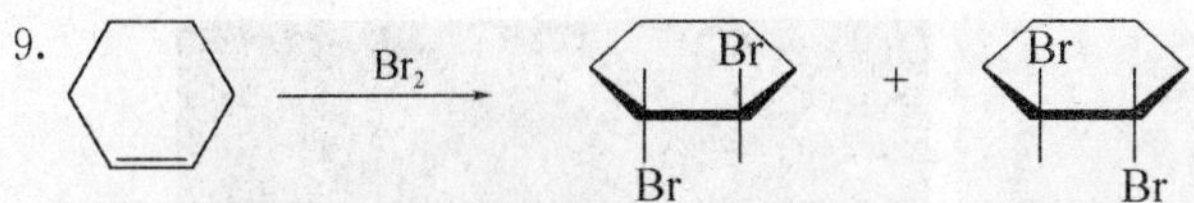

产物外消旋化，没有旋光性。

10. (1)(3)(7)正确，其他均为错误。

11. 可能的两种结构：

$CH_3(CH_2)_{12}$(H)C=C(H)$(CH_2)_7CH_3$（顺式）　　$CH_3(CH_2)_{12}$(H)C=C(H)$(CH_2)_7CH_3$（反式）

12. $H_3C—C≡C—CH(CH_3)—CH=CH—CH_3$（H 与 CH_3 处于反式）

13.

CH_3 H—C—OH HO—C—H CH_3	CH_3 HO—C—H H—C—OH CH_3	CH_3 H—C—OH H—C—OH CH_3

苏式，外消旋体，熔点为 19℃　　　赤式：内消旋体，熔点为 32℃

反应过程是顺式加成，如下：

顺-2-丁烯 —$KMnO_4$ / OH^-→ 环状锰酸酯（O—Mn(=O)—O⁻）—H_2O→ 赤式，内消旋体

反-2-丁烯 —$KMnO_4$ / OH^-→ ① / ② 两种环状锰酸酯 —H_2O→ ① ② 苏式，外消旋体

课外阅读

药物的手性与 2001 年诺贝尔化学奖

手性是自然界普遍存在的现象，生命有机体更加强烈地显示这种偏爱。手性是动植物的一个重要形态特征，如绝大部分攀缘植物是沿着主干往右缠绕的，DNA 的双螺旋结构也是右旋的。

北马兜铃　右旋

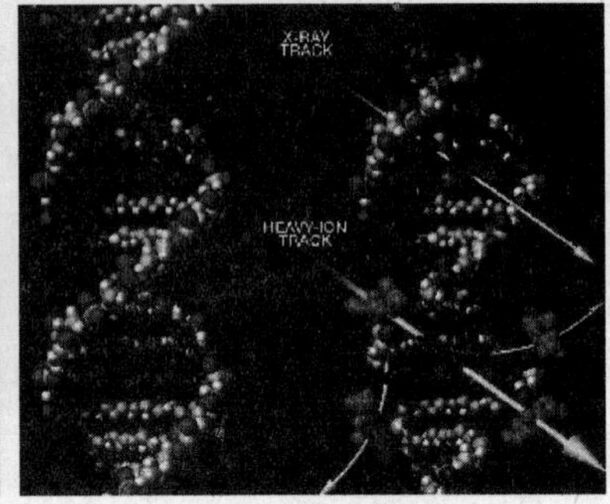

DNA的双螺旋结构

不少动物也有手性特征，在贝类中较普遍的方向是往右旋转，蜗牛身上的螺纹也是右旋的。

贝壳

蜗牛

20 世纪 60 年代，德国上市了一种非常有效的非巴比妥类镇静药物沙利度胺，取名“反应停”(thalidomide，α-苯肽茂二酰亚胺)，用于治疗妊娠期女性的妊娠反应。该药销往 46 个国家，结果导致 8000 多名婴儿出现海豹肢畸形。这就是震惊世界的反应停事件，1957－1962 年间，造成数万名婴儿严重畸形。

后来研究证实，沙利度胺实际上是一种外消旋体药物，内含 R-、S-两种对映体。结构如下：

进一步研究表明，其致畸作用是由沙利度胺其中的一个异构体(*S*-异构体)引起的，而*R*-构型即使大剂量使用，也不会引起致畸作用。

反应停事件使获得具有药效的单一对映体问题成为科学家们关注的焦点。有机化学的手性合成是解决这个难题的一个好方法。

1968年，美国化学家诺尔斯(W. S. Knowles)发现了过渡金属配合物不对称催化氢化的新方法，并最终获得了有效的对映体。他的研究成果很快便转化成工业产品，如治疗帕金森病的(-)多巴就是根据诺尔斯的研究成果制造出来的。后来，日本化学家野依良治(Ryoji Noyori)进一步发展了对映性氢化催化剂。另一位美国化学家夏普雷斯(K. B. Sharpless)则发现了环氧化反应。他们的成就使得手性合成成为有机合成的一个新领域。手性合成对于学术研究，尤其是新药研制具有非常重要的意义。

现在，手性合成已被应用到心血管药、抗生素、激素、抗癌药及中枢神经系统类药物的研制上。2001年度诺贝尔化学奖被授予美国化学家诺尔斯(W. S. knowles)、日本化学家野依良治(R. Noyori)和美国化学家夏普雷斯(K. B. Sharpless)，以表彰他们在手性催化氢化反应和手性催化氧化反应研究方面做出的卓越贡献。这三位科学家获奖的意义还在于：他们的发明帮助人们在认识和改造世界过程中建立了信心，提供了一种有力的工具，即可以通过手性催化反应得到"手性"产物。

参考文献

张梦军，廖春阳，兰玉坤，等．2002. 对催化不对称合成的重大贡献——2001年诺贝尔化学奖．化学教育出版社，(1)：5-13

第六章 芳 香 烃

通过本章的学习掌握芳香烃及其衍生物的命名，苯及其同系物的化学性质，休克尔(Hückel)规则。理解苯环的结构特征，熟悉苯环上亲电取代反应历程，掌握定位效应的理论解释，熟练应用取代基的定位规律。了解萘、蒽和菲的结构与典型反应。

学 习 要 点

1. 芳香烃的分类、命名 芳香烃具有其特征性质——芳香性(易取代，难加成，难氧化)。

(1) 分类

芳香烃
- 苯系芳烃
  - 单环芳烃：苯、乙苯（CH_2CH_3）、异丙苯（$CHCH_3$ / CH_3）、苯乙烯（$CH=CH_2$）
  - 多环芳烃
    - 联苯：联苯、对三联苯
    - 稠环芳烃：萘、蒽
    - 多苯代脂烃：二苯甲烷（CH_2）
- 非苯芳烃：环戊二烯负离子、环庚三烯正离子、薁

(2) 命名：当苯环上连的是烷基(R—)，$—NO_2$，—X 等基团时，以苯环为母体，称为某基苯。当苯环上连有—COOH，$—SO_3H$，$—NH_2$，—OH，—CHO，$—CH=CH_2$ 等基团或 R 较复杂时，则把苯环作为取代基。例如：

苯甲酸（—COOH）　苯酚（—OH）　苯乙烯（$—CH=CH_2$）

二取代基的位置可用邻、间、对或阿拉伯数字来表示。

母体选择原则：按以下排列次序，排在后面的为母体，排在前面的作为取代基。$—NO_2$、—X、—R(烷基)、—OR(烷氧基)、$—NH_2$、—OH、—COR、—CHO、—CN、$—CONH_2$(酰胺)、—COX(酰卤)、—COOR(酯)、$—SO_3H$、—COOH、$—^{+}NR_3$ 等。

2. 苯的结构▲

(1) 苯的凯库勒式：1865年，凯库勒从苯的分子式 C_6H_6 出发，根据苯的一元取代物只有一种的事实，提出了苯的环状构造式。

简写为

凯库勒式

(2) 苯分子结构的价键观点：现代物理方法表明，苯分子是一个平面正六边形构型，键角都是 120°，碳碳键长都是 0.1397nm，如右图所示。

120°

0.1397nm

0.110nm

苯的价键结构

杂化轨道理论认为苯分子中的碳原子都是以 sp^2 杂化轨道成键的，未参与杂化的 p 轨道都垂直于碳环平面，彼此侧面重叠，形成一个封闭的共轭体系。分子轨道理论认为，分子中六个 p 轨道线形组合成六个 π 分子轨道，其中三个成键轨道，三个反键轨道。在基态时，苯分子的六个 π 电子成对填入三个成键轨道，其能量比原子轨道低，所以苯分子稳定，体系能量较低。苯分子的大 π 键是三个成键轨道叠加的结果，由于 π 电子都是离域的，所以碳碳键长完全相同。

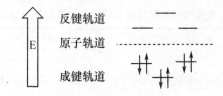

E

反键轨道

原子轨道

成键轨道

苯的分子轨道能级示意图

(3) 共振论对苯结构的解释

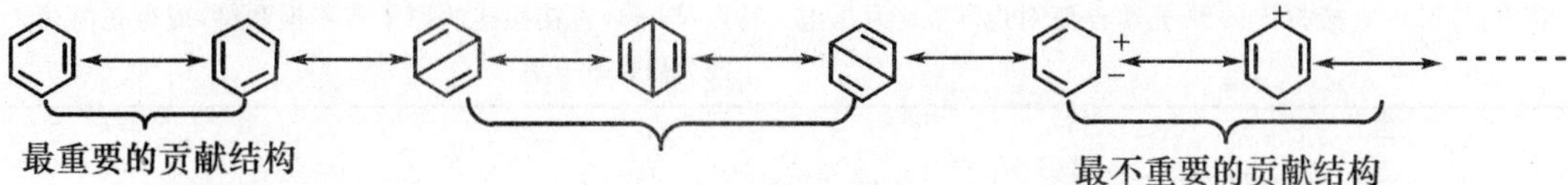

3. 化学性质▲▲

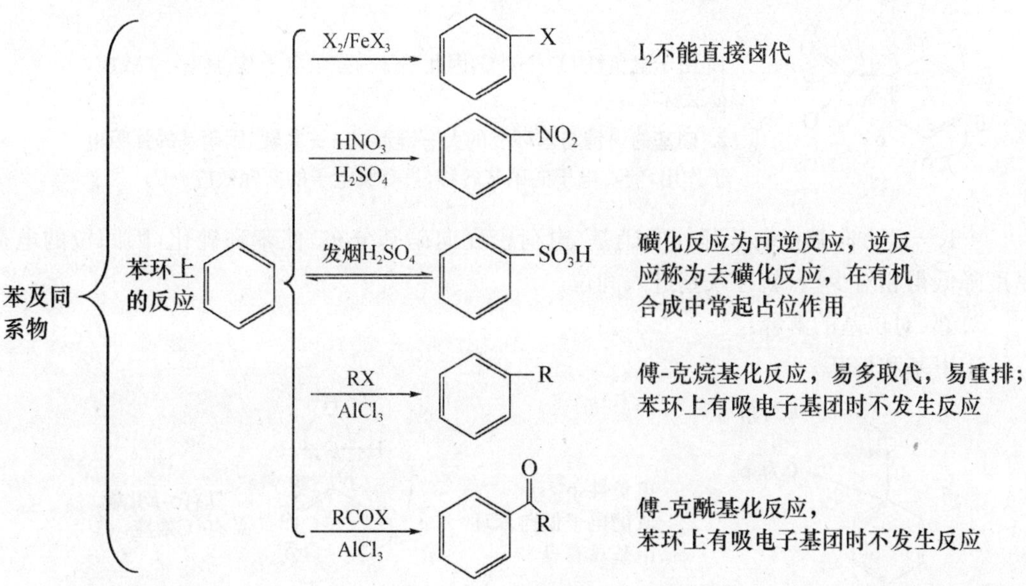

苯及同系物 —— 侧链上的反应：

- 苯基—CH—C— $\xrightarrow[\text{或}\triangle]{Cl_2/\text{光照}}$ 苯基—C(Cl)—C—
- 苯基—CH—C— $\xrightarrow[\text{过氧化物}]{NBS}$ 苯基—C(Br)—C—
- 苯基—CH—C— $\xrightarrow[\triangle]{KMnO_4/H^+}$ 苯基—COOH　侧链一定要有α-H；无论侧链有多长，氧化产物均为苯甲酸

4. 苯环上亲电取代反应的定位效应▲▲▲

（1）取代基的定位效应：苯环上存在一个取代基后，再进行亲电取代反应时，后引入的基团进入苯环的位置和反应难易受环上原有取代基的影响，这种效应称为定位效应。

表 6-1　常见邻对位定位基和间位定位基对苯活性的影响

邻对位定位基	对苯活性的影响	间位定位基	对苯活性的影响
—NH_2(R)，—OH	强活化	—NO_2，—CF_3，—$^+NR_3$	很强钝化
—OR，—NHCOR	中等活化	—SO_3H，—CHO，—COR	强钝化
—R，—Ar，—C═CR_2	弱活化	—COOH，—COCl	中强钝化
—X，—CH_2Cl	弱钝化	—$CONH_2$，—CN	中强钝化
特点：与苯环直接相连的原子具有孤对电子，或为斥电子基		特点：与苯环直接相连的原子有不饱和键，或带正电荷，或为强吸电子基	

（2）定位效应的解释

对间位基的解释（以硝基苯为例）：

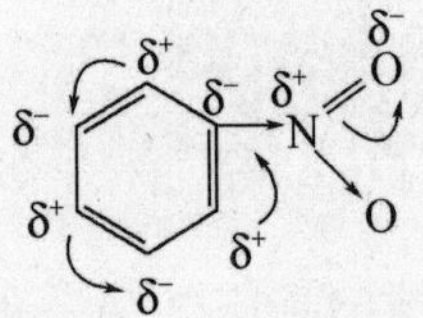

1. 由于电负性 O>N>C，因此硝基为强吸电子基，具有－I 效应，使苯环钝化。
2. 硝基的 π 键与苯环上的大 π 键形成 π-π 共轭，因硝基的强吸电子作用，使 π 电子向硝基转移，具有吸电子的共轭效应－C。

－I、－C 方向都指向苯环外的硝基（电荷密度向硝基分布）使苯环钝化，因间位的电荷密度降低得相对少些，新导入基进入间位。

对邻、对位基的解释：

①甲基和烷基

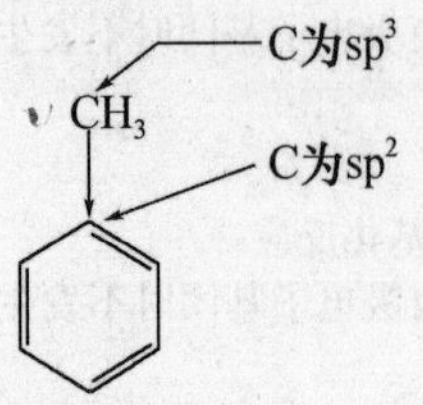

电负性sp^2>sp^3
成键电子偏向苯环
甲基具有+I

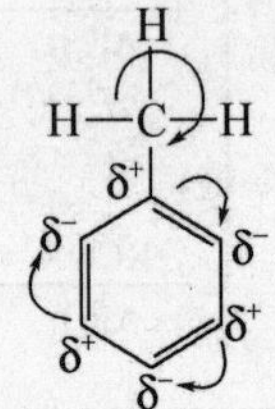

具有σ-π共轭
有+C效应

甲基的＋I 和＋C 都使苯环上电子云密度增加，邻位增加得更多，故使苯环活化，亲电取代反应比苯易进行，主要发生在邻、对位上。

②具有孤电子对的取代基（—OH、—NH_2、—OR 等）

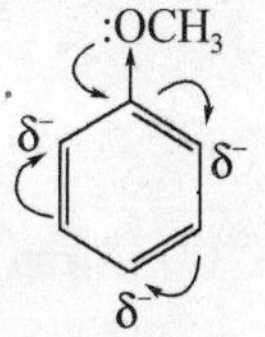

$:OCH_3$ δ⁻ δ⁻ δ⁻

电负性O>C具有—I效应

氧上的电子对与苯形成p-π共轭，具有+C效应

由于＋C＞－I，所以苯环上的电荷密度增大，且邻、对位增加更多些，故为邻对位定位基。

（3）二取代苯的定位效应：两个定位基定位效应一致时，第三个基团进入它们共同确定的位置；两个定位基定位效应矛盾时，若原有两个取代基同类，而定位效应不一致，则主要由强的定位基指定新导入基进入苯环的位置。原有两个取代基不同类，且定位效应不一致时，新导入基进入苯环的位置由邻对位定位基指定。

5. 萘、蒽、菲

（1）萘

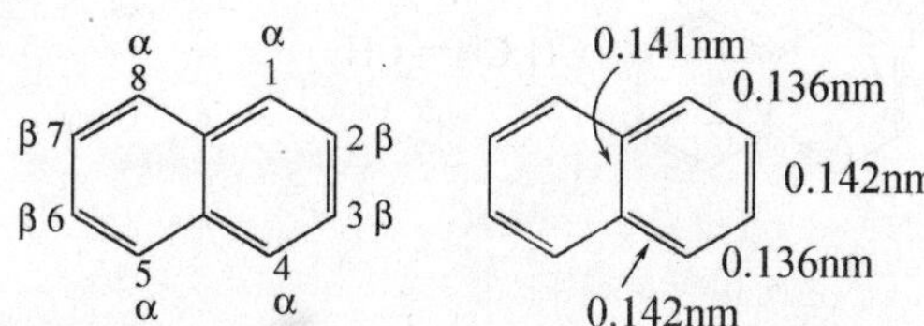

取代反应通常发生在α位，高温磺化时则主要发生在β位

萘的化学性质与苯类似，但比苯活泼一些。

（2）蒽和菲

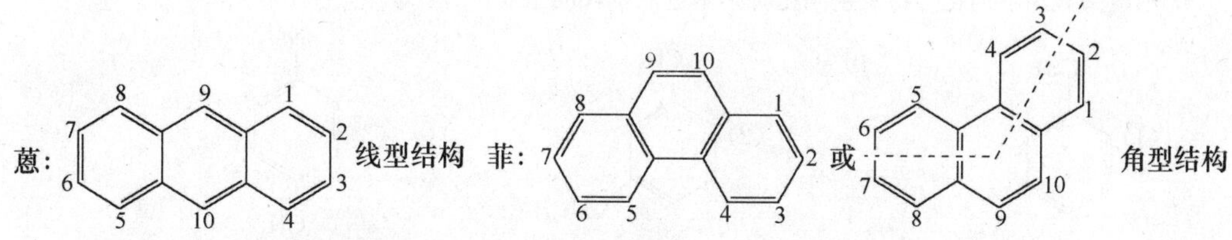

6. 休克尔（Hückel）规则▲▲ 单环多烯烃要有芳香性，必须满足三个条件：① 成环原子共平面或接近于平面，平面扭转不大于 0.1nm；② 环状闭合共轭体系；③ 环上 π 电子数为 4n＋2（n＝ 0、1、2、3……）。这就是休克尔规则。

例如：

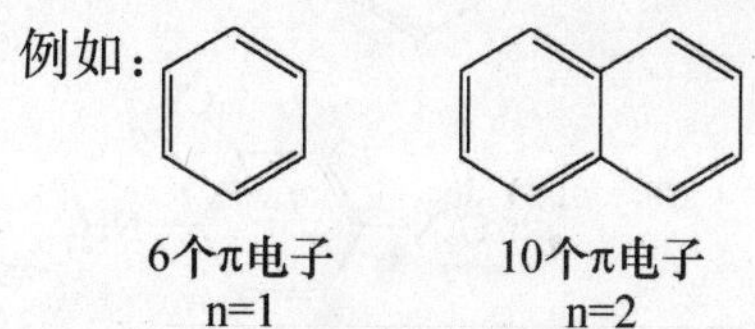

经 典 习 题

1. 写出下列化合物的结构式：

（1）4-苯基-1-丁炔　　　　（2）2,4,6-三硝基甲苯

(3) 对二氯苯　　(4) 1-氯-2,4-二硝基苯

(5) 对氨基苯磺酸　　(6) 2-氨基-3-硝基-6-溴苯甲酸

(7) 1,5-二苯基庚烷　　(8) 苄氯

(9) 2-甲基-1-萘磺酸　　(10) E-2-苯基-2-戊烯

2. 命名下列化合物：

(1) 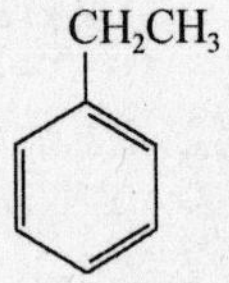 CH_2CH_3　　(2) CH_3 Cl　　(3) CH_3 COOH

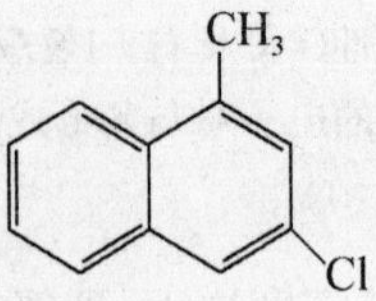

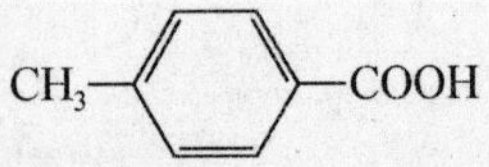

(4) 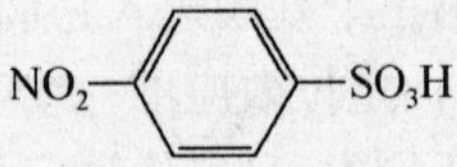 NO_2 SO_3H　　(5) 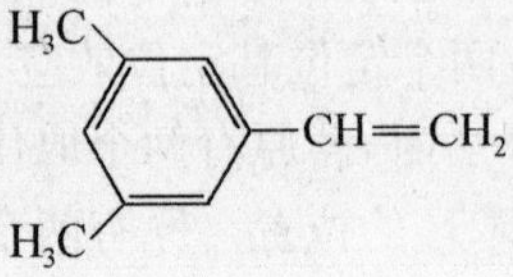 H_3C $CH=CH_2$ H_3C　　(6) 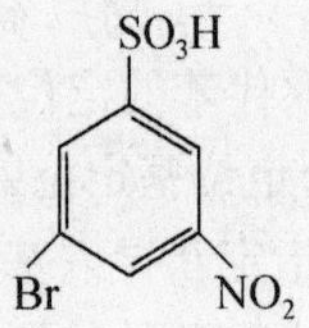 SO_3H Br NO_2

(7) 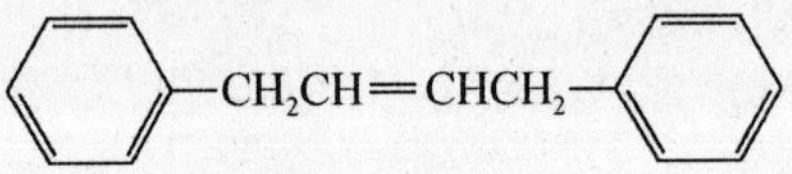 $CH_2CH=CHCH_2$　　(8) 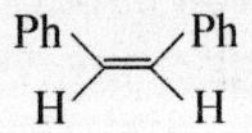 Ph Ph H H

(9) 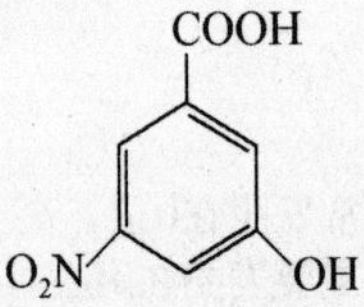 COOH O_2N OH　　(10) 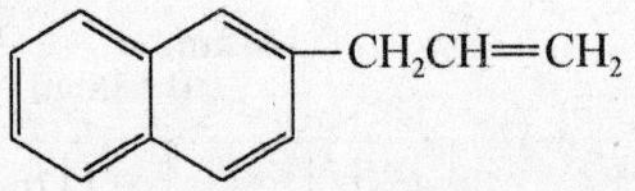 $CH_2CH=CH_2$

3. 请解释：

(1) 为什么邻二甲苯、间二甲苯、对二甲苯的熔点和沸点都不相同？

(2) 用混酸硝化苯酚，其反应速率比甲苯的硝化速率大 45 倍，但氯苯的硝化速率比甲苯的硝化速率小 250 倍？

4. 用箭头表示下列化合物发生硝化时硝基进入苯环的主要位置：

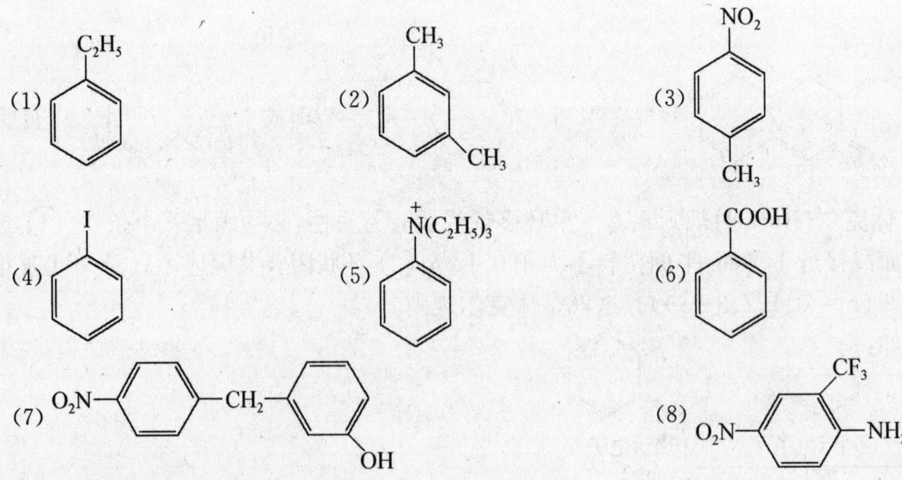

5. 以苯或甲苯为原料，制备下列化合物：

(1) 间硝基氯苯　　(2) 间氯苯甲酸　　(3)对溴苯甲酸

(4) α-溴代异丙苯　　(5) 2,6-二溴苯甲酸

6. 用化学方法鉴别下列各组化合物：

(1) 苯乙炔、环已烯和环已烷　　(2) 1-已烯、甲苯和 1,2-二甲基环丙烷

（3）甲苯、苯和苯乙烯

7. 按照亲电取代反应活性降低的次序排列下列化合物：

（1） 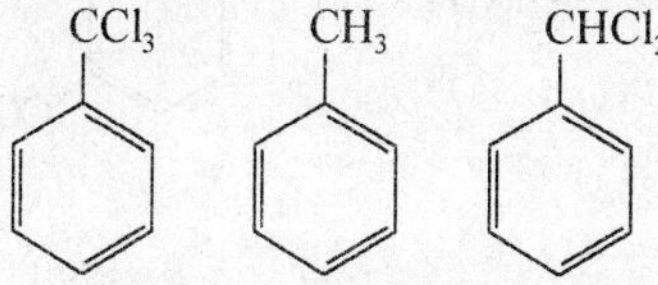 $C_6H_5CCl_3$　　$C_6H_5CH_3$　　$C_6H_5CHCl_2$

（2） $C_6H_5OCH_3$　　C_6H_5ONa　　$C_6H_5COCH_3$

（3） C_6H_5I　　C_6H_5OH　　C_6H_5COOH

（4） $C_6H_5CH_3$　　间二甲苯　　1,3,5-三甲苯　　对二甲苯

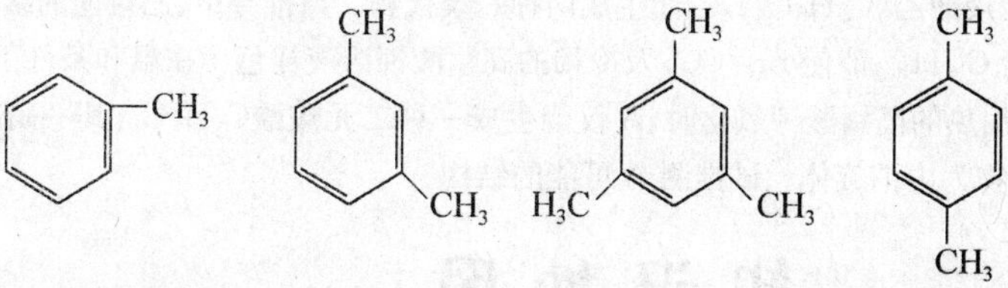

8. 写出下列反应的机制：

（1） 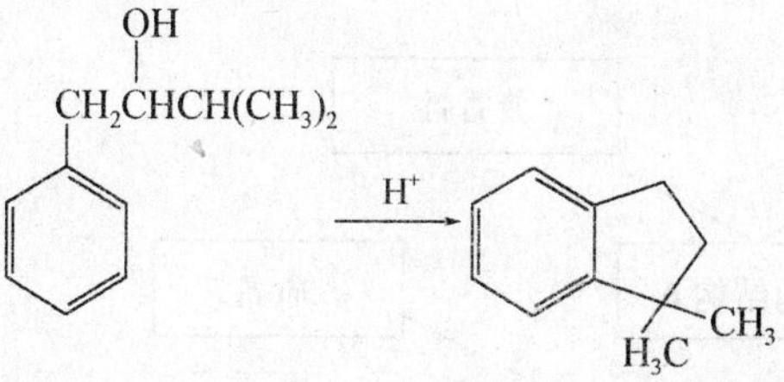 $C_6H_5CH_2CH(OH)CH(CH_3)_2 \xrightarrow{H^+}$ 1,1-二甲基茚满（CH_3，H_3C）

（2）

$2\,C_6H_5CH{=}CH_2 \xrightarrow{浓硫酸} C_6H_5CH{=}CH{-}CH(CH_3){-}C_6H_5 + $ 1-甲基-3-苯基茚满（CH_3）

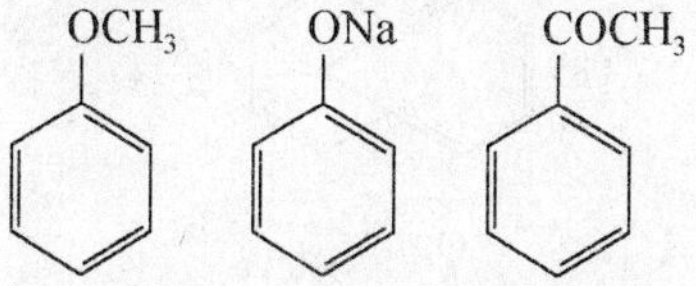

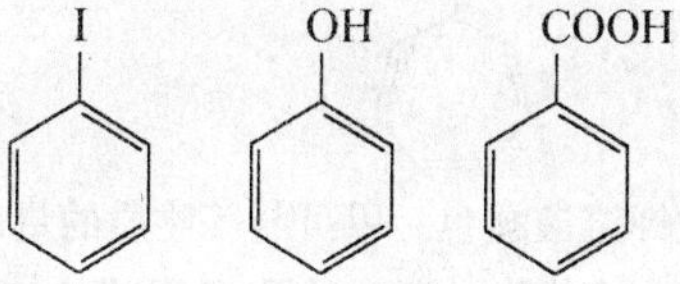

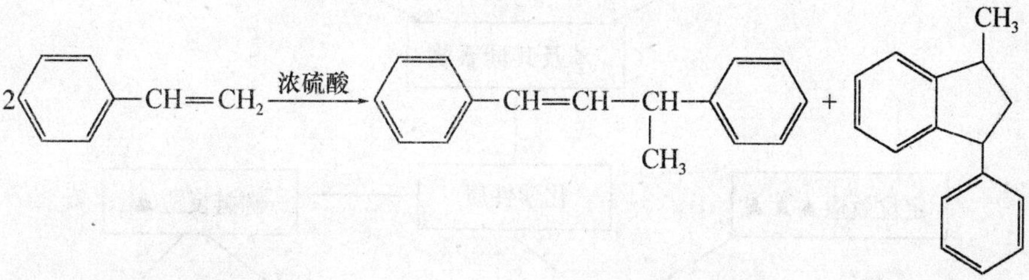

9. 完成下列反应式：

（1） 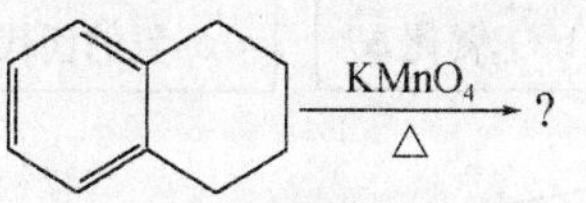 四氢萘 $\xrightarrow[\triangle]{KMnO_4}$?

（2） $C_6H_5CH_2CH_2CH_2Cl \xrightarrow{AlCl_3}$?

（3） 2-苯基环己基 CH_2COCl $\xrightarrow{AlCl_3}$?

（4） 2-甲基萘（CH_3） $\xrightarrow[浓H_2SO_4]{浓HNO_3}$?

（5） $C_6H_5CH{=}CHCH_3$ +HBr $\xrightarrow{ROOR}$?

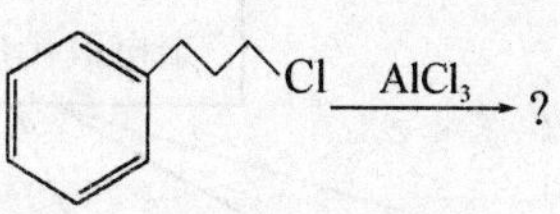

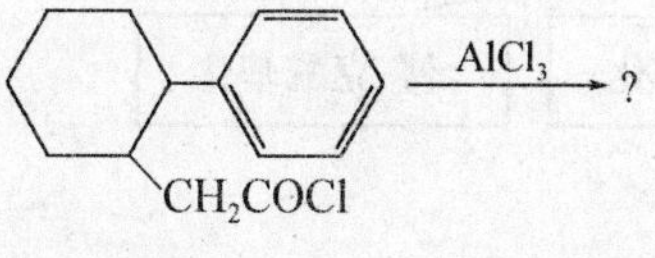

（6） 2-硝基联苯（O_2N） $\xrightarrow[Fe]{Br_2}$?

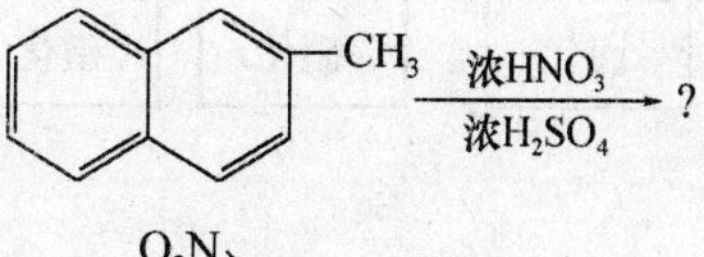

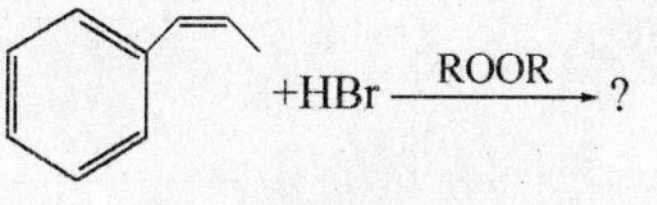

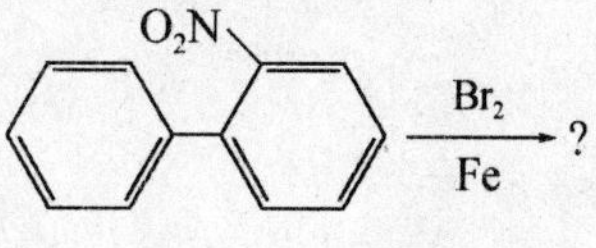

(7) $(C_6H_5)_2HC$—⟨苯环⟩—CH_3 $\xrightarrow[\text{光照}]{\text{过量}Cl_2}$?

(8) C_8H_{10}(?) $\xrightarrow{KMnO_4}$ （间苯二甲酸，COOH、COOH）

10. 根据休克尔规则判断下列化合物是否具有芳香性：

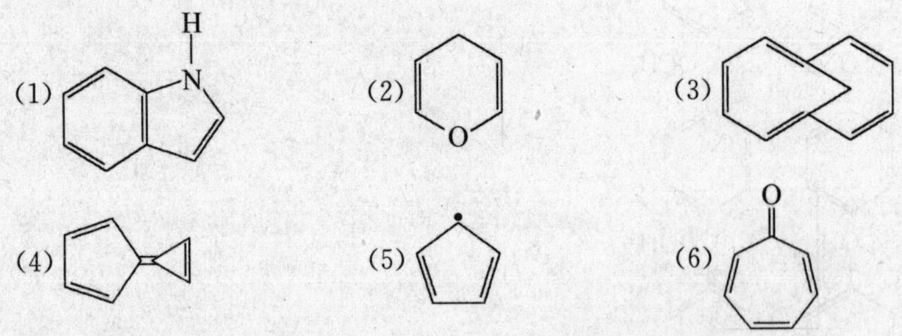

11. 芳香烃甲(C_9H_{10})，能使 Br_2/CCl_4 及冷的碱性高锰酸钾溶液褪色。甲可与等物质的量的 H_2 加成。热高锰酸钾将甲氧化为二元羧酸乙($C_8H_6O_4$)，乙能生成两种一溴代物。请推导甲、乙可能的结构式。

12. 化合物 A 分子式为 $C_{16}H_{16}$，能使 Br_2/CCl_4 及冷稀的高锰酸钾溶液褪色。在温和条件下催化加氢，能与等物质的量 H_2 加成。用热的高锰酸钾氧化时，A 仅能生成一种二元羧酸 $C_8H_6O_4$，其一硝基取代物只有一种。A 与 Br_2 加成生成物为内消旋体。试推测 A 可能的结构。

知 识 地 图

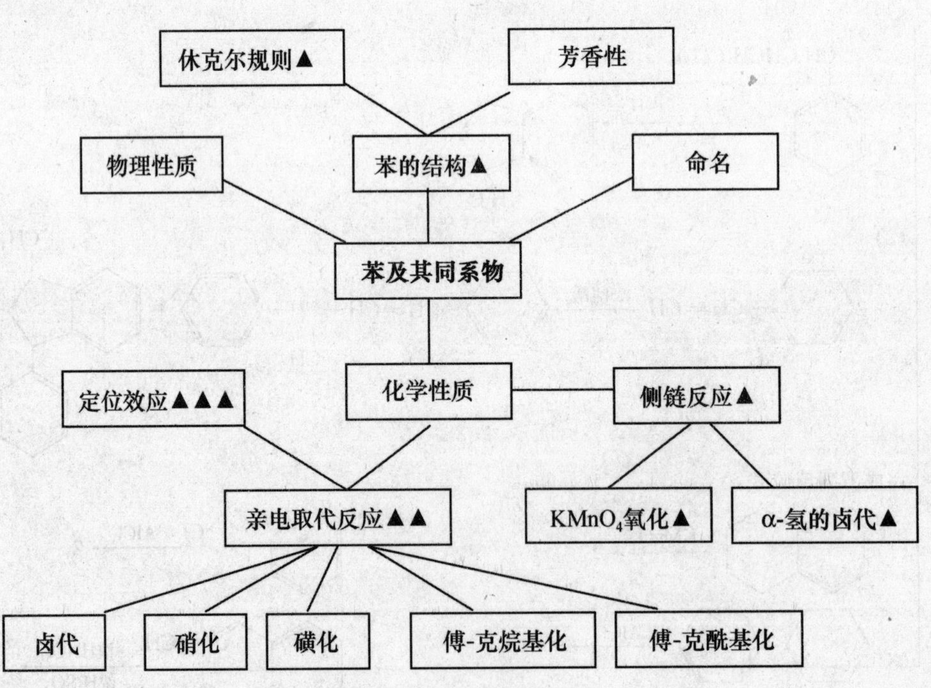

习题参考答案

1\. (1) 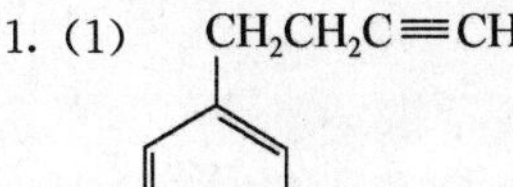

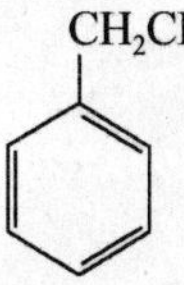

(2) 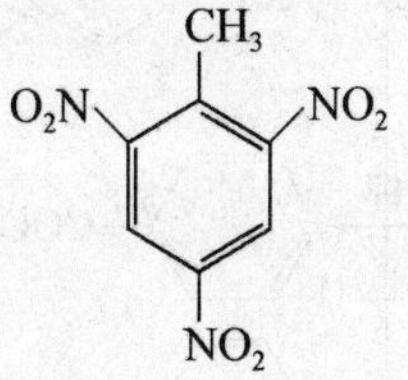 2-CH_3，1,3,5-三NO_2（O_2N、NO_2、NO_2）

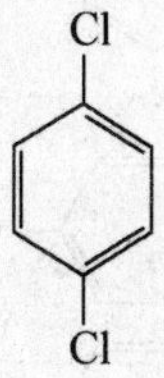

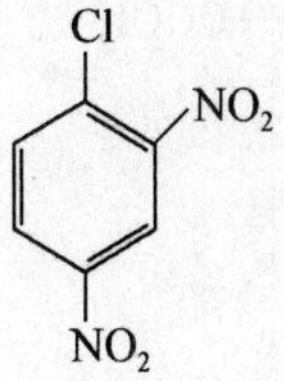

(3) Cl、Cl

(4) Cl、NO_2、NO_2

(5) HO_3S—C_6H_4—NH_2

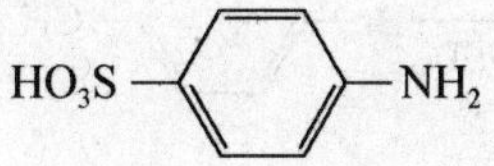

(6) 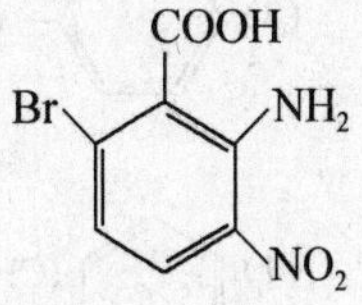 COOH、Br、NH_2、NO_2

(7) 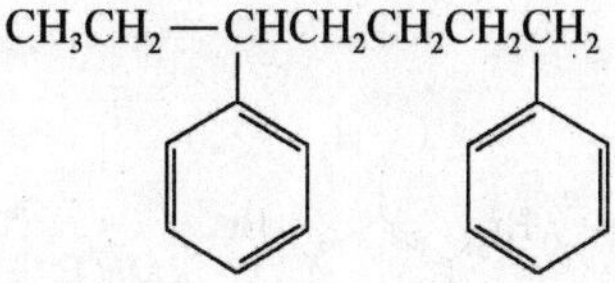 CH_3CH_2—$CHCH_2CH_2CH_2CH_2$（两个苯环）

(8) 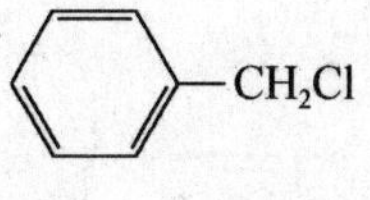 C_6H_5—CH_2Cl

(9) 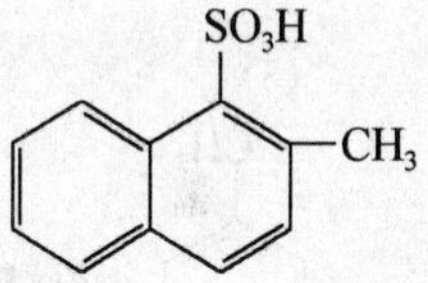 SO_3H、CH_3（萘环）

(10) 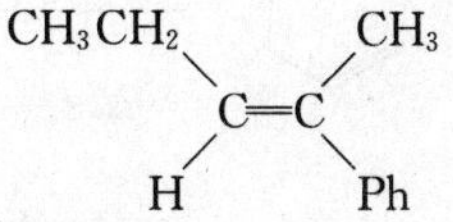 CH_3CH_2、CH_3、C═C、H、Ph

2\. (1) 乙苯　(2) 1-甲基-3-氯萘　(3) 对甲基苯甲酸

(4) 对硝基苯磺酸　(5) 3,5-二甲基苯乙烯　(6)3-硝基-5-溴苯磺酸

(7) 1,4-二苯基-2-丁烯　(8) 顺-1,2-二苯基乙烯　(9) 5-硝基-3-羟基苯甲酸

(10) 3-(β-萘基)-1-丙烯

3\. (1) 分子的偶极矩和对称性不同。

(2) 羟基可以与苯环形成 p-π 共轭，是比甲基强的邻对位定位基，使苯环的活性增强，反应速率高于甲苯；而氯具有较强的吸电子诱导效应，使苯环钝化，反应速率低于甲苯。

4\.

(1) 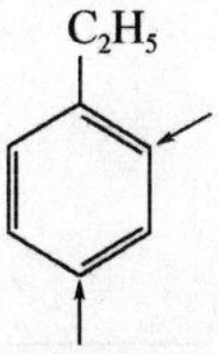 C_2H_5、I　(2) 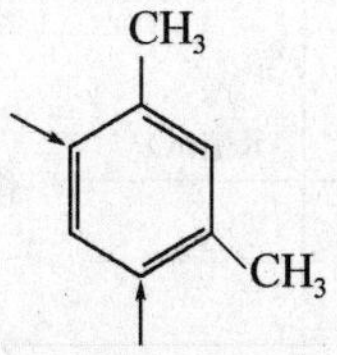 CH_3、CH_3　(3) NO_2、CH_3

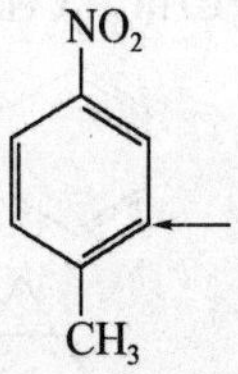

(4) 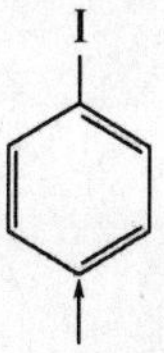　(5) 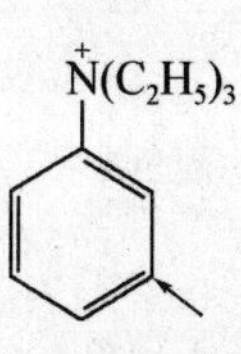 $\overset{+}{N}(C_2H_5)_3$　(6) 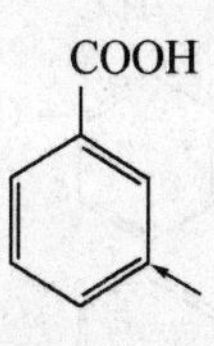 COOH

(7) 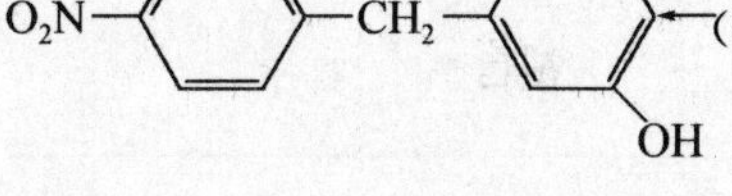 O_2N—C_6H_4—CH_2—C_6H_3—OH　(8) 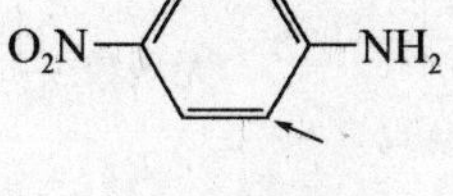 O_2N、CF_3、NH_2

5. (1) 苯 $\xrightarrow{混酸}$ 硝基苯 $\xrightarrow[FeCl_3]{Cl_2}$ 间氯硝基苯（NO_2，Cl）

(2) 甲苯（$-CH_3$）$\xrightarrow{高锰酸钾}$ 苯甲酸（$-COOH$）$\xrightarrow[FeCl_3]{Cl_2}$ 间氯苯甲酸（Cl，COOH）

(3) 甲苯（$-CH_3$）$\xrightarrow[FeBr_3]{Br_2}$ $Br-C_6H_4-CH_3$ $\xrightarrow{高锰酸钾}$ $Br-C_6H_4-COOH$

(4) 苯 $\xrightarrow[AlCl_3]{(CH_3)_2CHCl}$ 异丙苯 $\xrightarrow{NBS}$ $C_6H_5-C(CH_3)_2Br$

(5) 甲苯（CH_3）$\xrightarrow[\triangle]{浓硫酸}$ 对甲苯磺酸（CH_3，SO_3H）$\xrightarrow[FeBr_3]{Br_2}$ 2,6-二溴-4-甲基苯磺酸（Br，CH_3，Br，SO_3H）$\xrightarrow[\triangle]{H_3O^+}$ 2,6-二溴甲苯（Br，CH_3，Br）$\xrightarrow{KMnO_4}$ 2,6-二溴苯甲酸（Br，COOH，Br）

6. (1) $C_6H_5-C\equiv CH$、环己烯、环己烷 $\xrightarrow{KMnO_4}$

- 褪色 $\xrightarrow{银氨溶液}$ 白色沉淀
- 褪色 $\xrightarrow{银氨溶液}$ 无现象
- 无现象

(2) $CH_3CH_2CH_2CH_2CH=CH_2$、甲苯（$-CH_3$）、1,2-二甲基环丙烷（H_3C，CH_3） $\xrightarrow{KMnO_4}$

- 褪色 $\xrightarrow{溴水}$ 褪色
- 褪色 $\xrightarrow{溴水}$ 无现象
- 无现象

(3) $C_6H_5-CH=CH_2$、苯、甲苯（$-CH_3$） $\xrightarrow{溴水}$

- 褪色
- 无现象 $\xrightarrow{KMnO_4}$ 无现象
- 无现象 $\xrightarrow{KMnO_4}$ 褪色

7.

(1) $C_6H_5CH_3 > C_6H_5CHCl_2 > C_6H_5CCl_3$

(2) $C_6H_5ONa > C_6H_5OCH_3 > C_6H_5COCH_3$

(3) $C_6H_5OH > C_6H_5I > C_6H_5COOH$

(4) 间二甲苯＞对二甲苯＞甲苯

8.

(1)

$C_6H_5CH_2CH(OH)CH(CH_3)_2 \xrightarrow[H^+]{-H_2O} C_6H_5CH_2\overset{+}{C}HC(H)(CH_3)_2 \xrightarrow{重排}$

$C_6H_5CH_2CH_2\overset{+}{C}(CH_3)_2 \longrightarrow$ (σ-络合物) $\xrightarrow{-H^+}$ 1,1-二甲基茚满（H_3C，CH_3）

(2)

$C_6H_5CH{=}CH_2 \xrightarrow{H^+} C_6H_5\overset{+}{C}HCH_3 \xrightarrow{C_6H_5CH{=}CH_2}$ （CH_3，$H\overset{+}{C}$，C_6H_5）

$\longrightarrow$ （CH_3，H，C_6H_5）$\xrightarrow{-H^+}$ 1-甲基-3-苯基茚满（CH_3）

$C_6H_5CH{=}CH_2 \xrightarrow{H^+} C_6H_5\overset{+}{C}HCH_3 \xrightarrow{H_2C=CH-C_6H_5} C_6H_5CH(CH_3)CH(H)\overset{+}{C}HC_6H_5$ （HSO_4^-）

$\xrightarrow{-H_2SO_4} C_6H_5CH(CH_3)CH{=}CHC_6H_5$

9. (1) 邻苯二甲酸（COOH，COOH） (2) 茚满 (3) （O）

(4) 1-硝基-2-甲基萘（NO_2，CH_3） (5) $C_6H_5CH_2CHBrCH_3$（Br） (6) Br—4-溴-2′-硝基联苯（O_2N）

（7） 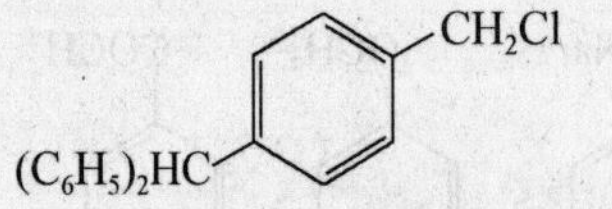 $(C_6H_5)_2HC$—C_6H_4—CH_2Cl　　（8） 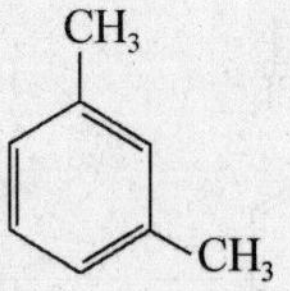 CH_3, CH_3

10.（1）、（3）、（4）、（6）有芳香性

11.

$CH=CH_2$, CH_3　　COOH, COOH

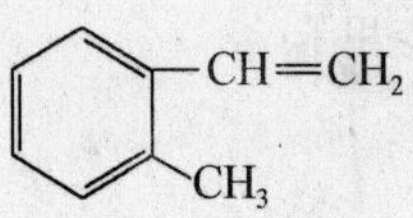

甲 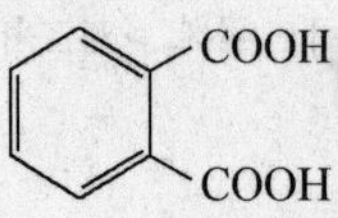　　乙

12. A： 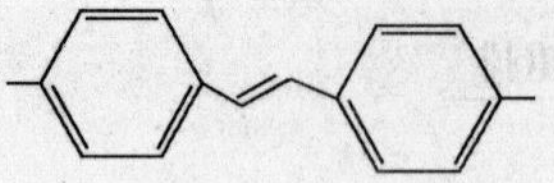　　或

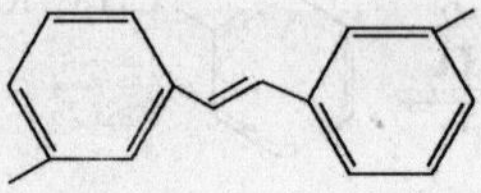

第七章　卤　代　烃

本章内容包括卤代烃的结构、分类和命名，卤代烃的主要化学反应；重点掌握亲核取代反应与消除反应的反应机制与影响因素，亲核取代反应与消除反应的立体化学特征；熟悉亲核取代反应与消除反应的竞争。

学 习 要 点

1. 卤代烃结构

由于卤素电负性比碳大，碳卤键是极性键，电子偏向卤碳原子，卤原子带部分负电荷，碳原子带部分正电荷（容易受到亲核试剂进攻）。

2. 分类与命名　卤代烃根据 α-C 类型不同可分为伯、仲、叔卤代烃。也可根据卤素种类和数量加以分类。不饱和卤烃中常见的有烯丙型卤烃、苄基型卤烃与乙烯型卤烃、卤苯型化合物。例如：

$CH_2{=}CHCl$	$CH_2{=}CHCH_2Cl$	C_6H_5Cl	$C_6H_5CH_2Cl$
氯乙烯	烯丙基氯	氯苯	氯化苄（苄基氯）

卤代烃在命名时，一般按 IUPAC 系统命名法进行命名，把卤原子当作取代基，其他步骤同前几章所述。

3. 化学性质▲▲

- 亲核取代反应
  - 水解　$RX + OH^- \xrightarrow{\Delta} ROH + X^-$
  - 醇解（williamson）$RX + NaOR' \longrightarrow ROR' + NaX$　用于制备混合醚
  - 氨解　$RX + NH_3 \longrightarrow R{-}NH_2 + HX$　伯胺可作为亲核试剂继续反应生成仲胺和叔胺
  - 氰解　$RX + NaCN \xrightarrow{C_2H_5OH} R{-}CN + NaX$　腈可转变为胺、羧酸等
  - 被硝酸根取代　$R{-}X + AgNO_3 \longrightarrow R{-}O{-}NO_2 + AgX\downarrow$　用于卤代烃的鉴别
  - 被其他卤原子取代　$RCl + NaI \xrightarrow{丙酮} R{-}I + NaCl$　可制备碘代烃
- 消除反应　$RCH_2CH(X)R' \xrightarrow[KOH,\Delta]{C_2H_5OH} RCH{=}CHR'$　遵循查依扎夫规则，生成稳定的烯烃
- 与金属反应　$RX + Mg \longrightarrow RMgX$　非常活泼；可作为亲核试剂与卤代烃、醛酮、羧酸衍生物等反应
  $RX + Li \longrightarrow RLi + LiX$
- 还原反应
  - 催化氢化还原　$RX + H_2 \longrightarrow RH + HX$
  - 氢化铝锂还原　$RX + LiAlH_4 \longrightarrow RH$　反应需无水条件
  - 金属还原 $RX \xrightarrow{Zn/CH_3COOH} RH$

4. 亲核取代历程▲▲

(1) 单分子历程 S_N1

反应分两步进行：$R_3C—X \rightleftharpoons [R_3C\cdots\cdots X]^{\neq} \longrightarrow R_3C^+ + X^-$

$R_3C^+ + OH^- \longrightarrow [R_3C\cdots\cdots OH]^{\neq} \longrightarrow R_3C—OH$

反应速率决定于反应慢的第一步 C—X 键的断裂，即决定于底物，与亲核试剂无关，这种反应历程称为单分子亲核取代(S_N1)。

S_N1 反应特点：旧键先断裂，新键再形成；反应速度只与反应的底物有关。

(2) 双分子历程 S_N2

$$HO^- + CH_3Br \longrightarrow [HO\text{----}CH_2\text{----}Br]^{\neq} \longrightarrow CH_3OH + Br^-$$

S_N2 反应特点：新键的形成与旧键的断裂同时进行，反应速率与反应底物和亲核试剂均有关。这种双分子的反应历程称为双分子亲核取代(S_N2)。

5. 亲核取代反应的立体化学▲▲

S_N1 反应 $R_1R_2R_3C^+ + :Nu^- \longrightarrow Nu—CR_1R_2R_3 + R_1R_2R_3C—Nu$

外消旋体

由于亲核试剂从碳正离子平面两边进攻机会相等，所以得到的产物为外消旋体，并经常伴随重排反应的发生。

S_N2 反应 $X—CR_1R_2R_3 + :Nu^- \longrightarrow R_1R_2R_3C—Nu$

构型转化

进行S_N2反应时，反应物构型与生成物的构型完全相反，称为“构型转化”，或称瓦尔登(Walden)转化。

6. 影响亲核取代反应的因素▲▲ 影响亲核取代反应的因素主要包括卤代烃的结构、离去基团、亲核试剂及溶剂，简单归纳于表 7-1。下面对亲核试剂及溶剂的影响做主要介绍。

(1) 亲核试剂的影响：对于 S_N1 反应，反应速率只与反应的底物有关，与亲核试剂无关。对于 S_N2 反应，试剂的亲核性增加有利于其反应的进行。

试剂的亲核性是指提供电子对与带正电荷碳原子结合的能力；试剂的碱性是指提供电子对与质子(或其他路易斯酸)结合的能力。一般来说，试剂的碱性强，亲核能力也强，但有时候却恰好相反，其一般规律性如下：

中心原子为同种元素：碱性减弱 →；RO^- HO^- PhO^- $RCOO^-$ NO_3^- ROH HOH；亲核性减弱 →

中心原子处于同一周期：碱性减弱 →；R_3C^- R_2N^- RO^- F^-；RS^- Cl^-；亲核性减弱 →

中心原子处于同一主族，在质子溶剂中：碱性增强 →；I^- Br^- Cl^- F^-；HS^- HO^-；亲核性减弱 →

(2) 溶剂的影响

①溶剂的分类：质子性溶剂指含有可形成氢键的氢原子的溶剂，如水、醇、酸等。

偶极溶剂指不含有可形成氢键的氢原子，属于极性非质子溶剂，其特征是带正电荷一端藏在分子内部，负电荷一端露于外部使正离子发生溶剂化，负离子不溶剂化，如N,N-二甲基甲酰胺(DMF)，二甲基亚砜(DMSO)，丙酮，氯仿等。

②溶剂的影响：质子性溶剂有利于卤代烃离解出的负离子的溶剂化，因此有利于S_N1反应；但不利于S_N2反应，因它通过氢键使亲核试剂溶剂化，亲核反应活性降低。

偶极溶剂使正离子溶剂化，负离子"裸露"而亲核能力增强，因而有利于S_N2反应。

表 7-1 单分子亲核取代(S_N1)与双分子亲核取代(S_N2)的比较

比较内容	亲核取代反应类型	
	S_N1	S_N2
动力学特征	单分子反应，两步完成	双分子反应，一步反应
立体化学特征	外消旋化，伴随重排	构型翻转
卤代烷结构影响	决定于碳正离子稳定性，活性为3°>2°>1°>CH_3X	主要决定于空间效应，活性为CH_3X>1°>2°>3°
离去基团影响	R—I>R—Br>R—Cl 影响较大	R—I>R—Br>R—Cl 影响较小
亲核试剂影响	对反应无明显影响	亲核性强则反应活性高
溶剂影响	质子性溶剂有利于S_N1反应	偶极溶剂有利于S_N2反应

7. 消除反应历程▲

(1) E1 消除反应

反应分两步进行：

$$(CH_3)_3C-Br \xrightleftharpoons{-Br^-} (CH_3)_2\overset{+}{C}-CH_2-H \xrightarrow{C_2H_5\ddot{O}H} (CH_3)_2C{=}CH_2$$

特点：反应的速率只与卤代烃的离解一步有关，即只与反应的底物有关。

烷基的结构对反应的影响：由于反应的中间体为碳正离子中间体，因此反应活性为：3°>2°>1°

(2) E2 消除反应

$$HO^- \;\; H-CH_2-C(CH_3)_2-Br \longrightarrow \left[HO\cdots H\cdots CH_2{=}C(CH_3)(CH_3)\cdots Br\right]^{\neq} \xrightarrow{-HBr} H_2C{=}C(CH_3)_2$$

特点：反应一步完成，新键的形成与旧键的断裂同时进行。

烷基的结构对反应的影响：由于反应的过渡态具有部分双键特征，因此反应活性为：3°>2°>1°

立体化学特征：离去基团和β-H呈反式共平面关系；卤代环己烷的消除反应，卤素与β-H均处于a键。

$$\text{(Br、D取代的甲基环己烷)} \xrightarrow[HOC(CH_3)_3]{KOC(CH_3)_3} \text{(3-甲基-1-氘代环己烯)}$$

8. 消除反应与取代反应的竞争▲▲ 消除反应与取代反应的产物所占比例与反应物结构、试剂、溶剂、温度等有关,简单归纳于表 7-2。下面仅对卤代烷结构及溶剂的影响进行讨论。

(1) 卤代烷结构

①强碱和极性较小的溶剂反应条件下,直链的伯卤代烷主要得到取代(S_N2)反应产物,仲和叔卤代烷主要得到消除(E2)反应产物。

②β-碳带支链的伯卤代烷,其消除(E2)反应产物比例增加。

③S_N1 和 E1 的产物比例主要取决于空间效应,卤代烷中取代基增大有利于消除反应。

④如果消除后能够生成稳定的共轭体系,会提高反应速率,提高消除反应产率。

(2) 溶剂的极性:极性溶剂对 S_N1 和 E1 都有利,产物比例取决于卤代烷的烃基结构;对 S_N2 和 E2 都不利,更不利于 E2。弱极性溶剂有利于 E2。

因此,卤代烃制备醇(取代)一般在 NaOH 水溶液中进行(极性较大);卤代烃制备烯烃(消除)一般在 NaOH 醇溶液中进行(极性较小)。

表 7-2 消除反应与取代反应的竞争

反应类型	高温有利于 E2	低温有利于 S_N2
烃基影响	支链多有利	支链少有利
试剂影响	试剂体积增大,碱性强,有利于消除反应 E2	试剂体积减小,亲核性强,有利于取代反应 S_N2
溶剂影响	极性增加有利于 E1,不利于 E2	极性增加有利于 S_N1,不利于 S_N2
温度影响	高温有利于 E2 消除反应	低温有利于 S_N2 取代反应

9. 不饱和卤代烃和卤代芳烃

(1) 分类

不饱和卤烃
- 烯丙型 $CH_2=CHCH_2X$
- 隔离型卤型 $CH_2=CH(CH_2)nX(n\geqslant1)$
- 乙烯型 $CH_2=CHX$

卤代芳烃
- 苄基型卤烃 $C_6H_5CH_2X$
- 卤苯型 C_6H_5X

(2) 性质▲

不同卤代烃发生取代反应的活性不一样,据此可以鉴别卤代烃。

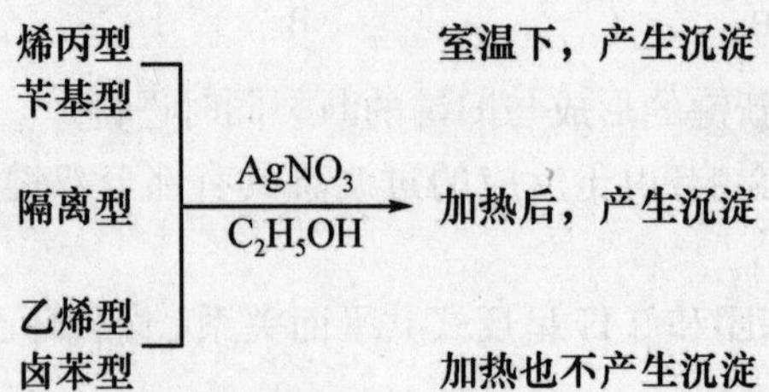

解释:①烯丙型卤烃和苄基型卤烃由于生成的碳正离子很稳定(p-π共轭),所以 S_N1 反应活性比相应的卤代烷大得多。烯丙型卤烃和苄基型卤烃 S_N2 反应的过渡态比较稳定(被邻近π键稳定),所以 S_N2 反应活性也比相应的卤代烷大得多。②乙烯型卤烃和卤苯型化合物由于碳卤键具有部分双键性质,离解能比相应的卤代烷大,不易断裂,故 S_N1、S_N2 反应活

性都很小。

经典习题

1. 用系统命名法命名下列化合物：

(1) 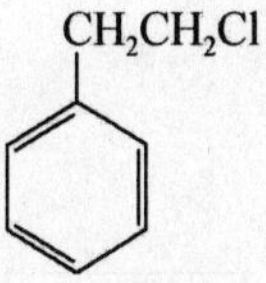 [苯环上连 CH_2CH_2Cl]　(2)  Br-[环己烷椅式]-CH_3　(3) CH_3CH_2(H)C=C(Cl)CH_3

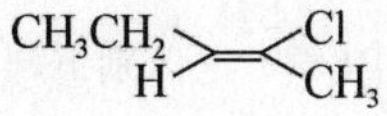

(4) 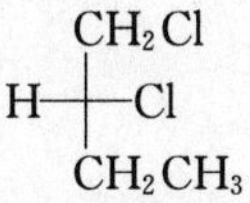 [Fischer投影式：上 CH_2Cl，H—C—Cl，下 CH_2CH_3]　(5) 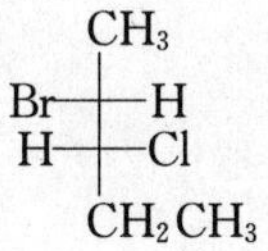 [Fischer投影式：上 CH_3，Br—C—H，H—C—Cl，下 CH_2CH_3]　(6) $CH_3CH=CHCH_2CH(CH_3)CH_2Cl$

2. 写出下列化合物的构造式：

(1) 烯丙基氯　(2) 苄氯　(3) 3-氯环己烯

(4) 四氟乙烯　(5) 氯仿　(6) S-3-氯-1-丁烯

3. 完成下列反应式：

(1) $CH_2=CHCH_2Br+NaOC_2H_5 \longrightarrow ?$

(2) $CH_3CH_2CHBrCH_3 \xrightarrow[C_2H_5OH]{NaOH} ?$

(3) $CH_3CH_2CHBrCH_3 \xrightarrow[H_2O]{NaOH} ?$

(4) $CH_3CH_2CH_2Br \xrightarrow[?]{?} CH_3CH_2CH_2MgBr$

(5) 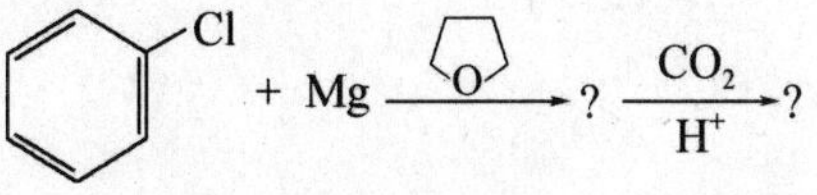 [氯苯] + Mg $\xrightarrow{\text{THF}}$? $\xrightarrow[H^+]{CO_2}$?

(6) $CH_3CH_2CH_2Cl \xrightarrow{Mg} ? \xrightarrow{ClCH_2CH=CH_2} ?$

(7) $CH_3CHBr—CH_2Br+NaNH_2 \xrightarrow{C_2H_5OH} ?$

(8) $CH_3CH_2Br+KI \xrightarrow{CH_3COCH_3} ?$

(9) $CH_3CH_2Cl+H_2 \xrightarrow{Pt} ?$

(10) $CH_3CH_2CH_2Cl \xrightarrow{NaCN} ?$

(11) 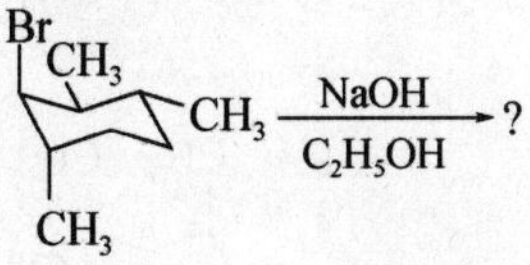 [椅式环己烷，含 Br、CH_3、CH_3、CH_3 取代基] $\xrightarrow[C_2H_5OH]{NaOH}$?

(12) 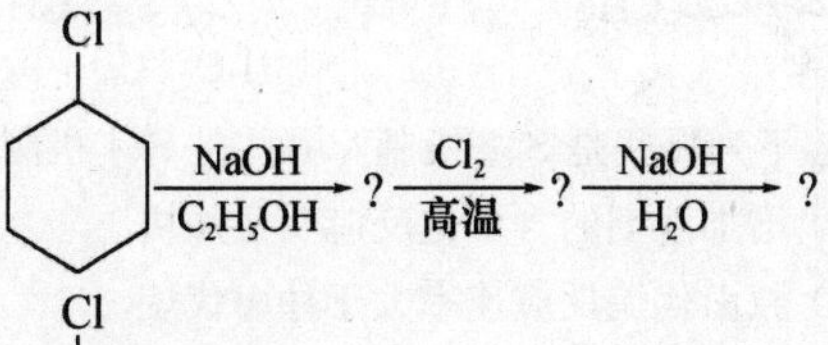 [氯代环己烷] $\xrightarrow[C_2H_5OH]{NaOH}$? $\xrightarrow[\text{高温}]{Cl_2}$? $\xrightarrow[H_2O]{NaOH}$?

(13) 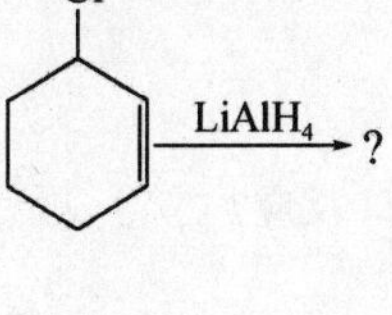 [3-氯环己烯] $\xrightarrow{LiAlH_4}$?

(14) $CH_3CH_2Cl \xrightarrow{NaC\equiv C-CH_3} ?$

4. 用下列化合物能否制备 Grignard 试剂？为什么？

(1) 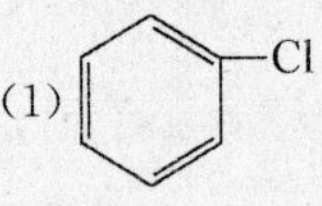

(2) $HC\equiv CCH_2CH_2Br$

(3) HO Cl

(4) CH_3COCH_2Cl

5. 用简单的化学方法区别下列各组化合物：

(1) 1-氯丙烷、1-氯丙烯、3-氯丙烯

(2) 1-氯戊烷、1-溴戊烷、1-碘戊烷

(3) 苯乙烯、氯苄、氯苯

6. 解释为什么下列桥环化合物不容易发生亲核取代反应。

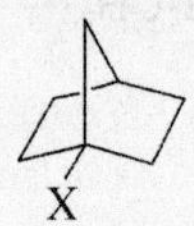

7. 解释 1-甲基-1-氯环丙烷不容易发生 S_N1 反应的原因。

8. 试比较下列卤代烃进行 S_N1 反应时的速率：

(1) A. $CH_3CH_2CH_2CH_2Cl$　B. $(CH_3)_2CClCH_3$　C. $CH_3CH_2CHClCH_3$

(2) A. $(CH_3)_2CH\underset{Cl}{\underset{|}{C}}HCH(CH_3)_2$　B. $(CH_3)_2CH\underset{Br}{\underset{|}{C}}HCH(CH_3)_2$　C. $(CH_3)_2CH\underset{I}{\underset{|}{C}}HCH(CH_3)_2$

(3) A. $C_6H_5-CH_2CH_2Br$　B. $C_6H_5-CH_2Br$　C. $CH_3-C_6H_4-Br$

(4) A. $CH_2=CH\underset{Cl}{\underset{|}{C}}HCH=CH_2$　B. $CH_2=CH\underset{Cl}{\underset{|}{C}}HCH_2CH_3$　C. $CH_2=\underset{Cl}{\underset{|}{C}}CH_2CH(CH_3)_2$

9. 试比较下列卤代烃进行 S_N2 反应时的速率：

(1) A. $CH_3CH_2CH_2CH_2Cl$　B. $CH_3CH_2\underset{CH_3}{\underset{|}{C}}HCH_2Cl$　C. $CH_3CH_2\overset{CH_3}{\overset{|}{\underset{CH_3}{\underset{|}{C}}}}CH_2Cl$

(2) A. $(CH_3)_2CH\underset{Cl}{\underset{|}{C}}HCH(CH_3)_2$　B. $(CH_3)_2CH\underset{Br}{\underset{|}{C}}HCH(CH_3)_2$　C. $(CH_3)_2CH\underset{I}{\underset{|}{C}}HCH(CH_3)_2$

(3) A. $CH_3CH_2\underset{CH_3}{\underset{|}{C}}HCH_2Cl$　B. $CH_3\underset{CH_3}{\underset{|}{C}}HCH_2CH_2Cl$　C. $CH_3CH_2CH_2\underset{CH_3}{\underset{|}{C}}HCl$

(4) A. CH_3 Cl CH_3 CH_3　B. Cl H_3C CH_3 H_3C　C. CH_3 Cl CH_3 H_3C

10. 卤代烷与 NaOH 在水-乙醇溶液中进行反应，下列哪些是 S_N2 机制？哪些是 S_N1 机制？

(1) 产物发生 Walden 转化　(2) 增加溶剂的含水量反应明显加快

(3) 有重排反应　(4) 叔卤代烷反应速率大于仲卤代烷

(5) 碱浓度增加反应速度加快　(6) 产物外消旋化

(7) 一步反应，只有一个过渡态

11. 下列各对化合物哪一个在 C_2H_5ONa/C_2H_5OH 作用下更易发生 E1 反应？

(1) $CH_3CH_2CH_2CH_2Cl$ 与 $(CH_3)_3CCl$ (2) $CH_3CH_2CH_2CH_2Cl$ 与 $CH_2{=}CHCH_2CH_2Cl$

(3) $(CH_3)_3CCl$ 与 $CH_3CH_2\overset{\overset{\Large CH_3}{|}}{\underset{\underset{\Large CH_3}{|}}{C}}Cl$

12. 某化合物 A 的分子式为 C_3H_6，低温时与溴作用生成 B($C_3H_6Br_2$)，在高温时则生成 C(C_3H_5Br)。使 C 与碘化乙基镁作用得到 D(C_5H_{10})，后者与 NBS 作用生成 E(C_5H_9Br)。E 与 KOH 的醇溶液共热，主要生成 F(C_5H_8)，F 又可与丁烯二酸酐发生双烯合成得到 G，写出各步反应式及 A 至 G 的结构式。

13. 化合物 A 与 Br_2-CCl_4 溶液作用生成一个三溴化合物 B，A 很容易与 NaOH 水溶液作用，生成两种同分异构的醇 C 和 D，A 与 KOH-C_2H_5OH 溶液作用，生成一种共轭二烯烃 E。将 E 臭氧化、锌粉水解后生成乙二醛和 4-氧代戊醛。试推导 A 至 E 的结构式。

14. 合成下列化合物：

(1) 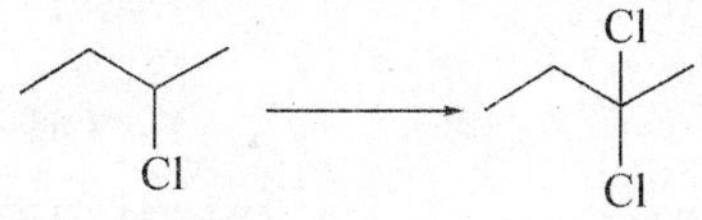

(2) 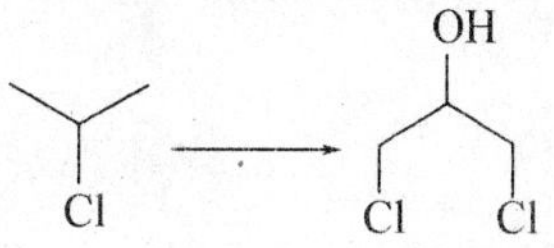

(3) 

(4) 

(5) 

知识地图

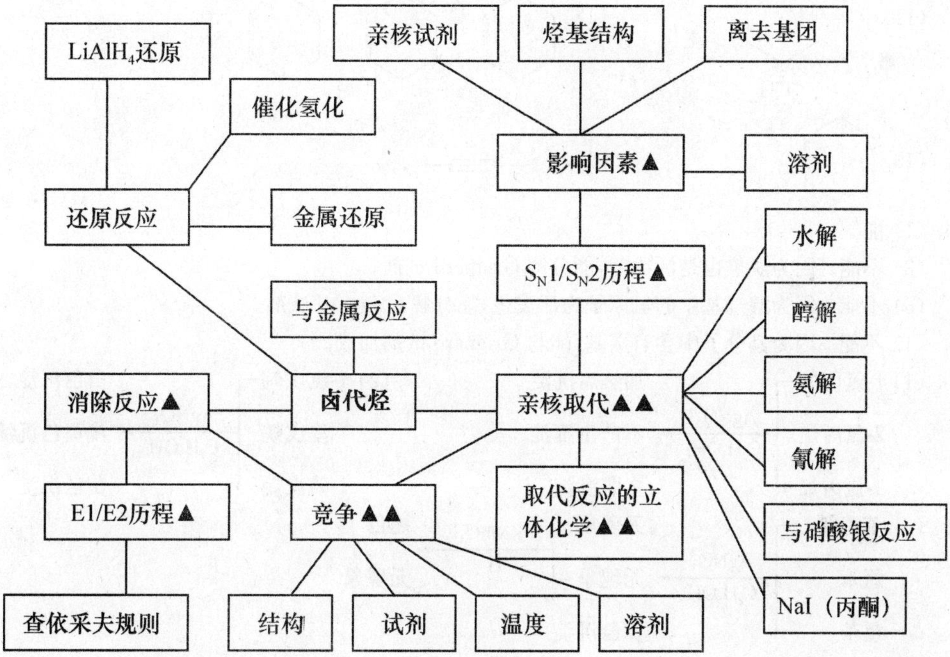

习题参考答案

1. (1) 1-苯基-2-氯乙烷　(2) 顺-1-甲基-3-溴环己烷　(3) (Z)-2-氯-2-戊烯
(4) (R)-1,2-二氯丁烷　(5) (2R,3R)-3-氯-2-溴戊烷　(6) 5-甲基-6-氯-2-己烯

2.
(1) $CH_2=CHCH_2Cl$　(2) CH_2Cl（苯环）　(3) Cl（环己烯）
(4) F F / F F（四氟乙烯）　(5) $CHCl_3$　(6) CH_3 / H—┼—Cl / $CH=CH_2$

3.
(1) $CH_2=CHCH_2OC_2H_5$　(2) $CH_3CH=CHCH_3$　(3) $CH_3CH_2\overset{OH}{C}HCH_3$
(4) $\xrightarrow[C_2H_5OC_2H_5]{Mg}$　(5) MgCl（苯环）　COOH（苯环）
(6) $CH_3CH_2CH_2MgCl$　$CH_2=CHCH_2CH_2CH_2CH_3$　(7) —≡
(8) CH_3CH_2I　(9) CH_3CH_3　(10) $CH_3CH_2CH_2CN$
(11)
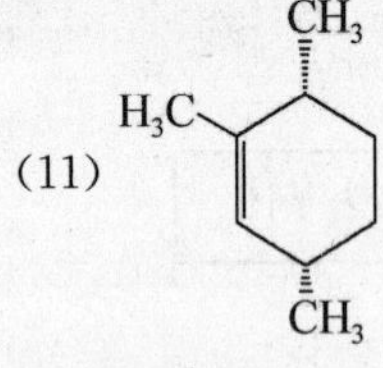

(12)
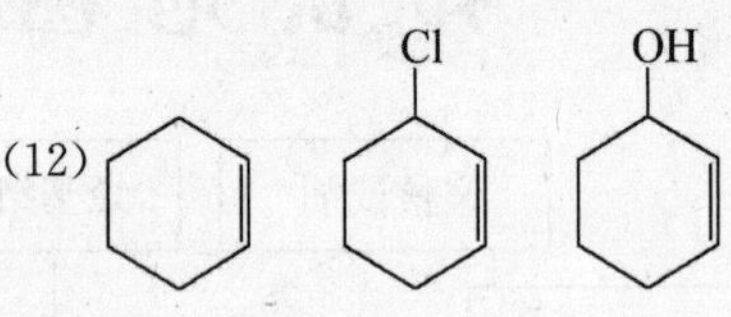

(13)　(14)

4. (1) 能。
(2) 不能。因为炔氢也是活泼氢,能分解 Grignard 试剂。
(3) 不能。因为醇羟基中的氢原子为活泼氢,能分解 Grignard 试剂。
(4) 不能。因为其分子中含有羰基,能与 Grignard 试剂加成。

5.
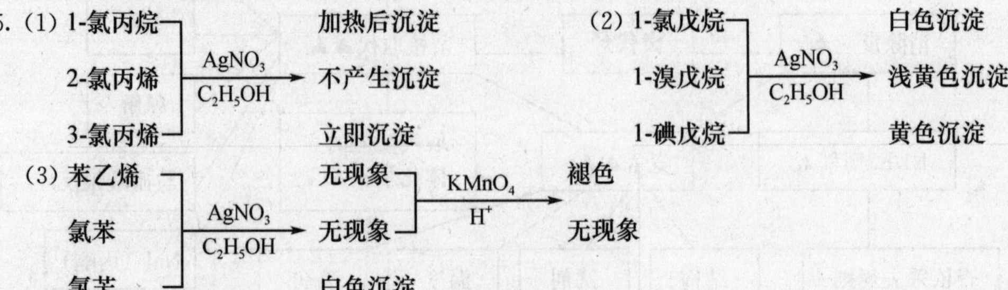

6.

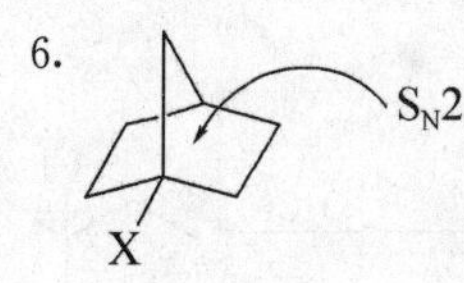

亲核试剂从卤素背后进攻空间位阻过大难以发生S_N2

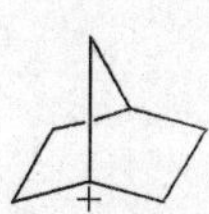

碳正离子不稳定难以发生S_N1

7. 1-甲基-1-氯环丙烷环键角为60°，发生S_N1反应生成1-甲基-1-环丙基正离子，正离子为sp^2杂化，要求相应的键角为120°，存在很大的角张力，故1-甲基-1-氯环丙烷不容易发生S_N1反应。

8. (1) B>C>A (2) C>B>A (3) B>A>C (4) A>B>C

9. (1) A>B>C (2) C>B>A (3) B>A>C (4) A>C>B

10. (1)(5)(7)为S_N2，(2)(3)(4)(6)为S_N1

11. (1) $(CH_3)_3CCl$ 更易 (2) $CH_2{=}CHCH_2CH_2Cl$ 更易 (3) $CH_3CH_2C(CH_3)_2Cl$ 更易

12. 反应式略。

A. $H_3C{-}CH{=}CH_2$ B. $H_3C{-}CHBr{-}CH_2Br$ C. $H_2C(Br){-}CH{=}CH_2$

D. $CH_3CH_2CH_2{-}CH{=}CH_2$ E. $CH_3CH_2CH(Br){-}CH{=}CH_2$

F. $H_3C{-}CH{=}CH{-}CH{=}CH_2$ G.

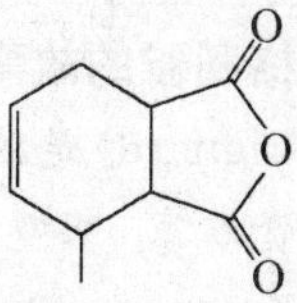

13. A. 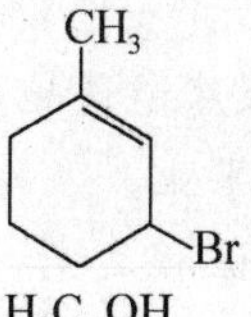 CH₃ Br B. 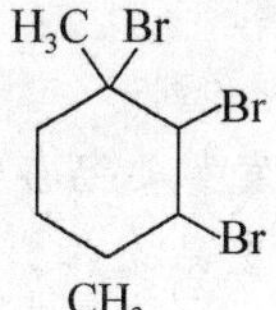 H₃C Br Br Br C. 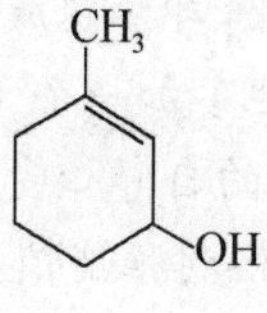 CH₃ OH

D. 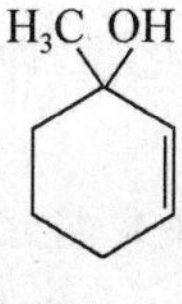 H₃C OH E. 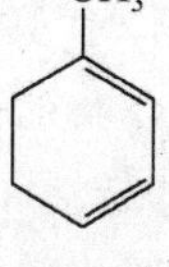 CH₃

或

A. 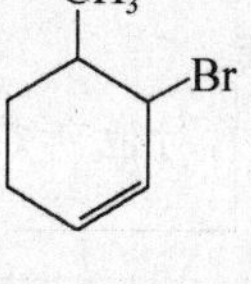 CH₃ Br B. 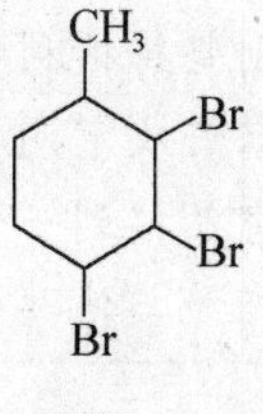 CH₃ Br Br Br C. 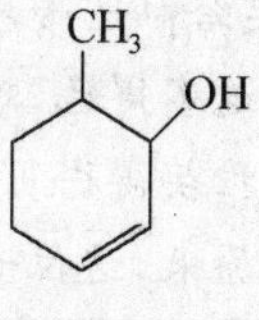 CH₃ OH

D. 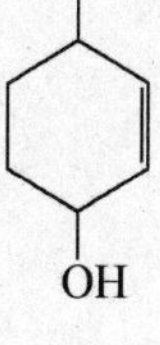 CH₃ OH E. 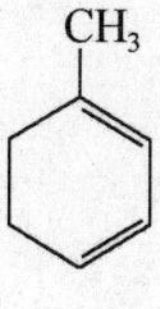 CH₃

14.

(1) Cl $\xrightarrow[C_2H_5OH]{KOH}$ $\xrightarrow{Cl_2}$ Cl Cl $\xrightarrow[C_2H_5OH]{KOH}$ $\xrightarrow{HCl}$ Cl Cl

(2) Cl $\xrightarrow[C_2H_5OH]{KOH}$ $\xrightarrow[高温]{Cl_2}$ CH_2Cl $\xrightarrow[H_2O]{Cl_2}$ OH Cl Cl

(3) Cl ⟶ MgCl $\xrightarrow{Cl}$

(4) Cl $\xrightarrow[C_2H_5OH]{KOH}$ $\xrightarrow{Cl_2}$ Cl Cl $\xrightarrow[C_2H_5OH]{KOH}$

$\xrightarrow{Na}$ $NaC\equiv C-CH_3$ $\xrightarrow{Cl}$

(5) Cl $\xrightarrow{NaCN}$ CN $\xrightarrow{H^+}$ COOH

或

Cl $\xrightarrow{Mg}$ MgCl $\xrightarrow[H^+]{CO_2}$ COOH

课外阅读

化学家格利雅的故事

格氏试剂的发明人格利雅(Victor Grignard)是法国的一位有机化学家,1871 年出生于法国瑟堡。父亲是一位颇有名望的资本家,家境丰裕。格利雅从小娇生惯养,盛气凌人,不务正业,却梦想成为一个王公大人。

有一天,他参加一个上流社会的舞会,看到一位漂亮的姑娘,就傲然邀请她共舞,却遭到拒绝。他的自尊心受到极大的打击,发誓要勤奋学习,干一番大事业。

1891 年,格利雅悄悄离开了瑟堡,到里昂求学。补完所耽误的课程之后,于 1894 年从里昂大学毕业。此后,潜心有机化学研究,于 1901 年制得烷基卤化镁,即著名的"格氏试剂"。数年后,他发表的有关有机镁化合物的论文有 200 多篇。

格利雅的杰出工作使他获得多个奖项。1912 年,瑞典皇家科学院决定将该年度的诺贝尔化学奖授予格利雅。但格利雅认为,法国化学家萨巴蒂埃(P. Sabatier)的成就比他更大,应该奖给萨巴蒂埃。而萨巴蒂埃则坚持格利雅的贡献比自己大,诺贝尔化学奖应归格利雅。迫不得已,瑞典皇家科学院只好决定两人共享这一奖项。

就在格利雅获得诺贝尔化学奖后,他突然接到一位女伯爵的贺信,对他所获得的成就表示敬意。原来,这位女伯爵就是当初拒绝与他共舞的那位姑娘。

第八章　醇　酚　醚

掌握醇、酚、醚的结构及命名，醇、酚、醚的化学性质；熟悉 β-消除反应历程及消除反应与亲核取代反应的竞争；了解醇、酚、醚的物理性质及一些重要的醇、酚、醚的用途。

学习要点

1. 醇的结构、分类和命名

（1）结构

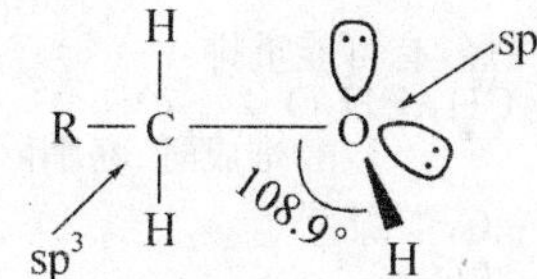

O原子为sp^3杂化
由于在sp^3杂化轨道上有未共用电子对，
两对之间产生斥力，使得$\angle_{C\text{-}O\text{-}H}$小于109.5°

（2）分类

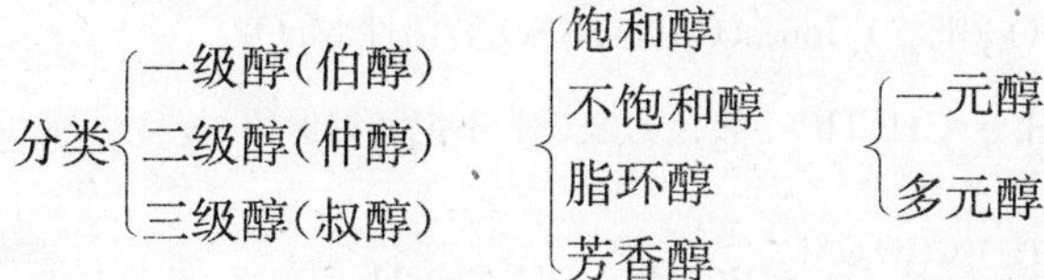

（3）命名：两个羟基连在同一碳上的化合物不稳定，这种结构会自发失水，故同碳二醇不存在。另外，烯醇是不稳定的，容易互变成为比较稳定的醛和酮。

结构简单的醇可以使用普通命名法，结构较为复杂的采用系统命名法。选择含有羟基的最长碳链为主链，尽量使羟基的位次最低。不饱和醇命名时，选择包含不饱和键和羟基在内的最长链作为主链，称为“某烯（炔）醇”。

例如：

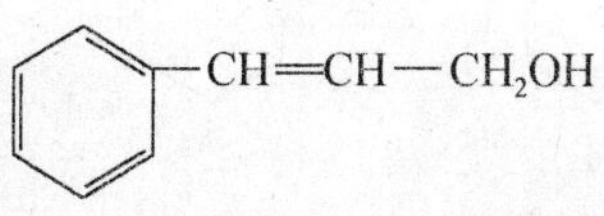

C_6H_5—CH═CH—CH_2OH　　3-苯基-2-丙烯-1-醇

多元醇的命名，要选择含—OH 尽可能多的碳链为主链，羟基的位次要标明。有些醇还可以用俗名命名，如乙醇俗称酒精，丙三醇称为甘油等。

2. 醇的化学性质▲▲

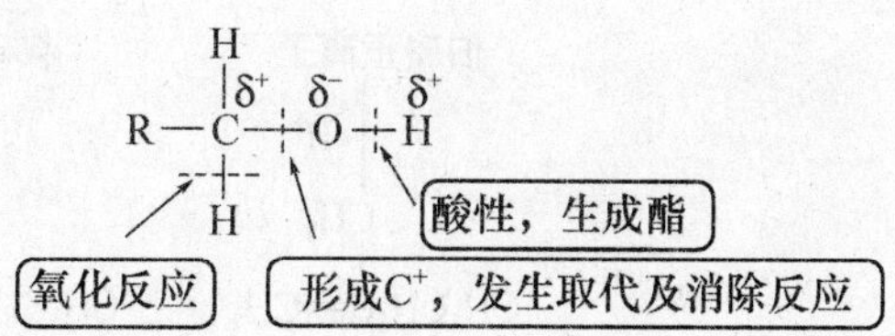

化学性质

- 酸性：与活泼金属反应 $CH_3CH_2OH+Na \longrightarrow CH_3CH_2ONa+1/2H_2$
  不同醇的反应活性：伯醇>仲醇>叔醇
- 亲核取代反应
  - 与 HX 酸反应
    $R-OH+HX \longrightarrow R-X+H_2O$
    有可能重排
    不同醇的反应活性：
    烯丙醇>叔醇>仲醇>伯醇
    卢卡斯试剂（$ZnCl_2/HCl$），
    鉴别 6 碳以下的醇
  - 与卤化磷和氯化亚砜反应
    $3ROH+PX_3(P+X_2) \longrightarrow 3R-X+P(OH)_3$
    $ROH+SOCl_2 \longrightarrow RCl+SO_2\uparrow+HCl\uparrow$
    } 制氯化烃，不发生重排
  - 成酯 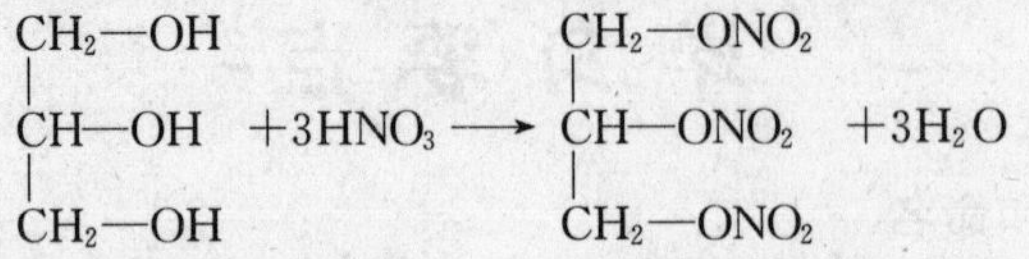
    $$\begin{matrix}CH_2-OH\\ |\\ CH-OH\\ |\\ CH_2-OH\end{matrix} +3HNO_3 \longrightarrow \begin{matrix}CH_2-ONO_2\\ |\\ CH-ONO_2\\ |\\ CH_2-ONO_2\end{matrix} +3H_2O$$
- 消除反应 $CH_3CH_2CH_2CH_2OH \xrightarrow[170℃]{H_2SO_4} CH_3CH=CHCH_3$ 遵循查依扎夫规则，生成取代基较多的烯烃，有可能重排
- 成醚反应 $CH_3CH_2OH+HOCH_2CH_3 \xrightarrow[140℃]{H_2SO_4} CH_3CH_2OCH_2CH_3+H_2O$
  叔醇难成醚，易消除
- 氧化反应
  - 强氧化剂氧化 $RCH_2OH+Cr_2O_7^{2-} \longrightarrow RCHO+Cr^{3+}$ 绿色
    $\xrightarrow{K_2Cr_2O_7} RCOOH$
    （$Cr_2O_7^{2-}$）橙红
    叔醇难被氧化；可用于醇的鉴别
  - 选择性氧化 Sarrett 试剂（CrO_3/吡啶），Jones（CrO_3/H_2SO_4），活性 MnO_2
    $CH_2=CHCH_2OH \xrightarrow{MnO_2} CH_2=CHCHO$ 氧化为醛、酮，不饱和键保留
  - 欧芬脑尔氧化
    $$\underset{\displaystyle OH}{\underset{|}{RCHR'}} +CH_3COCH_3 \xrightarrow[\text{或}[(CH_3)_3CO]_3Al]{[(CH_3)_2CHO]_3Al} \underset{\displaystyle O}{\underset{\|}{RCHR'}}+\underset{\displaystyle OH}{\underset{|}{CH_3CHCH_3}}$$
  - 催化脱氢 $CH_3CH_2OH \underset{250\sim350℃}{\overset{Cu}{\rightleftharpoons}} CH_3CHO+H_2$

3. 醇脱水反应的特点▲▲

（1）主要生成 Saytzeff 烯，例如：

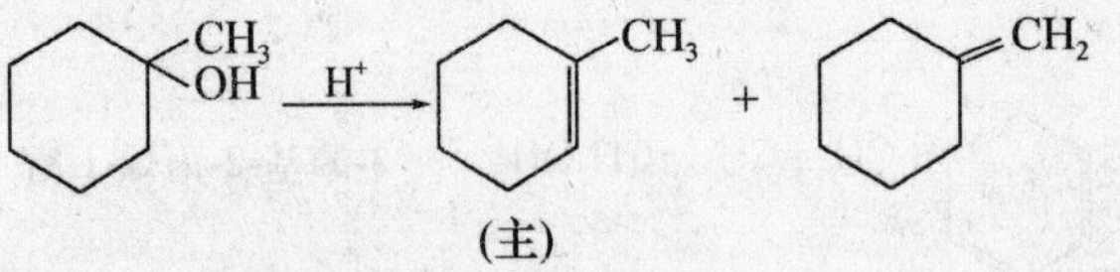

1-甲基环己醇（环上同碳连 CH_3、OH）$\xrightarrow{H^+}$ 1-甲基环己烯（CH_3）（主）+ 亚甲基环己烷（$=CH_2$）

（2）用硫酸催化脱水时，有重排产物生成。

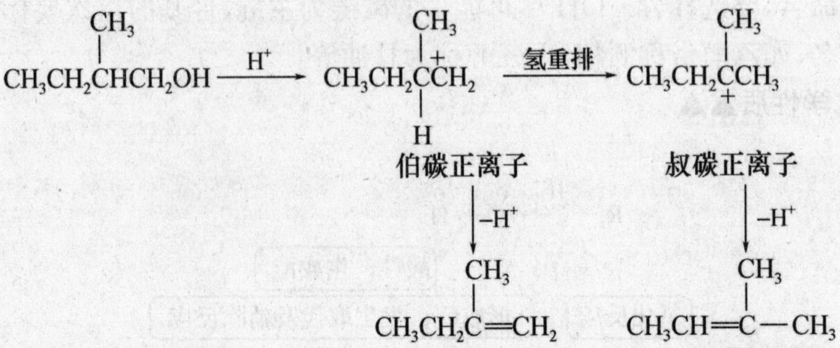

$$\underset{}{\overset{CH_3}{\overset{|}{CH_3CH_2CHCH_2OH}}} \xrightarrow{H^+} \underset{\displaystyle H}{\underset{|}{\overset{CH_3}{\overset{|}{CH_3CH_2\overset{}{C}\overset{+}{C}H_2}}}} \xrightarrow{\text{氢重排}} \overset{CH_3}{\overset{|}{CH_3CH_2\overset{+}{C}CH_3}}$$

伯碳正离子 $\downarrow -H^+$ → $\overset{CH_3}{\overset{|}{CH_3CH_2C=CH_2}}$

叔碳正离子 $\downarrow -H^+$ → $\overset{CH_3}{\overset{|}{CH_3CH=C-CH_3}}$

主要产物

4. 邻二醇的特性

(1) 与氢氧化铜的反应

$$\begin{array}{l}CH_2-OH\\ |\\ CH-OH\\ |\\ CH_2-OH\end{array} + Cu(OH)_2 \longrightarrow \begin{array}{l}CH_2-O\diagdown\\ |\qquad\qquad Cu\\ CH-O\diagup\\ |\\ CH_2-OH\end{array} + 2H_2O$$

可作为邻二醇结构的鉴别

甘油铜(绛蓝色,可溶)

(2) 高碘酸与四醋酸铅氧化▲:邻位二醇与高碘酸或四醋酸铅进行氧化反应,具有羟基的两个碳原子间的C—C键断裂生成醛、酮、羧酸等产物。

$$\text{环己-1,2-二醇 (OH, OH)} \xrightarrow{HIO_4} OHC(CH_2)_4CHO$$

通过环状中间体进行,对立体结构有要求

$$\text{十氢萘-4a,8a-二醇 (OH, OH)} \xrightarrow{Pb(OAc)_4} \text{环癸-1,6-二酮 (O, O)}$$

无法形成环状过渡态,高碘酸不将其氧化

(3) Pinacol(频哪醇)重排▲▲

$$R-\underset{OH}{\overset{R}{C}}-\underset{OH}{\overset{R}{C}}-R \xrightarrow{H^+} R-\underset{R}{\overset{R}{C}}-\underset{O}{\overset{}{\underset{\|}{C}}}-R + H_2O$$

频哪醇　　频哪酮

机制如下:

$$R-\underset{OH}{\overset{R}{C}}-\underset{OH}{\overset{R}{C}}-R \xrightarrow{H^+} R-\underset{OH}{\overset{R}{C}}-\underset{\overset{+}{O}H_2}{\overset{R}{C}}-R \xrightarrow{-H_2O} R-\underset{\ddot{O}H}{\overset{R}{C}}-\overset{R}{\underset{+}{C}}-R$$

优先生成稳定的碳正离子;
基团迁移能力:芳基>烷基>氢

$$\xrightarrow{重排} R-\underset{{}^{+}OH}{\underset{\|}{C}}-\underset{R}{\overset{R}{C}}-R \xrightarrow{-H^+} R-\underset{O}{\underset{\|}{C}}-\underset{R}{\overset{R}{C}}-R$$

5. 酚的结构和命名

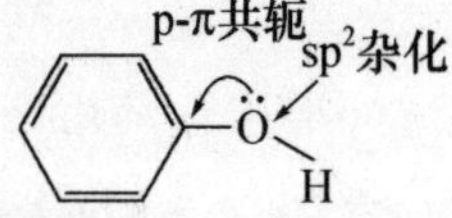

O是sp^2杂化,其p轨道与苯环π轨道形成p-π共轭,结果:C—O键增强,不易断裂;O—H键极性增强,易断裂;苯环电子云密度增加。

酚的命名一般是在酚字的前面加上芳环的名称作为母体,再加上其他取代基的名称和位次。特殊情况下也可以按次序规则把羟基看作取代基来命名。

6. 苯酚的化学性质▲▲

化学性质

O—H键断裂

- 酸性：$C_6H_5OH + NaOH \longrightarrow C_6H_5ONa + H_2O$
  苯环上连有吸电子基酸性增强，斥电子基酸性减弱
- 酚醚的形成：$C_6H_5OH \xrightarrow{NaOH} C_6H_5ONa$
  - $C_6H_5ONa \xrightarrow{(CH_3)_2SO_4} C_6H_5OCH_3$ 苯甲醚(茴香醚)
  - $C_6H_5ONa \xrightarrow{CH_2=CHCH_2Br} C_6H_5OCH_2CH=CH_2$
- 克莱森重排：$C_6H_5OCH_2CH=CH_2 \xrightarrow{\triangle}$ 邻-($CH_2CH=CH_2$)苯酚（OH 邻位连 $CH_2CH=CH_2$）
  邻位被占据时，经历两次环状过渡态重排到对位
- 酚酯的形成：$C_6H_5OH \xrightarrow{RCOCl} C_6H_5OCOR$
- 傅瑞斯重排：$C_6H_5OCOR \xrightarrow[\triangle]{AlCl_3}$ 邻羟基苯基-COR（高温）+ $HO-C_6H_4-COR$（对位，低温）
  芳环上有间位定位基时不重排

亲电取代反应

- 卤代：$C_6H_5OH + Br_2 \xrightarrow{H_2O}$ 2,4,6-三溴苯酚↓ 可用于苯酚的鉴别
- 磺化：$C_6H_5OH \xrightarrow{浓硫酸}$ 邻羟基苯磺酸（SO_3H，低温）+ $HO-C_6H_4-SO_3H$（对位，高温）
- 硝化：$C_6H_5OH \xrightarrow[20℃]{HNO_3}$ 邻硝基苯酚（NO_2）+ 对硝基苯酚（NO_2） 可用水蒸汽蒸馏分开
- 傅-克反应：$C_6H_5OH + (CH_3)_3COH \xrightarrow[80℃]{70\%H_2SO_4}$ 对-$C(CH_3)_3$苯酚
  酰化反应较难进行，需更高的温度
- 柯尔伯-施密特反应：$C_6H_5OH + K_2CO_3 + CO \xrightarrow{210℃}$ 对羟基苯甲酸钾（COOK）$\xrightarrow{H^+}$ 对羟基苯甲酸（COOH）
  苯环上有强吸电子基团时产率很低
- 瑞穆尔-梯门反应：$C_6H_5OH + CHCl_3 \xrightarrow{NaOH/H_2O} \xrightarrow{H^+}$ 邻羟基苯甲醛（CHO）
  主要进入邻位，邻位有取代基时才进入对位

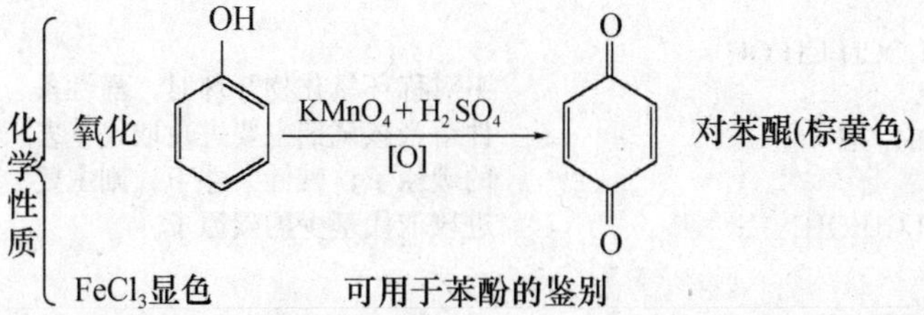

化学性质
- 氧化 苯酚（OH） $\xrightarrow[{[O]}]{KMnO_4+H_2SO_4}$ 对苯醌（棕黄色）
- $FeCl_3$显色 可用于苯酚的鉴别

7. 醚的结构、分类和命名

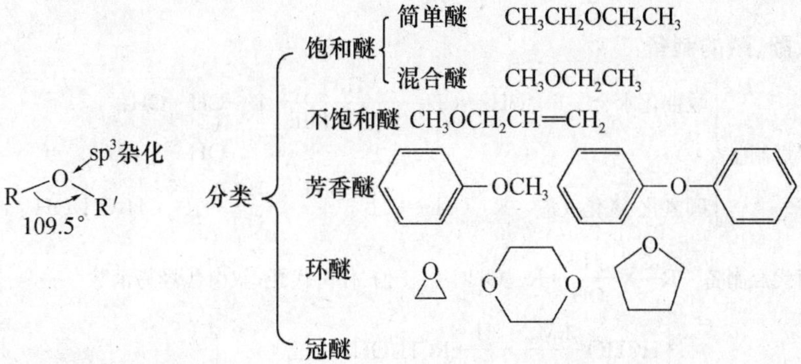

R—O—R′：O为sp^3杂化，键角109.5°

分类
- 饱和醚
  - 简单醚 $CH_3CH_2OCH_2CH_3$
  - 混合醚 $CH_3OCH_2CH_3$
- 不饱和醚 $CH_3OCH_2CH=CH_2$
- 芳香醚 $C_6H_5-OCH_3$　$C_6H_5-O-C_6H_5$
- 环醚 环氧乙烷　1,4-二氧六环　四氢呋喃
- 冠醚

简单醚在“醚”字前面写出两个烃基的名称。混醚是将小基团排前大基团排后，芳基在前烃基在后，称为某基某基醚。

$CH_3OCH_2CH=CH_2$　甲基烯丙基醚

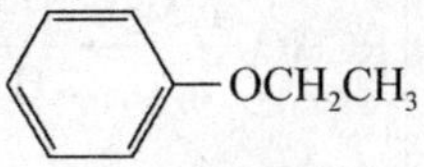

$C_6H_5-OCH_2CH_3$　苯乙醚

结构复杂的醚用系统命名法命名，以较小的烷氧基为取代基。

8. 醚的化学性质

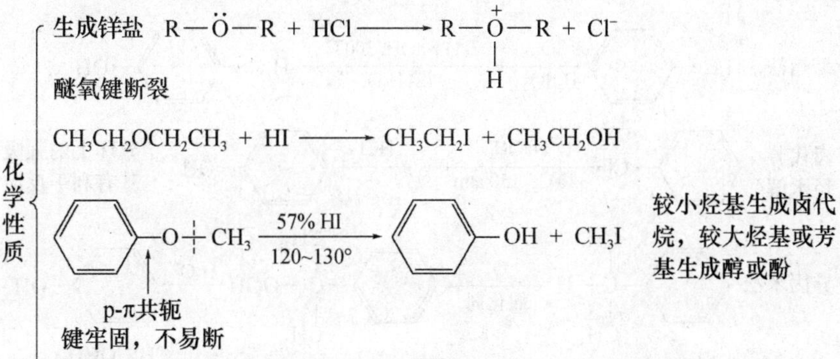

化学性质
- 生成𬭩盐 $R-\ddot{O}-R + HCl \longrightarrow R-\overset{+}{O}(H)-R + Cl^-$
- 醚氧键断裂

  $CH_3CH_2OCH_2CH_3 + HI \longrightarrow CH_3CH_2I + CH_3CH_2OH$

  $C_6H_5-O \mid CH_3 \xrightarrow[120\sim130°]{57\%\ HI} C_6H_5-OH + CH_3I$　较小烃基生成卤代烷，较大烃基或芳基生成醇或酚

  p-π共轭 键牢固，不易断
- 过氧化物的生成 $RCH_2OCH_2R \xrightarrow{[O]} RCH_2OCH_2R$（CH上连 O—O—H）

9. 环氧化合物　环氧乙烷是一个张力很大的环，性质非常活泼，极易与多种亲核试剂反应而开环。

环氧乙烷（$\overset{O}{\triangle}$）开环反应：

- $\xrightarrow{C_2H_5OH/H^+}$ $CH_3CH_2OCH_2CH_2OH$
- $\xrightarrow{HX}$ XCH_2CH_2OH
- $\xrightarrow{NH_3}$ $H_2NCH_2CH_2OH$
- $\xrightarrow{HCN}$ $NCCH_2CH_2OH$
- $\xrightarrow{RMgX}$ $RCH_2CH_2OMgX \xrightarrow[H^+]{H_2O} RCH_2CH_2OH$ 制备增加两个碳的伯醇

不对称环氧化物开环时，酸性条件下亲核试剂主要进攻取代基多的碳原子；碱性条件下，则主要进攻取代基少的碳原子

10. 醇、酚、醚的制备

醇

- 由烯烃制备
  - 酸催化水合 $R-CH=CH_2 \xrightarrow[H^+,\Delta,加压]{H_2O} R-CH(OH)-CH_3$
  - 硼氢化-氧化反应 $R-CH=CH_2 \xrightarrow{B_2H_6} \xrightarrow[OH^-]{H_2O_2} R-CH_2CH_2OH$ 制备伯醇
- 由卤代烃制备 $R-X \xrightarrow[OH^-]{H_2O} R-OH$ 限于伯、仲卤代烃，叔卤代烃易消除
- 由格氏试剂制备
  - $HCHO \xrightarrow{RMgX} \xrightarrow[H^+]{H_2O} RCH_2OH$ 伯醇
  - $\overset{O}{\triangle} \xrightarrow{RMgX} \xrightarrow[H^+]{H_2O} RCH_2CH_2OH$ 多 2 个碳的伯醇
  - $RCHO \xrightarrow{R'MgX} \xrightarrow[H^+]{H_2O} R-CH(R')-OH$ 仲醇
  - $RCOR' \xrightarrow{R''MgX} \xrightarrow[H^+]{H_2O} R-C(R'')(R')-OH$ 叔醇

酚

- 碱熔法 $H_3C-C_6H_5 \xrightarrow[H_2SO_4]{SO_3} \xrightarrow[(2)\ H_3O^+]{(1)\ NaOH,\ 300℃} H_3C-C_6H_4-OH$
- 卤代芳烃水解 $C_6H_5-Cl \xrightarrow[340℃,\ 150\ atm]{NaOH} \xrightarrow{HCl} C_6H_5-OH$ 芳环上的强吸电子基有利于反应发生
- 异丙苯法 $C_6H_5-CH(CH_3)_2 \xrightarrow[催化剂]{O_2} C_6H_5-C(CH_3)_2-OOH \xrightarrow{H_3O^+} C_6H_5-OH + CH_3COCH_3$
- 重氮盐水解法 $C_6H_5-NH_2 \xrightarrow[0\sim5℃]{NaNO_2/H_2SO_4} C_6H_5-N_2^+HSO_4^- \xrightarrow{H_3O^+} C_6H_5-OH$

醚

- 威廉姆逊合成法 $RONa + R'X \longrightarrow ROR' + NaX$ 限于伯、仲卤代烃，叔卤代烃易消除
- 醇分子间脱水 限于制备简单醚

经典习题

1. 命名或写出结构简式：

(1) $(CH_3)_3CCH_2CH_2OH$　　(2) $CH_3CH{=}C(CH_2CH_3)CH_2OH$　　(3) $CH{\equiv}CCH_2CH_2OH$

(4) OH, Br, OH　　(5) CH_3CH_2, H, H, OH　　(6) $CH_3C(CH_3)_2{-}OCH_3$

(7) (3R,4R)-4-甲基-5-苯基-1-戊烯-3-醇　　(8) 5-氯-7-溴-2-萘酚

(9) 烯丙基丙烯基醚　　(10) 3-苄基-4-甲氧基-2-戊醇

2. 完成下列反应：

(1) OH, $-C-CH_3$, CH_3 $\xrightarrow{HCl}$?　　(2) CH_2OH $\xrightarrow[\triangle]{H_2SO_4}$?

(3) $\xrightarrow{B_2H_6}$? $\xrightarrow[OH^-]{H_2O_2}$?　　(4) OH + $\xrightarrow{H_2SO_4}$?

(5) CH_3; H—Br; H—OH; C_2H_5 $\xrightarrow{HI}$? + ?　　(6) H_3CO—, Ph, Ph, HO, HO, —OCH_3 $\xrightarrow{H^+}$?

(7) C_6H_5, CH_3, O $\xrightarrow{HCl}$?; $\xrightarrow{NH_3}$?　　(8) OH, Cl, OH $\xrightarrow{Ca(OH)_2}$?

(9) C_2H_5, H_3C, O $\xrightarrow{H_2O/H^+}$?

3. 将下列化合物按酸性由强到弱排序，并简述理由：

(1) 对甲氧基苯酚　　(2) 间甲氧基苯酚　　(3) 对氯苯酚

(4) 对硝基苯酚　　(5) 间硝基苯酚

4. 写出下列化合物与高碘酸反应的产物：

(1) 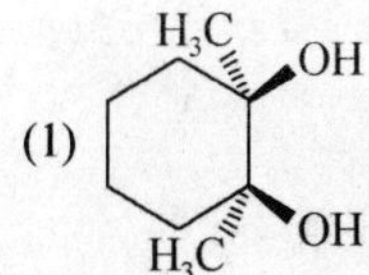

(2) 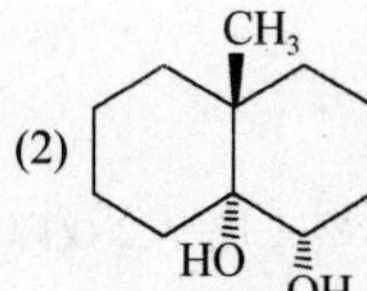

(3) 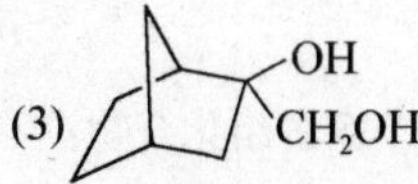

(4) 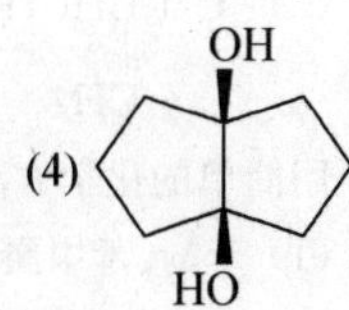

5. 写出下列化合物在酸催化下的重排产物：

(1) 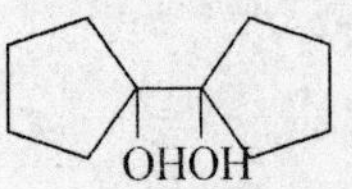 [两个环戊基相连，各带 OH：OHOH]　(2) 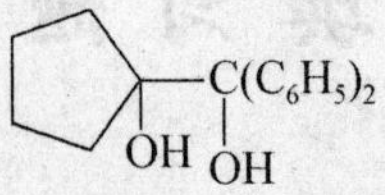 环戊基(OH)—$C(C_6H_5)_2$(OH)　(3) 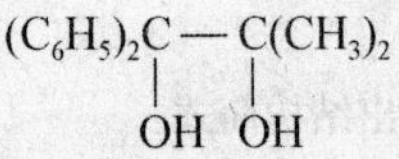 $(C_6H_5)_2C(OH)—C(CH_3)_2(OH)$

6. 写出下列化合物的克莱森重排产物：

(1) 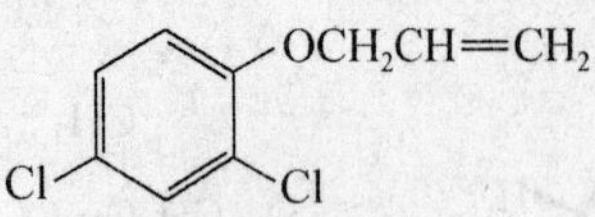 2,4-二氯苯基 $OCH_2CH=CH_2$　(2) 对甲基苯基 OCH_2-环戊烯基　(3) 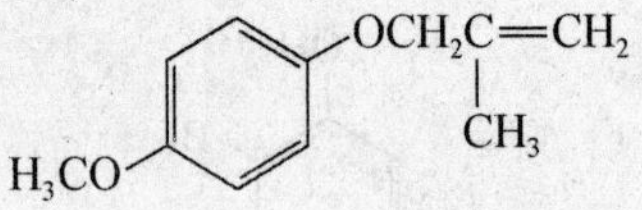 对甲氧基苯基 $OCH_2C(CH_3)=CH_2$

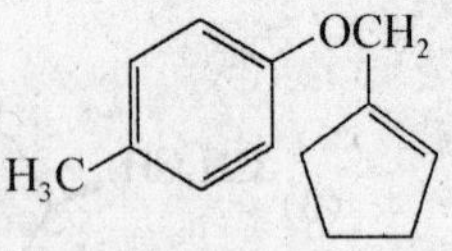

7. 写出下列反应机制：

(1) 含 CH_2OH 的双环化合物 $\xrightarrow{H_2SO_4}$ 双环烯

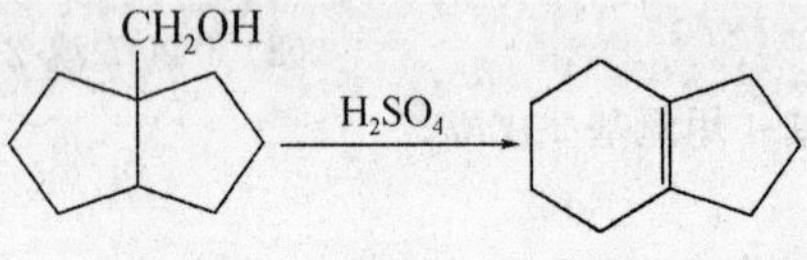

(2) 环戊基—$C(C_2H_5)_2$(OH) $\xrightarrow{H^+}$ 1,2-二乙基环己烯

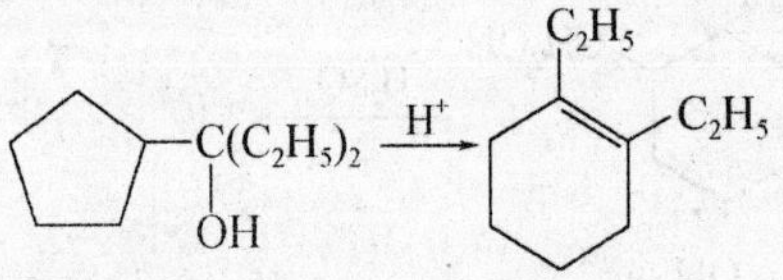

(3) 2,2,1-三甲基环己醇 $\xrightarrow{H^+}$ 产物 + 产物 + 产物

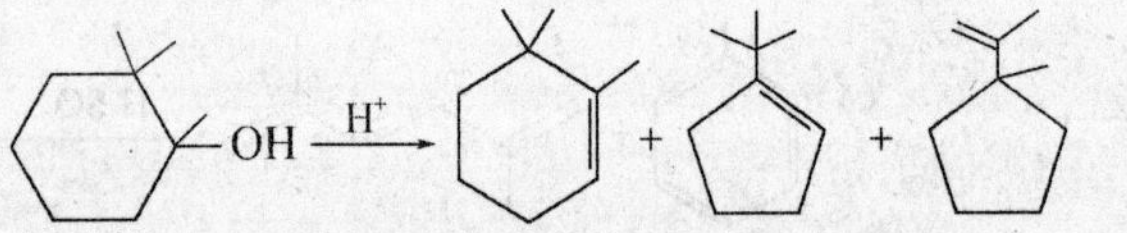

8. 某中性化合物 A 分子式为 $C_{10}H_{12}O$，加热至 200℃时异构化得到化合物 B。用稀冷高锰酸钾处理 A 和 B 时，生成两个邻二醇类化合物 C 和 D。C 用高碘酸氧化得到甲醛，D 用高碘酸氧化得到乙醛。B 与乙酸酐反应后氧化得到阿司匹林。试写出 A、B、C 和 D 的结构。

9. 某化合物 A 的分子式为 $C_{10}H_{12}O_3$，能溶于 NaOH 溶液，但不溶于 $NaHCO_3$ 水溶液。A 与 CH_3I 碱性水溶液反应，得到分子式为 $C_{11}H_{14}O_3$ 的化合物 B，B 不溶于 NaOH 水溶液，但可与金属钠反应，也能和高锰酸钾反应，并能使 Br_2/CCl_4 褪色。A 经 O_3 氧化后还原，得到 4-羟基-3-甲氧基苯甲醛。试写出 A，B 的结构式。

10. 以苯、苯酚及不超过三个碳的化合物为主要原料合成下列化合物：

(1) 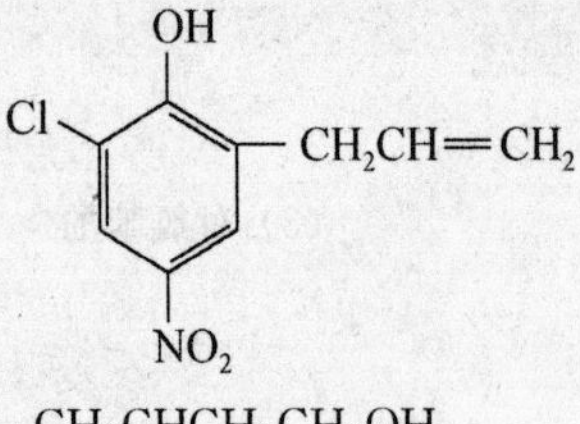 2-氯-6-烯丙基-4-硝基苯酚（OH，Cl，$CH_2CH=CH_2$，NO_2）　(2) $C_6H_5CH=CHCH_2CH_3$

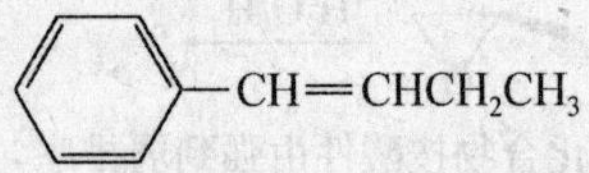

(3) $CH_3CHCH_2CH_2OH$（2位带 CH_3） 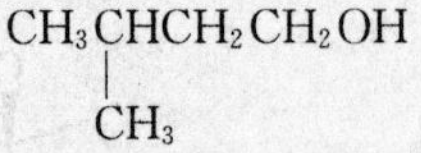　(4) $ClCH_2CH_2OCH_2CH_2Cl$

11. 用简单的化学方法区分下列各组化合物：

(1) 苯酚、苯甲醚、苄醇　(2) 1-戊醇、2-戊醇、2-甲基-2-丁醇

(3) 苄基氯、苯甲醚、甲苯

知识地图

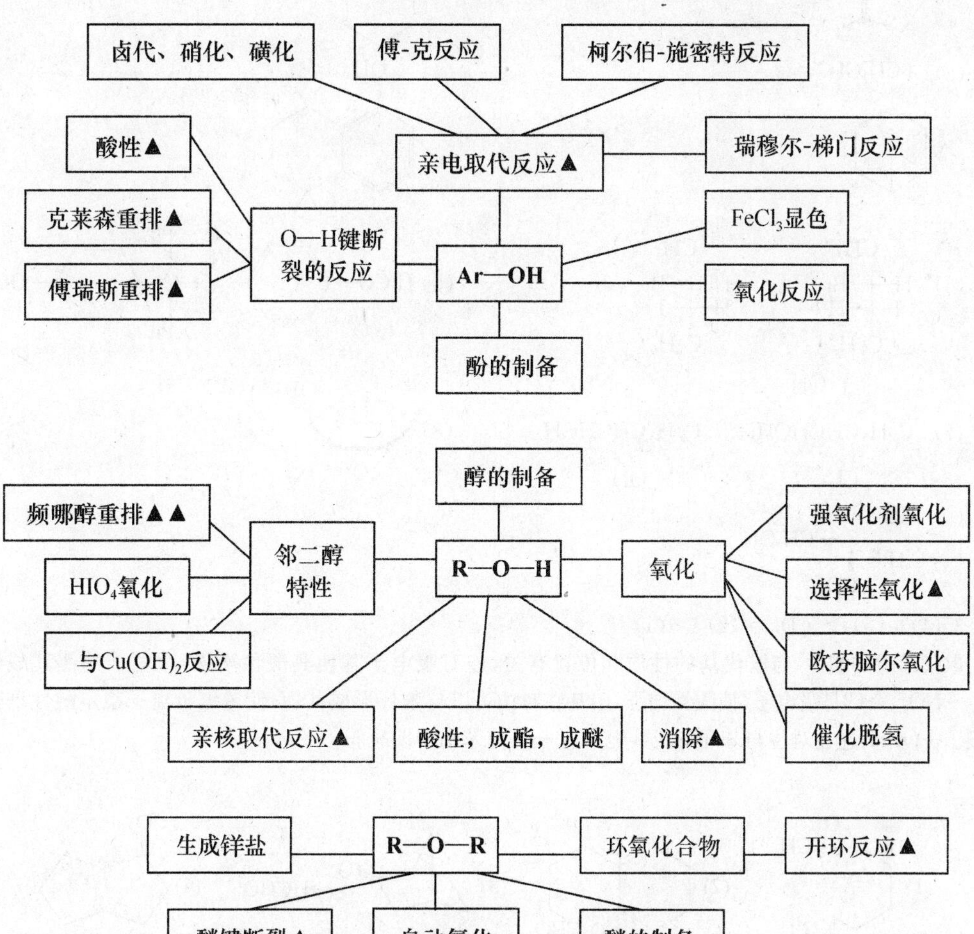

习题参考答案

1. (1) 3,3-二甲基-1-丁醇　　(2) 2-乙基-2-丁烯-1-醇

(3) 3-丁炔-1-醇　　(4) 2-溴对苯二酚

(5) 反-4-乙基环己醇　　(6) 甲基叔丁基醚

(7)
```
        CH═CH2
   HO──┼──H
   H ──┼──CH3
        CH2C6H5
```

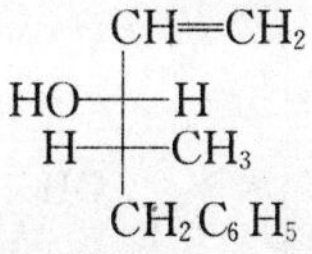

(8) Cl, Br, OH

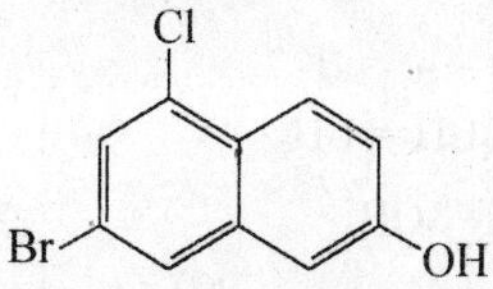

(9) $CH_2=CHCH_2OCH=CHCH_3$

(10)
```
          CH2─C6H5
          |
CH3CHCHCHCH3
    |     |
    OH    OCH3
```

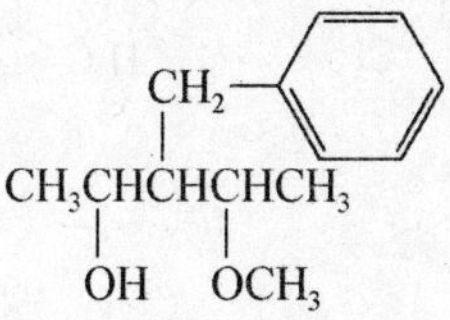

2.

(1) 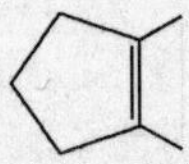 (2)

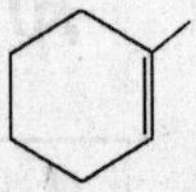

(3) 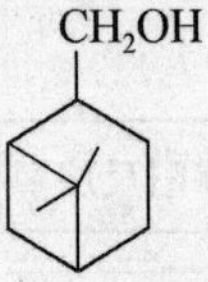 CH_2OH (4) 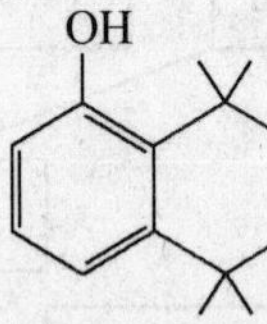 OH

(5) 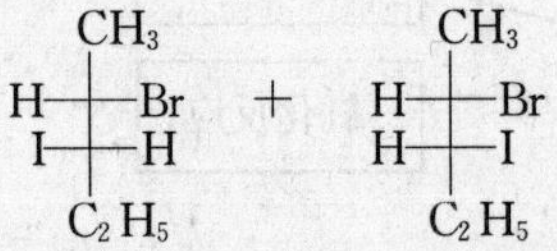 (6) 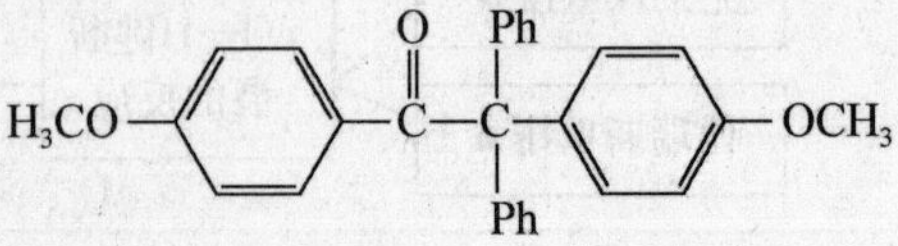 H_3CO … OCH_3

(7) 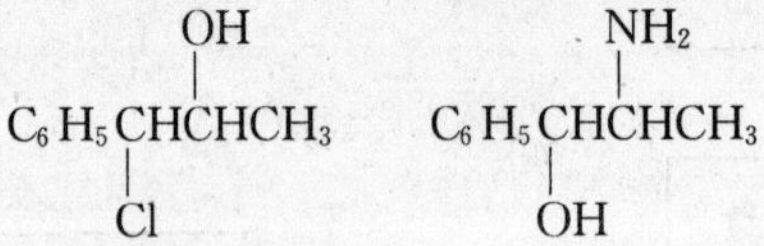 $C_6H_5CHCHCH_3$ (OH, Cl) $C_6H_5CHCHCH_3$ (NH_2, OH) (8) 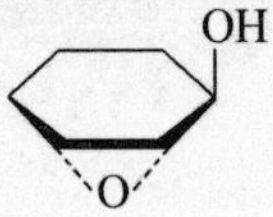 OH

(9) 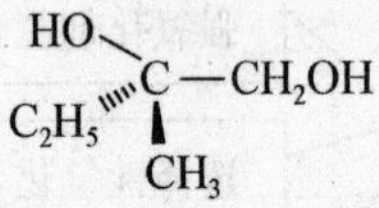 HO—C(C_2H_5)(CH_3)—CH_2OH

3.(4)>(5) > (3) > (2) > (1)

取代苯酚的酸性，与取代基的性质和位置有关，连有吸电子基使其酸性增强，斥电子基使其酸性减弱。—NO_2，—Cl是吸电子，使酸性增强，硝基在对位可以与苯环形成共轭，使苯氧负离子稳定酸性增强更明显。—OCH_3连在对位与苯环形成共轭具有+C，使苯酚酸性减弱。

4.

(1) 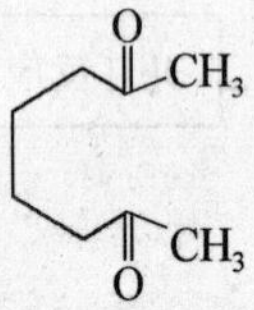 (2) 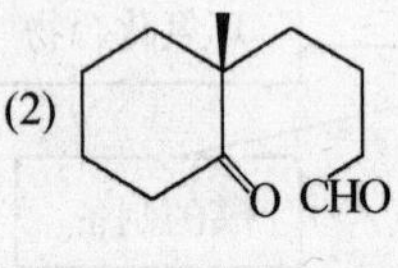 CHO (3) 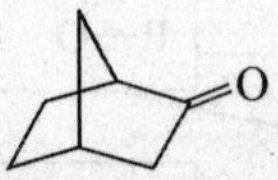 +HCHO (4)

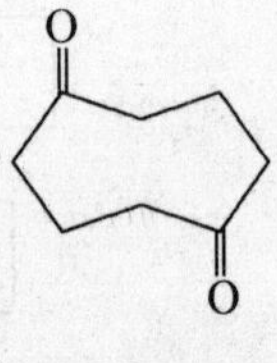

5.

(1) 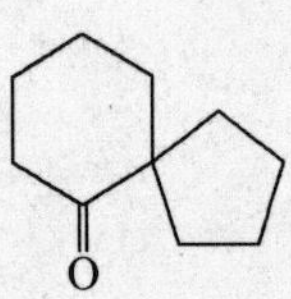 (2) 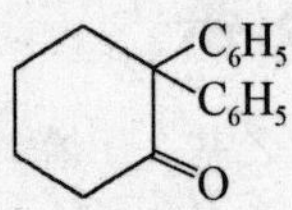 C_6H_5 C_6H_5 (3) $(C_6H_5)_2C(CH_3)—CO—CH_3$

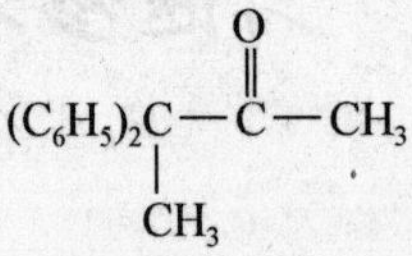

6.

(1) 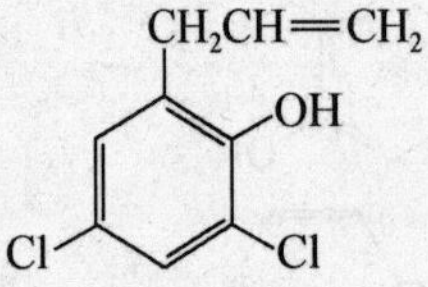 $CH_2CH=CH_2$ OH Cl Cl (2) OH H_3C (3) 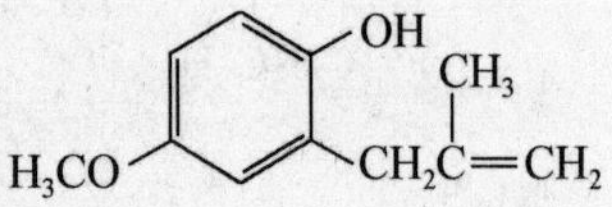 OH CH_3 H_3CO $CH_2C=CH_2$

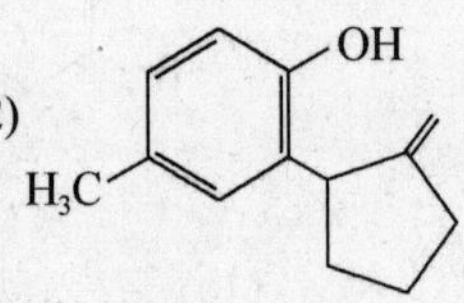

7.

(1) CH_2OH $\xrightarrow{H_2SO_4}$ $CH_2\overset{+}{O}H_2$ $\xrightarrow{-H_2O}$ $\overset{+}{C}H_2$ $\xrightarrow{扩环}$ H $\xrightarrow{-H^+}$

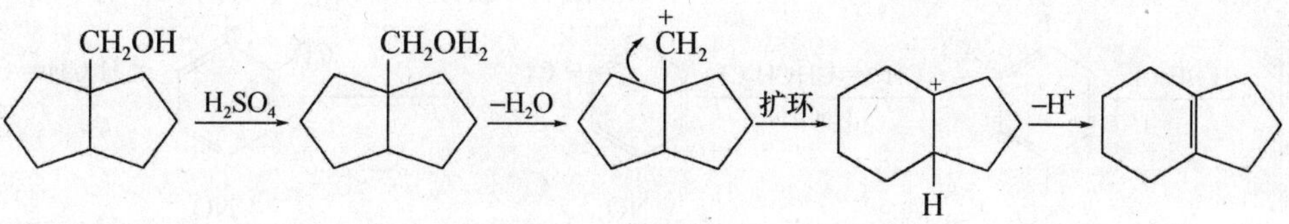

(2) $C(C_2H_5)_2$ OH $\xrightarrow{H^+}$ $C(C_2H_5)_2$ $\overset{+}{O}H_2$ $\xrightarrow[重排]{-H_2O}$ C_2H_5 C_2H_5 +

$\xrightarrow{重排}$ + C_2H_5 C_2H_5 $\xrightarrow{-H^+}$ C_2H_5 C_2H_5

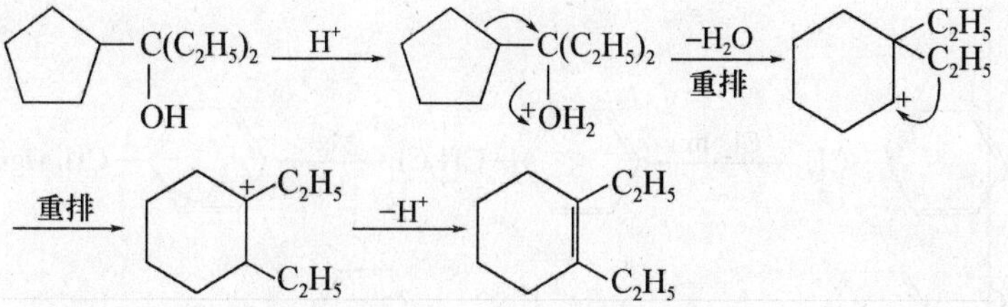

(3) OH $\xrightarrow{H^+}$ $\overset{+}{O}H_2$ $\xrightarrow{-H_2O}$ + $\xrightarrow{-H^+}$

$\xrightarrow[重排]{-H_2O}$ + $\xrightarrow[重排]{-CH_3迁移}$ + $\xrightarrow{-H^+}$

$\downarrow -H^+$

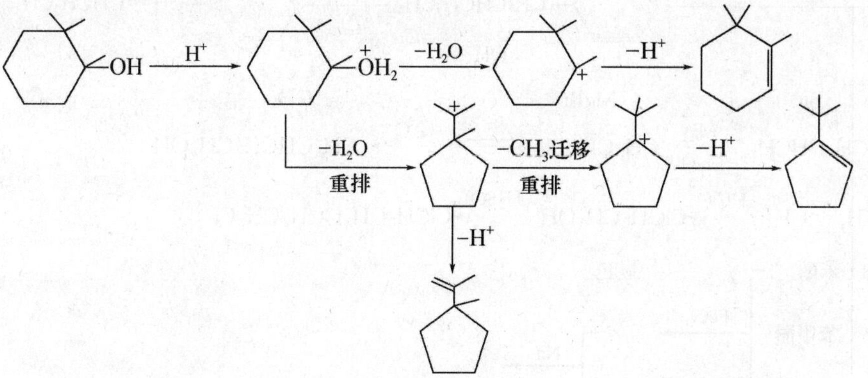

8.

A. $OCHCH{=}CH_2$ CH_3

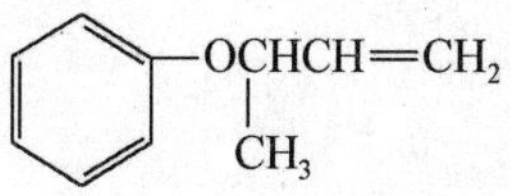

B. OH $CH_2CH{=}CHCH_3$

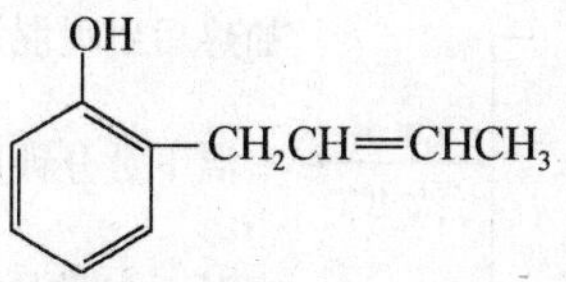

C. OH $OCHCHCH_2OH$ CH_3

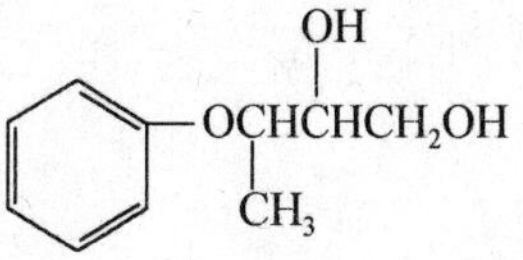

D. OH OH $CH_2CHCHCH_3$ OH

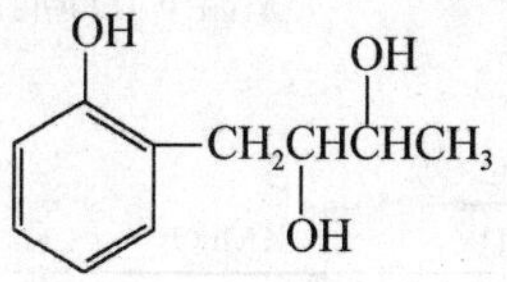

9.

A. H_3CO HO $CH{=}CHCH_2OH$

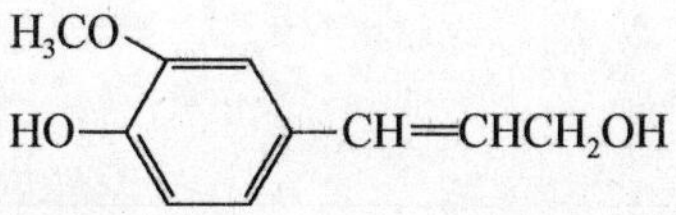

B. H_3CO H_3CO $CH{=}CHCH_2OH$

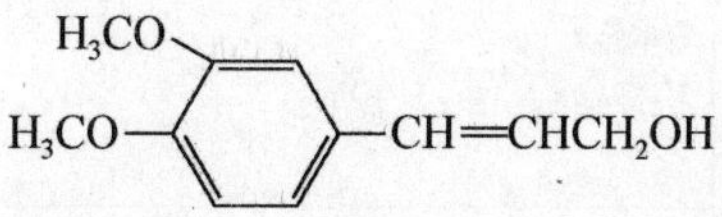

10. (1)

OH $\xrightarrow{H_2SO_4}$ OH SO_3H $\xrightarrow{混酸}$ OH SO_3H NO_2 $\xrightarrow[\triangle]{稀硫酸}$ OH NO_2

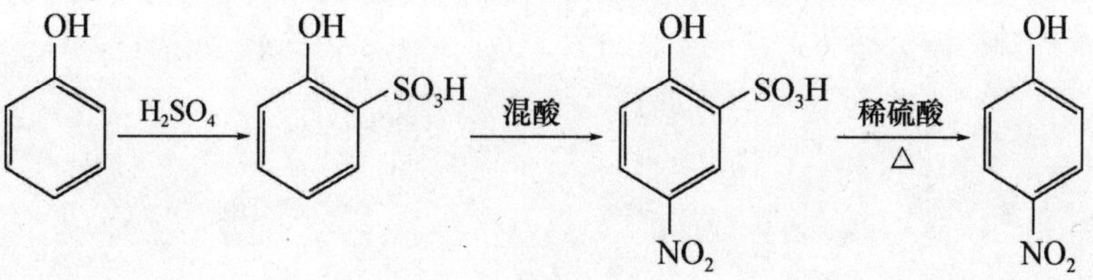

$$\xrightarrow{Fe/FeCl_3} \text{2-氯-4-硝基苯酚 (OH, Cl, } NO_2\text{)} \xrightarrow[NaOH]{CH_2=CHCH_2Cl} \text{(}OCH_2CH=CH_2\text{, Cl, } NO_2\text{)} \xrightarrow{\triangle} \text{(OH, Cl, } CH_2CH=CH_2\text{, } NO_2\text{)}$$

(2)

$$C_6H_6 \xrightarrow[AlCl_3]{CH_3Cl} C_6H_5CH_3 \xrightarrow{Cl_2,\ hv} C_6H_5CH_2Cl \xrightarrow[THF]{Mg} C_6H_5CH_2MgCl$$

$$\xrightarrow{CH_3CH_2CHO} \xrightarrow{H_3O^+} C_6H_5CH_2\underset{\large OH}{\underset{|}{C}}HCH_2CH_3 \xrightarrow[\triangle]{H_2SO_4} C_6H_5CH=CHCH_2CH_3$$

(3) $CH_3\overset{\large Br}{\overset{|}{C}}HCH_3 \xrightarrow[Et_2O]{Mg} CH_3\overset{\large MgBr}{\overset{|}{C}}HCH_3 \xrightarrow{\text{环氧乙烷}} \xrightarrow{H_3O^+} CH_3\overset{\large CH_3}{\overset{|}{C}}HCH_2CH_2OH$

(4) $CH_2=CH_2 \xrightarrow{HClO} ClCH_2CH_2OH \xrightarrow[\triangle]{H_2SO_4} ClCH_2CH_2OCH_2CH_2Cl$

11. (1) 苯酚、苯甲醚、苄醇 $\xrightarrow{FeCl_3}$ 苯酚：显色；苯甲醚：×；苄醇：×

苯甲醚、苄醇 $\xrightarrow{Na}$ 苯甲醚：×；苄醇：↑

(2) 1-戊醇、2-戊醇、2-甲基-2-丁醇 $\xrightarrow[\text{浓}HCl]{ZnCl_2}$ 1-戊醇：加热后出现混浊；2-戊醇：室温下数分钟后混浊；2-甲基-2-丁醇：室温下立即混浊

(3) 苄基氯、苯甲醚、甲苯 $\xrightarrow[EtOH]{AgNO_3}$ 苄基氯：↓；苯甲醚：×；甲苯：×

苯甲醚、甲苯 $\xrightarrow{KMnO_4}$ 苯甲醚：×；甲苯：褪色

第九章 醛 和 酮

本章需熟悉醛、酮的结构与命名、制备，重点掌握醛、酮的主要反应，亲核加成反应的特点与影响因素以及不饱和醛酮的性质。

学 习 要 点

1. 醛酮的结构

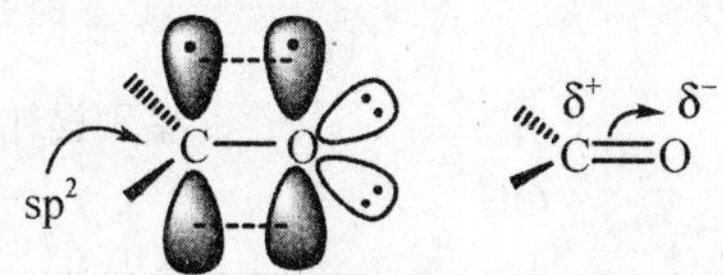

2. 分类和命名 醛酮根据烃基的不同可以分为脂肪醛酮、芳香醛酮。根据羰基的个数可以分为一元醛酮、多元醛酮。

命名时选择含有羰基的最长碳链作为主链，称为某醛或某酮。例如：

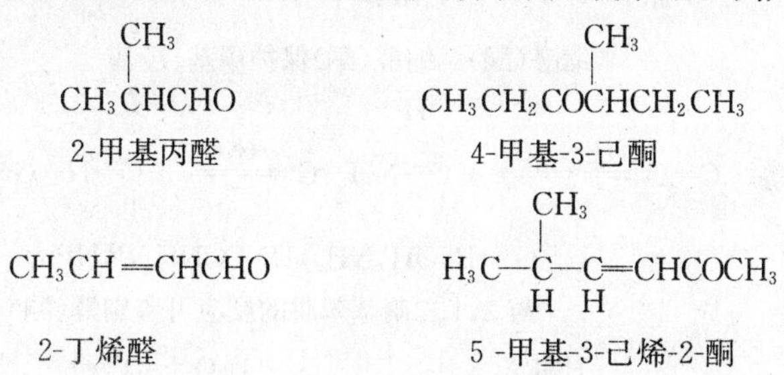

3. 化学性质▲

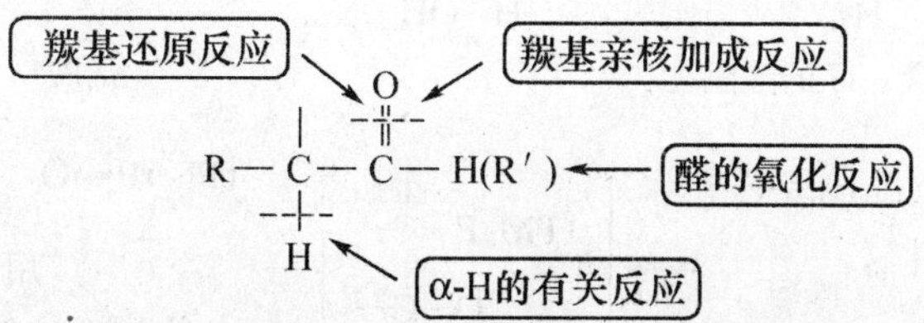

(1) 亲核加成反应▲▲：亲核加成反应的活性除了与亲核试剂的性质有关外，还受到电子效应和空间效应的影响。当羰基上连有吸电子基时，会使得羰基碳原子正电荷增加从而有利于反应的进行；当羰基上连有烃基越大越多，亲核试剂进攻羰基碳原子受到的空间位阻越大，亲核加成反应越难以进行。不同结构的醛、酮进行亲核加成反应由易到难的顺序为：

$Cl_3CCHO > HCHO > RCHO > CH_3COCH_3 > RCOR > RCOAr > ArCOAr$

（R 为甲基外的其他烷基）

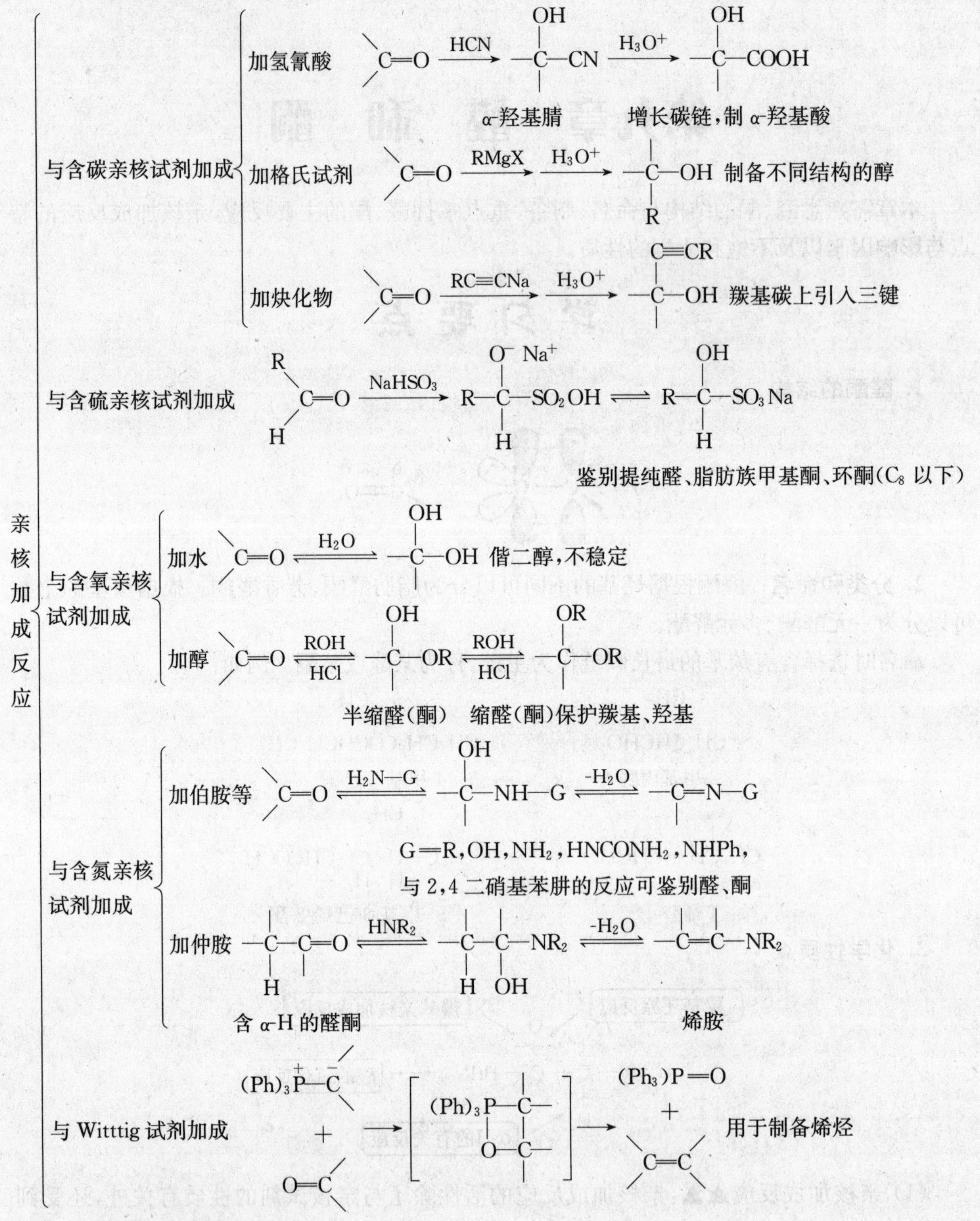

亲核加成反应

- 与含碳亲核试剂加成
  - 加氢氰酸 $\rangle C=O \xrightarrow{HCN} -\overset{OH}{\underset{|}{\overset{|}{C}}}-CN \xrightarrow{H_3O^+} -\overset{OH}{\underset{|}{\overset{|}{C}}}-COOH$
    α-羟基腈　增长碳链，制 α-羟基酸
  - 加格氏试剂 $\rangle C=O \xrightarrow{RMgX} \xrightarrow{H_3O^+} -\overset{|}{\underset{R}{C}}-OH$ 制备不同结构的醇
  - 加炔化物 $\rangle C=O \xrightarrow{RC\equiv CNa} \xrightarrow{H_3O^+} -\overset{C\equiv CR}{\underset{|}{C}}-OH$ 羰基碳上引入三键
- 与含硫亲核试剂加成 $\overset{R}{\underset{H}{\rangle}}C=O \xrightarrow{NaHSO_3} R-\overset{O^-\ Na^+}{\underset{H}{C}}-SO_2OH \rightleftharpoons R-\overset{OH}{\underset{H}{C}}-SO_3Na$
  鉴别提纯醛、脂肪族甲基酮、环酮（C_8 以下）
- 与含氧亲核试剂加成
  - 加水 $\rangle C=O \underset{}{\overset{H_2O}{\rightleftharpoons}} -\overset{OH}{\underset{|}{C}}-OH$ 偕二醇，不稳定
  - 加醇 $\rangle C=O \underset{HCl}{\overset{ROH}{\rightleftharpoons}} -\overset{OH}{\underset{|}{C}}-OR \underset{HCl}{\overset{ROH}{\rightleftharpoons}} -\overset{OR}{\underset{|}{C}}-OR$
    半缩醛（酮）　缩醛（酮）保护羰基、羟基
- 与含氮亲核试剂加成
  - 加伯胺等 $\rangle C=O \overset{H_2N-G}{\rightleftharpoons} -\overset{OH}{\underset{|}{C}}-NH-G \overset{-H_2O}{\rightleftharpoons} -\underset{|}{C}=N-G$
    $G=R, OH, NH_2, HNCONH_2, NHPh$，
    与 2,4 二硝基苯肼的反应可鉴别醛、酮
  - 加仲胺 $-\overset{|}{\underset{H}{C}}-\overset{}{\underset{|}{C}}=O \overset{HNR_2}{\rightleftharpoons} -\overset{|}{\underset{H}{C}}-\overset{|}{\underset{OH}{C}}-NR_2 \overset{-H_2O}{\rightleftharpoons} -\overset{|}{C}=\overset{|}{C}-NR_2$
    含 α-H 的醛酮　烯胺
- 与 Witttig 试剂加成 $(Ph)_3\overset{+}{P}-\overset{-}{C}\langle + O=C\langle \longrightarrow \left[\begin{array}{c}(Ph)_3P-C-\\ |\quad\ |\\ O-C-\end{array}\right] \longrightarrow (Ph_3)P=O + \rangle C=C\langle$ 用于制备烯烃

（2）亲核加成反应小结

醛酮的亲核加成反应有三种类型：

①简单加成：Nu^- 中带负电荷的部分加在羰基碳原子上，另一部分加在氧原子上，如醛酮与 HCN、$NaHSO_3$、格氏试剂等的反应。

②酸催化下先加成后取代，如与 ROH 的反应。

③酸或碱催化下先加成后消除，如与氨及其衍生物的反应。

(3) α-H的反应▲▲

烯醇化

简单醛酮 $H_3C-\overset{O}{\overset{\|}{C}}-CH_3 \rightleftharpoons H_2C=\overset{OH}{\overset{|}{C}}-CH_3$

酮式　烯醇式（不稳定，含量0.01%）

α-C连有吸电子基 $H_3C-\overset{O}{\overset{\|}{C}}-CH_2-\overset{O}{\overset{\|}{C}}-CH_3 \rightleftharpoons H_3C-\overset{OH}{\overset{|}{C}}=CH-\overset{O}{\overset{\|}{C}}-CH_3$

酮式（α-C连有吸电子基）　烯醇式（76%，有分子内氢键）

羟醛缩合型反应

羟醛缩合 $H_3C-\overset{O}{\overset{\|}{C}}-H+H_3C-\overset{O}{\overset{\|}{C}}-H \xrightarrow{OH^-} H_3C-CH=CH-\overset{O}{\overset{\|}{C}}-H$

交叉缩合 $C_6H_5-CHO+H_3C-\overset{O}{\overset{\|}{C}}-H \xrightarrow{OH^-} C_6H_5-CH=CHCHO$

克莱森-许密脱反应　反式产物为主

分子内缩合 $CH_3CO(CH_2)_4COCH_3 \xrightarrow{稀OH^-}$ 1-乙酰基-2-甲基环戊烯（$COCH_3$、CH_3）制备环状化合物

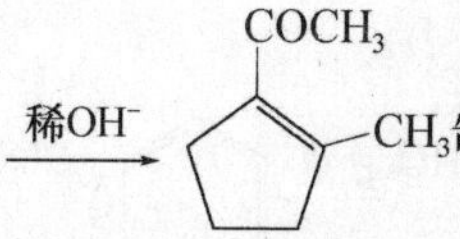

卤代和卤仿反应

酸催化 $C_6H_5-\overset{O}{\overset{\|}{C}}-CH_3 \xrightarrow{Br_2} C_6H_5-\overset{O}{\overset{\|}{C}}-CH_2Br$ 可以控制在一取代

碱催化（卤仿反应） $H_3C-\overset{O}{\overset{\|}{C}}-CH_3 \xrightarrow[NaOH]{I_2} H_3C-\overset{O}{\overset{\|}{C}}-CI_3 \longrightarrow H_3C-\overset{O}{\overset{\|}{C}}-OH+CHI_3\downarrow$

多取代产物　鉴别甲基酮，羟乙基结构

曼尼希反应 $R'-\overset{O}{\overset{\|}{C}}-\overset{|}{\underset{|}{C}}-H+HCHO+HNR_2 \xrightarrow{H^+} R'-\overset{O}{\overset{\|}{C}}-\overset{|}{\underset{|}{C}}-CH_2NR_2$ β-氨基酮

α-碳上引入胺甲基

(4) 氧化与还原反应▲▲

氧化反应

$RCHO \xrightarrow{Ag(NH_3)_2^+\ OH^-} RCOO^-+Ag\downarrow$ 鉴别醛

$RCHO \xrightarrow[OH^-]{Cu^{2+}} RCOO^-+Cu_2O$ 鉴别脂肪醛

$H_3C-CH=CH-\overset{O}{\overset{\|}{C}}-H \xrightarrow{Ag_2O/H_2O} H_3C-CH=CH-\overset{O}{\overset{\|}{C}}-OH$

不饱和键不氧化

$RCHO \xrightarrow{强氧化剂} RCOOH$

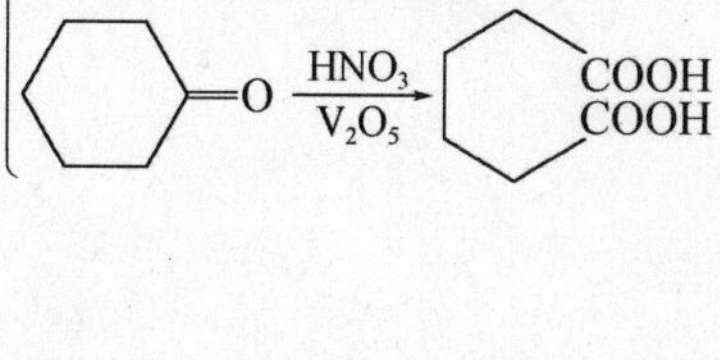

环己酮 $\xrightarrow[V_2O_5]{HNO_3}$ $HOOC(CH_2)_4COOH$（COOH、COOH）

还原反应

羰基还原成醇羟基

催化氢化 $R-\overset{O}{\overset{\|}{C}}-H(R') \xrightarrow{H_2,Ni} R-\overset{OH}{\overset{|}{C}H}-H(R')$ 若有双键也被还原

氢化物还原 $H_2C=CHCHO \xrightarrow[或(NaBH_4)]{LiAlH_4} H_2C=CHCH_2OH$

双键不被还原

金属还原 $R-\overset{O}{\overset{\|}{C}}-H(R') \xrightarrow[或\ Na\text{-}C_2H_5OH]{Zn\text{-}CH_3COOH} R-\underset{OH}{\underset{|}{C}H}-H(R')$

羰基还原成亚甲基

克莱门森还原 $>C=O \xrightarrow[HCl]{Zn\text{-}Hg} >CH_2$

黄鸣龙还原 $>C=O \xrightarrow[(HOCH_2CH_2)_2O]{NH_2NH_2,NaOH} >CH_2$

双分子还原 $\begin{matrix}R\\R'\end{matrix}>C=O \xrightarrow[苯]{Mg} \xrightarrow{H_3O^+} R-\underset{OH}{\overset{R'}{C}}-\underset{OH}{\overset{R'}{C}}-R$ 邻位二醇

(5)其他反应▲

康尼查罗反应 $C_6H_5CHO \xrightarrow{浓碱} C_6H_5COOH + C_6H_5CH_2OH$

无α-H的醛

交叉康尼查罗反应 $C_6H_5CHO + HCHO \xrightarrow{浓碱} HCOOH + C_6H_5CH_2OH$

甲醛转化成甲酸,其他醛变成醇

安息香缩合 $C_6H_5CHO \xrightarrow{KCN} C_6H_5-\underset{OH}{\overset{H}{C}}-\underset{O}{\underset{\|}{C}}-C_6H_5$

芳香醛　α-羟基酮

4. 醛酮的制备

(1) 氧化或脱氢法:烯烃,炔烃及醇的氧化。

(2) 羧酸及其衍生物还原法(罗森孟德还原)。

$$RCOCl+H_2 \xrightarrow[喹啉+硫]{Pd/BaSO_4} RCHO$$

(3) 傅-克酰化反应。

(4) 盖特曼-柯赫反应。

$$C_6H_6 + CO + HCl \xrightarrow[\triangle]{AlCl_3,CuCl} C_6H_5CHO$$

(5) 瑞穆-梯曼反应,用于合成酚醛。

$$C_6H_5OH + CHCl_3 \xrightarrow[\triangle]{NaOH/H_2O} \xrightarrow{H^+} p\text{-}HOC_6H_4CHO + o\text{-}HOC_6H_4CHO$$

(6) 傅瑞斯重排反应，用于合成酚酮。

$$C_6H_5\text{-}OCOR \xrightarrow[\triangle]{AlCl_3} o\text{-}HOC_6H_4\text{-}COR + HO\text{-}C_6H_4\text{-}COR$$

5. α,β-不饱和醛酮的性质▲

1,4-共轭加成

碳碳双键亲电加成 —C=C—C=O 羰基亲核加成

不饱和醛的性质

亲核加成

与 HCN、$NaHSO_3$ 等加成

$$C_6H_5\text{-}CH{=}CH\text{-}CHO \xrightarrow{HCN} C_6H_5\text{-}CH(CN)\text{-}CH{=}CH\text{-}OH \longrightarrow C_6H_5\text{-}CH(CN)\text{-}CH_2\text{-}CHO$$

烯醇 不稳定，重排

主要发生1,4-加成，最终为3,4-加成产物

与有机炔钠、有机锂等加成

$$C_6H_5\text{-}CH{=}CH\text{-}CHO \xrightarrow{PhLi} \xrightarrow{H_2O} C_6H_5\text{-}CH{=}CH\text{-}CH(OH)\text{-}Ph$$

主要发生1,2-加成

与格氏试剂加成

$$C_6H_5\text{-}CH{=}CHCHO \xrightarrow[(2)H_3O^+]{(1)C_6H_5MgBr/Et_2O} C_6H_5\text{-}CH{=}CHCH(OH)C_6H_5$$

位阻小时主要为1,2-加成

$$C_6H_5\text{-}CH{=}CHCOC_6H_5 \xrightarrow[(2)H_3O^+]{(1)C_6H_5MgBr/Et_2O} C_6H_5\text{-}CH(C_6H_5)\text{-}CH_2COC_6H_5$$

位阻大时1,4-加成为主

亲电加成 $$H_3C\text{-}CH{=}CH\text{-}CO\text{-}CH_3 \xrightarrow{HCl} H_3C\text{-}CHCl\text{-}CH{=}C(OH)\text{-}CH_3 \longrightarrow H_3C\text{-}CHCl\text{-}CH_2\text{-}CO\text{-}CH_3$$

1,4-加成产物是烯醇，不稳定重排得酮，最终产物是 3,4-加成产物

卤素和次卤酸仅发生 3,4-加成

插烯规则 $$H_3C\text{-}CH{=}CH\text{-}CHO \xrightarrow{OH^-} H_3C\text{-}CH{=}CH\text{-}CH{=}CH\text{-}CH{=}CH\text{-}CHO$$

2-丁烯醛在稀碱存在下也能发生类似羟醛缩合的反应，插入 n 个—CH=CH—，羰基对 CH_3 的影响依然存在，称为插烯规律

不饱和醛酮性质

迈克尔加成

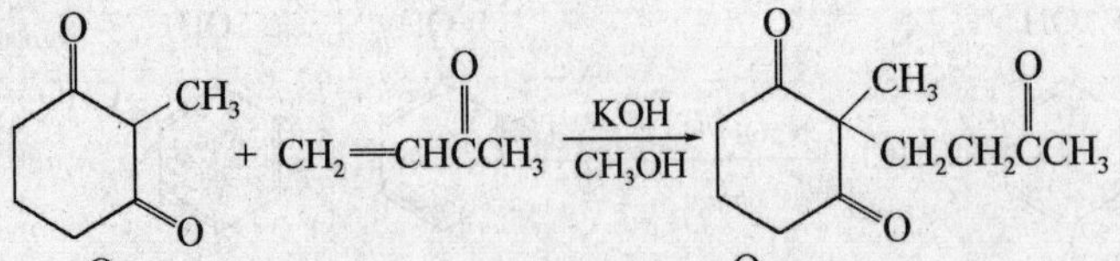

$$\text{2-甲基环己-1,3-二酮} + CH_2{=}CHCCH_3(\text{C=O}) \xrightarrow[CH_3OH]{KOH} \text{2-甲基-2-}(CH_2CH_2CCH_3)\text{环己-1,3-二酮}$$

鲁宾逊增环反应

$$\text{2-甲基-2-}(CH_2CH_2\overset{O}{\overset{\|}{C}}CH_3)\text{环己-1,3-二酮} \xrightarrow[\text{苯},\triangle]{[(CH_3)_3CO]_3Al} \text{(羟基双环二酮, }CH_3, HO) \xrightarrow{-H_2O} \text{(双环烯二酮, }CH_3)$$

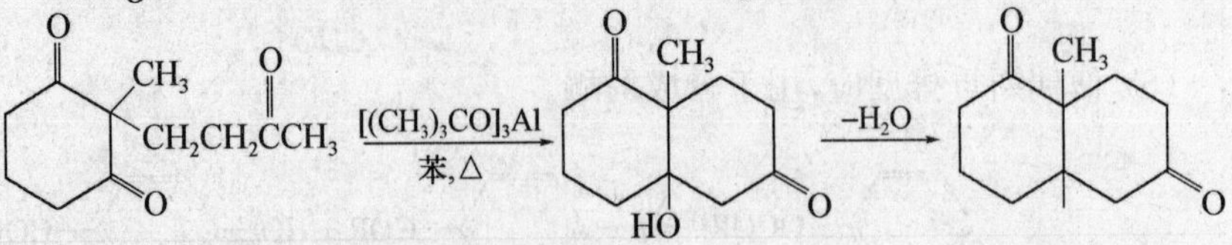

经典习题

1. 写出下列化合物结构式：

(1) 4-氧代戊醛 (2) 对甲氧基苯乙酮 (3) 1,4-环己二酮

(4) 2,4-戊二酮 (5) 3-羟基-2-氯苯甲醛 (6) 4-己烯醛

2. 写出环己酮与下列各试剂作用后得到的主要产物：

(1) Br_2 / CH_3COOH (2) $KCN+H^+$ (3) NH_2OH/CH_3COOH

(4) $NaHSO_3$ (5) $NaBH_4$，再 H_3O^+ (6) $HCl/HOCH_2CH_2OH$

(7) C_6H_5MgBr，再 H_3O^+ (8) $C_6H_5CHO+OH^-$ (9) Zn-Hg / HCl

(10) Mg,C_6H_6,H_3O^+ (11) $HCHO + NH(CH_3)_2 + HCl$

3. 完成下列反应式，写出其主要产物：

(1) 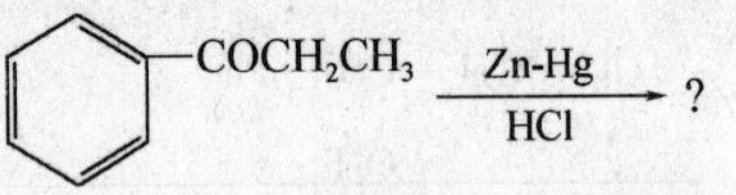 $C_6H_5COCH_2CH_3 \xrightarrow[HCl]{Zn-Hg} ?$

(2) 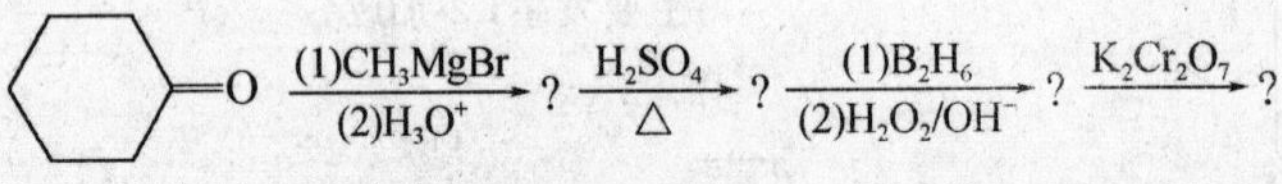 环己酮 $\xrightarrow[(2)H_3O^+]{(1)CH_3MgBr} ? \xrightarrow[\triangle]{H_2SO_4} ? \xrightarrow[(2)H_2O_2/OH^-]{(1)B_2H_6} ? \xrightarrow{K_2Cr_2O_7} ?$

(3) $(H_3C)_3C{-}\overset{O}{\overset{\|}{C}}{-}CH_3 \xrightarrow[NaOH]{I_2} ? + ?$

(4) 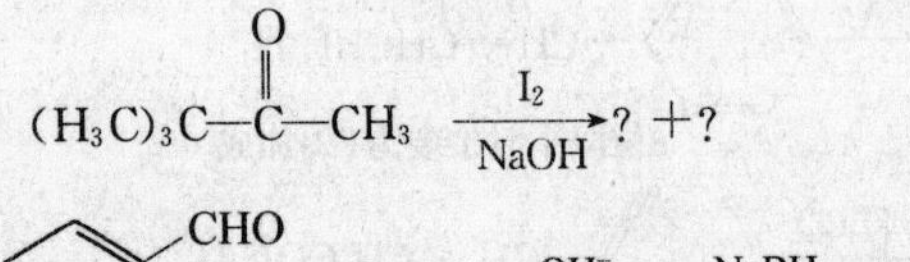 邻-($CH_2COCH_2CH_3$)苯甲醛（苯环上 CHO 与 $CH_2COCH_2CH_3$ 邻位）$\xrightarrow{OH^-} ? \xrightarrow{NaBH_4} ?$

(5) 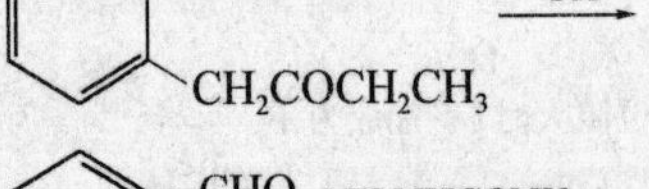 $C_6H_5CHO \xrightarrow{NH_2NHCONH_2} ?$

(6) 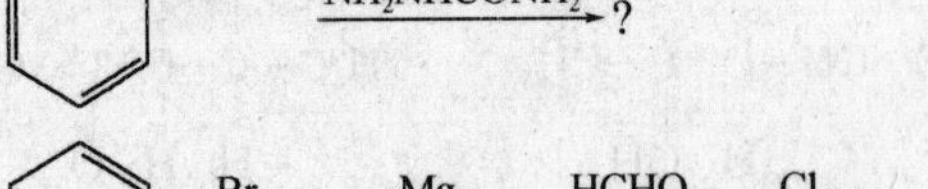 苯 $\xrightarrow[Fe]{Br_2} ? \xrightarrow[(C_2H_5)_2O]{Mg} ? \xrightarrow[H_3O^+]{HCHO} ? \xrightarrow[Fe]{Cl_2} ?$

(7) $H_3C{-}\overset{O}{\overset{\|}{C}}{-}CH_3 \xrightarrow{Mg,C_6H_6} ?$

(8) $CH_3CHO \xrightarrow{5\%NaOH} ? \xrightarrow{LiAlH_4} ?$

(9) HCHO + $C_6H_5CHO \xrightarrow{OH^-}$? + ?

(10) $C_6H_5CHO \xrightarrow{KCN}$?

(11) $(CH_3)_2CHCHO \xrightarrow[CH_3COOH]{Br_2} ? \xrightarrow[2C_2H_5OH]{HCl} ? \xrightarrow[(C_2H_5)_2O]{Mg} ? \xrightarrow{CH_2I} ? \xrightarrow{H_3O^+} ?$

(12) $3H-\overset{O}{\overset{\|}{C}}-H + H-CH_2CHO \xrightarrow{稀 OH^-} ? \xrightarrow[浓 OH^-]{HCHO} ?$

(13) $CH_3CH(OH)CH_2CH_2CHO \overset{HCl}{\rightleftharpoons}$?

4. 用化学方法鉴别下列化合物：

(1) 甲醛,乙醛,丙酮,苯乙酮　　(2)1-丁醇,2-丁醇,丁醛,2-丁酮

(3) 苯酚,苯甲醛,苯乙酮,环己酮

5. 写出下列各化合物存在的酮式-烯醇式互变异构：

(1) 乙醛　(2) 苯乙酮　(3) 丁酮　(4) 乙酰丙酮($CH_3COCH_2COCH_3$)

6. 下列化合物哪些能发生碘仿反应？哪些能发生羟醛缩合反应？哪些能与亚硫酸氢钠反应？哪些能发生银镜反应？哪些能发生康尼扎罗反应？

(1) 乙醛　(2) 异丙醇　(3) 丙酮　(4) 3-戊酮

(5) 环己酮　(6) 甲醛　(7) 苯甲醛　(8) 苯乙酮

7. 下列化合物中,哪个是半缩醛(或半缩酮),哪个是缩醛(或缩酮)？

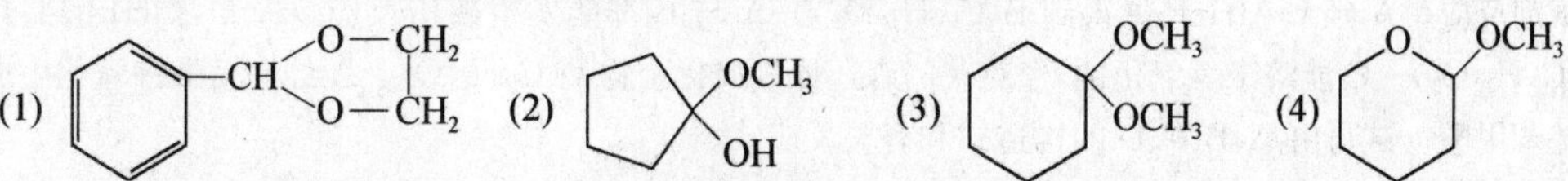

8. 按照羰基加成反应活性排列下列化合物,并说明理由：

(1) $(Ph)_2CO$　(2) $PhCOCH_3$　(3) Cl_3CCHO

(4) $ClCH_2CHO$　(5) C_6H_5CHO　(6) CH_3CHO

9. 写出 CH_3COCH_3 与苯肼反应的机制,并说明为什么弱酸性介质(pH=3.5)反应速度快,而过强的酸及碱性介质都降低反应速率。

10. 选择题：

(1) 下列哪一种化合物实际上不与 $NaHSO_3$ 起加成反应？

A. 乙醛　B. 苯甲醛　C. 2-丁酮　D. 苯乙酮

(2) 苯甲醛与丙醛在稀 NaOH 溶液作用下生成什么产物？

A. 苯甲酸与苯甲醇　B. $PhCH{=}CHCH_2CHO$

C. 苯甲酸与丙醇　D. $PhCH{=}C(CH_3)CHO$

(3) 下列哪个化合物不能起卤仿反应？

A. $CH_3CH(OH)CH_2CH_2CH_3$　B. $C_6H_5COCH_3$

C. $CH_3CH_2CH_2OH$　D. CH_3CHO

(4) 苯甲醛与甲醛在浓 NaOH 作用下主要生成：

A. 苯甲醇与苯甲酸　B. 苯甲醇与甲酸

C. 苯甲酸与甲醇　　　　　　　　　　　　　　D. 甲醇与甲酸

(5) 用格氏试剂制备 1-苯基-2-丙醇，最好采用哪种方案？

A. $CH_3CHO + C_6H_5CH_2MgBr$　　　　　　　B. $C_6H_5CH_2CH_2MgBr + HCHO$

C. $C_6H_5MgBr + CH_3CH_2CHO$　　　　　　　D. $C_6H_5MgBr + CH_3COCH_3$

(6) 在稀碱作用下，下列哪组化合物不能进行羟醛缩合反应？

A. $HCHO + CH_3CHO$　　　　　　　　　　B. $CH_3CH_2CHO + C_6H_5CHO$

C. $HCHO + (CH_3)_3CCHO$　　　　　　　　D. $C_6H_5CH_2CHO + (CH_3)_3CCHO$

(7) 羰基反应活性最快的是：

A. ▷=O　　B. □=O　　C. ⬠=O　　D. ⬡=O

(8) 下列哪个化合物不能发生康尼扎罗反应？

A. HCHO　　B. C_6H_5CHO　　C. CH_3CHO　　D. $(CH_3)_3CCHO$

11. 某化合物 A 分子式为 $C_5H_{12}O$，氧化后得到分子式为 $C_5H_{10}O$ 的化合物 B。B 能和 2,4-二硝基苯肼反应得到黄色结晶，并能发生碘仿反应。A 和浓硫酸共热后经酸性高锰酸钾氧化得到丙酮和乙酸。试推测 A、B 的结构式。

12. 化合物 A、B、C 为同分异构体，分子式均为 $C_5H_{10}O$。A、B、C 都能还原得到正戊烷，都能与二硝基苯肼反应。A 能发生银镜反应，不能发生碘仿反应；B 不能发生银镜反应和碘仿反应；C 能发生碘仿反应，但不能发生银镜反应。试推测 A、B、C 的构造式。

13. 化合物 A 分子式为 $C_8H_{12}O$，能与苯肼反应，不能发生银镜反应。催化加氢得到醇，此醇经去水、臭氧化、还原水解后得到两种液体，其中之一能发生碘仿反应，不能发生银镜反应。另一种只能发生银镜反应，不能发生碘仿反应，推测 A 的构造式。

14. 某化合物 A 分子式为 $C_{10}H_{12}O_2$，不溶于氢氧化钠溶液，能与羟氨作用生成白色沉淀，但不与托伦试剂反应。A 经 $LiAlH_4$ 还原得到 B($C_{10}H_{14}O_2$)。A 与 B 都能发生碘仿反应。A 与浓 HI 酸共热生成 C ($C_9H_{10}O_2$)。C 能溶于氢氧化钠，经克莱门森还原生成化合物 D($C_9H_{12}O$)。A 经高锰酸钾氧化生成对甲氧基苯甲酸。试写出 A、B、C、D 的构造式和有关反应式。

15. 以苯、甲苯及四个碳以下的有机物为原料合成下列化合物：

(1) O_2N—⟨苯环⟩—C(=O)—CH_2CH_3

(2) CH_3CH_2—⟨苯环⟩—C(CH_3)(OH)—CH_2CH_3

(3) C_2H_5—⟨苯环⟩—CH(OH)—CH=CH—⟨苯环⟩

(4) HC=CH—CHO 连于苯环，苯环对位为 NO_2

(5) ⟨苯环⟩—C(CH_3)(⟨苯环⟩)—C(=O)—CH_3

知识地图

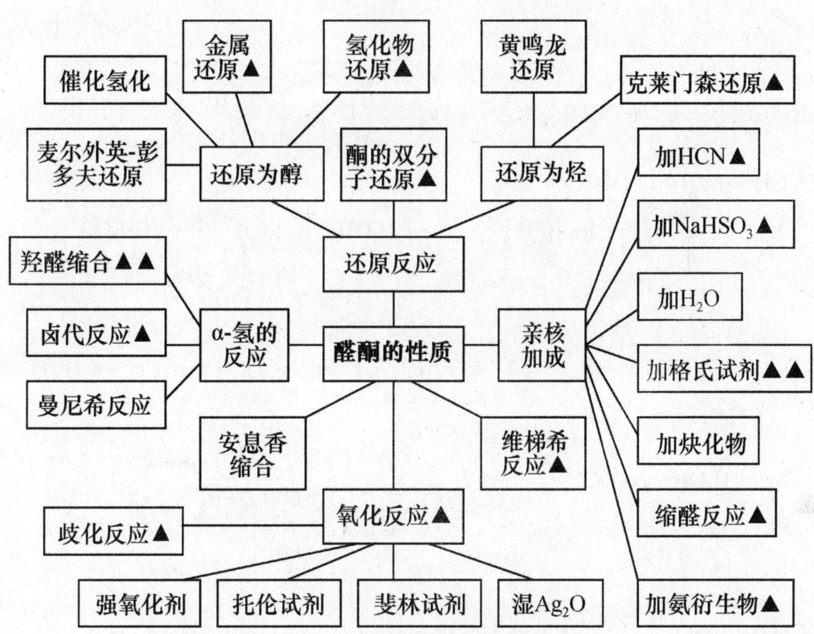

习题参考答案

1.

(1) 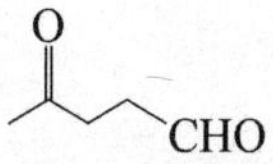 O, CHO

(2) 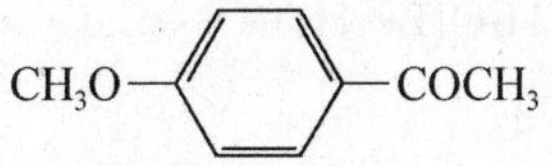 CH_3O—C₆H₄—$COCH_3$

(3) O=C₆H₈=O

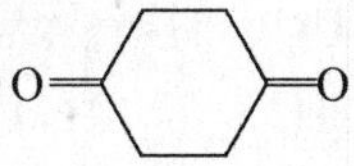

(4) 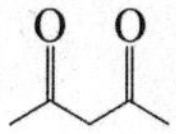 O O

(5) 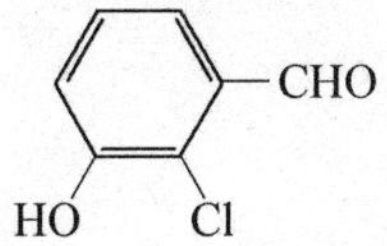 CHO, HO, Cl

(6) 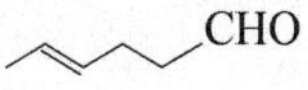 CHO

2.

(1) 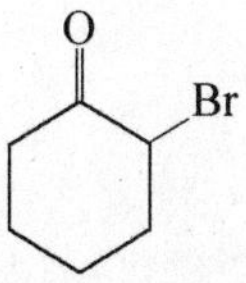 O, Br

(2) 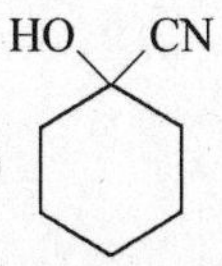 HO CN

(3) 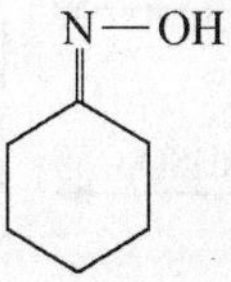 N—OH

(4) 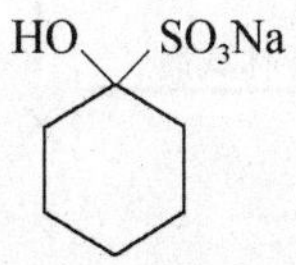 HO SO_3Na

(5) 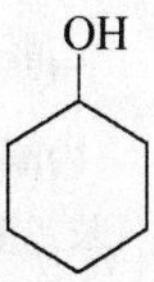 OH

(6) 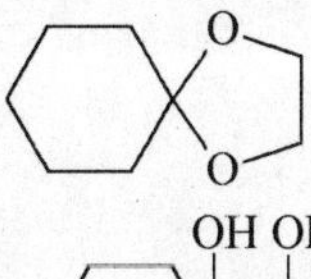 O, O

(7) 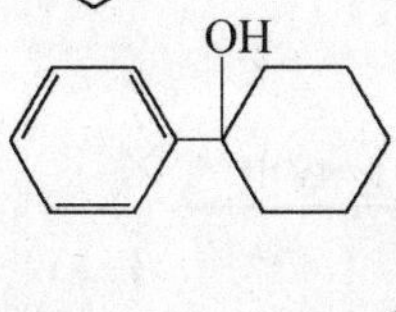 OH

(8) 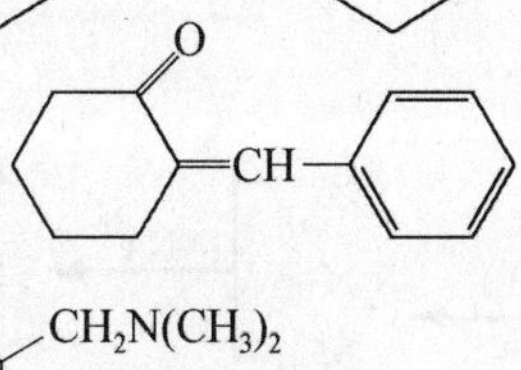 O, =CH—

(9)

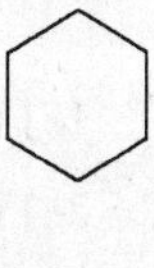

(10) 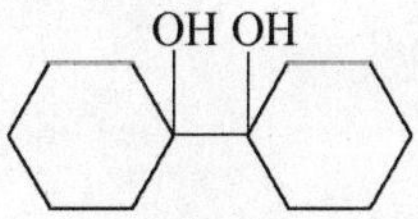 OH OH

(11) 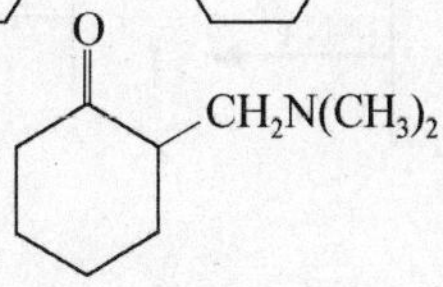 O, $CH_2N(CH_3)_2$

3.

(1) $C_6H_5CH_2CH_2CH_3$

(2) 1-甲基环己醇（CH_3, OH）、1-甲基环己烯（CH_3）、2-甲基环己醇（CH_3, OH）、2-甲基环己酮（CH_3, O）

(3) $(H_3C)_3C-\overset{O}{\overset{\|}{C}}-ONa + CHI_3$

(4) （萘环骨架，$-CH_3$，$=O$）　（萘环骨架，$-CH_3$，$-OH$）

(5) $C_6H_5CH{=}NNHCONH_2$

(6) C_6H_5Br　C_6H_5MgBr　$C_6H_5CH_2OH$　$p\text{-}ClC_6H_4CH_2OH$

(7) $H_3C-C(OH)(CH_3)-C(OH)(CH_3)-CH_3$

(8) $CH_3CH{=}CHCHO$　$CH_3CH{=}CHCH_2OH$

(9) $C_6H_5CH_2OH + HCOO^-$

(10) $C_6H_5-CH(OH)-\overset{O}{\overset{\|}{C}}-C_6H_5$

(11) $(CH_3)_2CBrCHO$　$(CH_3)_2CBrCH(OC_2H_5)_2$　$(CH_3)_2C(MgBr)CH(OC_2H_5)_2$

$(CH_3)_2C(CH_3)CH(OC_2H_5)_2$　$(CH_3)_3CCHO$

(12) $H-C(OH)(H)-C(CH_2OH)(CH_2OH)-CHO$　$H-C(OH)(H)-C(CH_2OH)(CH_2OH)-CH_2OH + HCOO^-$

(13) 5-甲基-2-羟基四氢呋喃（环上 O，$-OH$）

4.

(1)

	斐林试剂		
甲醛	↓	$I_2/NaOH$	×
乙醛	↓		↓
丙酮	×	$NaHSO_3$	↓
苯乙酮	×		×

(2)

	$Ag(NH_3)_2^+$	Na	$I_2/NaOH$
1-丁醇	×	↑	×
2-丁醇	×	↑	↓
2-丁酮	×	×	
丁醛	↓		

(3) 苯甲醛、苯酚、苯乙酮、环己酮 $\xrightarrow{Ag(NH_3)_2^+}$ ↓、×、×、× ；后三者 $\xrightarrow{FeCl_3}$ 紫色、×、× ；后两者 $\xrightarrow{I_2/NaOH}$ ↓、×

5.

(1) $H_3C-\overset{O}{\overset{\|}{C}}-H \rightleftharpoons H_2C=\overset{OH}{\overset{|}{C}}-H$

(2) $H_3C-\overset{O}{\overset{\|}{C}}-C_6H_5 \rightleftharpoons H_2C=\overset{OH}{\overset{|}{C}}-C_6H_5$

(3) $H_2C=\overset{OH}{\overset{|}{C}}-CH_2CH_3 \rightleftharpoons H_3C-\overset{O}{\overset{\|}{C}}-CH_2CH_3 \rightleftharpoons H_3C-\overset{OH}{\overset{|}{C}}=CHCH_3$

(4) $H_3C-\overset{O}{\overset{\|}{C}}-CH_2-\overset{O}{\overset{\|}{C}}-CH_3 \rightleftharpoons H_3C-\overset{OH}{\overset{|}{C}}=CH-\overset{O}{\overset{\|}{C}}-CH_3$

6.

碘仿反应:(1)(2)(3)(8)

羟醛缩合:(1)(3)(4)(5)(8)

亚硫酸氢钠反应:(1)(3)(5)(6)(7)

银镜反应:(1)(6)(7)

康尼扎罗:(6)(7)

7. (1) 缩醛 (2) 半缩酮 (3) 缩酮 (4) 缩醛

8. 羰基加成是亲核加成,能降低羰基碳原子上电子云密度的结构因素使反应容易进行,所以反应活性(6)<(4)<(3);而羰基碳原子的空间位阻愈小,反应越快,所以(1)<(2)<(5)<(6)。综合考虑,则反应活性是(1)<(2)<(5)<(6)<(4)<(3)。

9.

$$(H_3C)_2C=O \overset{H^+}{\rightleftharpoons} (H_3C)_2C=\overset{+}{O}H \overset{H_2NY}{\rightleftharpoons} H_3C-\overset{OH}{\underset{CH_3}{C}}-\overset{+}{N}H_2Y \rightleftharpoons H_3C-\overset{\overset{+}{O}H_2}{\underset{CH_3}{C}}-NHY \overset{-H_2O}{\rightleftharpoons}$$

$$(H_3C)_2C=\overset{+}{\underset{H}{N}}-Y \overset{-H^+}{\rightleftharpoons} (H_3C)_2C=N-Y \qquad H_2NY \overset{H^+}{\rightleftharpoons} H_3\overset{+}{N}-Y \qquad Y = C_6H_5-NH-$$

(无亲核活性)

该反应是酸催化反应,H^+ 加在羰基氧上使羰基碳原子的正电性增大,有利于亲核试剂进攻。但 H^+ 还有另一方面的作用,即会使碱性的苯肼失去亲核活性,因此反应的酸性不宜过强,需保持弱酸性介质(PH=3.5)。碱性不利于增加羰基碳原子的正电性,使反应很难进行。

10. (1) D (2) D (3) C (4) B (5) A (6) C (7) A (8) C

11. A: $CH_3\overset{OH}{\overset{|}{C}H}CH(CH_3)_2$ B: $CH_3\overset{O}{\overset{\|}{C}}CH(CH_3)_2$

12. A: $CH_3CH_2CH_2CH_2CHO$ B: $CH_3CH_2COCH_2CH_3$ C: $CH_3COCH_2CH_2CH_3$

13. A: $CH_3CH_2\overset{O}{\overset{\|}{C}}CH(CH_3)_2$

14.

$$CH_3O-C_6H_4-CH_2COCH_3\ (A) \xrightarrow{LiAlH_4} CH_3O-C_6H_4-CH_2CH(OH)CH_3\ (B)$$

$$CH_3O-C_6H_4-CH_2COCH_3\ (A) \xrightarrow{HI} HO-C_6H_4-CH_2COCH_3\ (C)$$

$$HO-C_6H_4-CH_2COCH_3\ (C) \xrightarrow[HCl]{Zn\text{-}Hg} HO-C_6H_4-CH_2CH_2CH_3\ (D)$$

$$CH_3O-C_6H_4-CH_2COCH_3 \xrightarrow{KMnO_4} CH_3O-C_6H_4-COOH$$

15.

(1)

$$C_6H_6 \xrightarrow[AlCl_3]{CH_3CH_2COCl} C_6H_5-COCH_2CH_3 \xrightarrow[H^+]{Zn\text{-}Hg} C_6H_5-CH_2CH_2CH_3$$

$$\xrightarrow[HNO_3]{H_2SO_4} O_2N-C_6H_4-CH_2CH_2CH_3 \xrightarrow[H_2SO_4]{MnO_2} O_2N-C_6H_4-C(=O)CH_2CH_3$$

(2)

$$C_6H_6 \xrightarrow[AlCl_3]{CH_3CH_2Cl} C_6H_5-CH_2CH_3 \xrightarrow[AlCl_3]{CH_3CH_2COCl} CH_3CH_2-C_6H_4-COCH_2CH_3$$

$$\xrightarrow[(2)H_3O^+]{(1)CH_3MgCl} CH_3CH_2-C_6H_4-C(CH_3)(OH)CH_2CH_3$$

(3)

$$C_6H_6 \xrightarrow[AlCl_3]{CH_3CH_2Cl} C_6H_5-C_2H_5 \xrightarrow[AlCl_3]{CH_3COCl} C_2H_5-C_6H_4-COCH_3 \xrightarrow[OH^-]{C_6H_5-CHO}$$

$$C_2H_5-C_6H_4-COCH{=}CH-C_6H_5 \xrightarrow[H^+]{NaBH_4} C_2H_5-C_6H_4-CH(OH)-CH{=}CH-C_6H_5$$

(4)

$$C_6H_5-CH_3 \xrightarrow[HNO_3]{H_2SO_4} CH_3-C_6H_4-NO_2 \xrightarrow[H_2SO_4]{MnO_2} OHC-C_6H_4-NO_2 \xrightarrow[OH^-]{CH_3CHO} OHC-CH{=}CH-C_6H_4-NO_2$$

(5) 苯 $\xrightarrow[AlCl_3]{CH_3COCl}$ $C_6H_5COCH_3$ $\xrightarrow[(2)H_2O/H^+]{(1)Mg/苯}$ $C_6H_5C(CH_3)(OH)-C(CH_3)(OH)C_6H_5$ $\xrightarrow{H_2SO_4}$ $(C_6H_5)_2C(CH_3)-CO-CH_3$

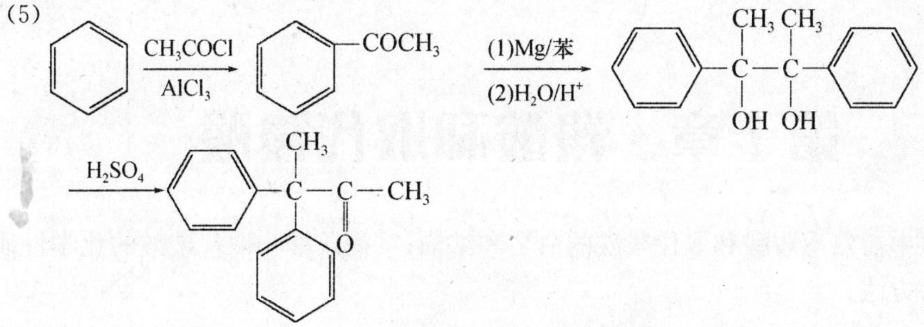

课外阅读

视觉的化学基础——视黄醛

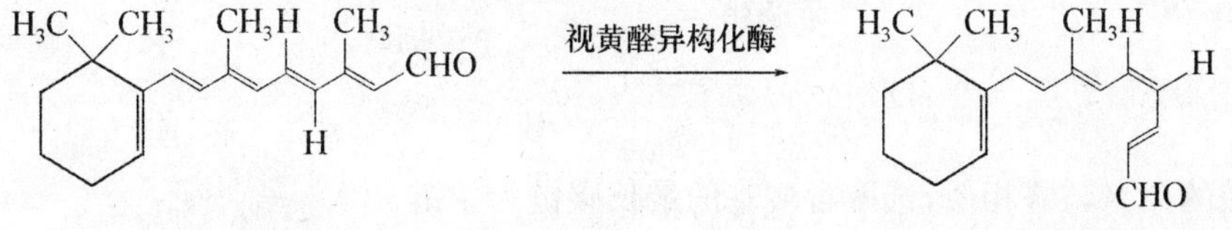

trans-视黄醛 $\xrightarrow{视黄醛异构化酶}$ cis-视黄醛

$$RCHO + H_2N-(CH_2)_4-蛋白 \xrightarrow{H^+} RCH=\overset{+}{N}H(CH_2)_4-蛋白$$

cis-视黄醛　　视蛋白　　　　　　　　视紫质

在视觉有关的生化过程中，视黄醛起着至关重要的作用。涉及的反应介绍如下：

首先，反式视黄醛在视黄醛异构化酶催化下变成顺式视黄醛，顺式视黄醛与视蛋白(分子量约 38 000)侧链氨基酸的氨基反应，结合形成视紫质(对光敏感)。光子撞击视紫质时顺式视黄醛以极快速度变成反式视黄醛，引起极大的几何结构变化，破坏了分子与蛋白质活性空穴的紧密结合，引起蛋白质构象变化，反式视黄醛单元被水解，引发一次神经脉冲，并传到视觉中枢，形成完整的视觉，我们就感觉到了光。

然后反式视黄醛在异构化酶催化下变成顺式视黄醛，顺式视黄醛与视蛋白侧链赖氨酸的氨基反应，结合形成视紫质，为下一个光子进攻做好准备，形成视觉循环。

这个过程极为灵敏，即使是一个光子对视网膜的撞击，眼睛也能记录下来。有趣的是，自然界所有已知视觉系统都用视黄醛刺激视觉。食物中维生素 A(也称视黄醇)和胡萝卜素经肠道吸收在体内可转变为视黄醛。

参考文献

福尔哈特，肖尔．有机化学—结构与功能．第 4 版．戴立信，席振峰，王梅祥，等译．2006. 化学工业出版社，662

第十章　羧酸和取代羧酸

本章学习中需熟悉羧酸和取代羧酸的命名和结构；掌握羧酸和取代羧酸的化学性质，以及羧酸的制备方法。

学习要点

1. 羧酸的结构与命名

sp²杂化　p-π共轭

羧酸的命名与醛相似，选取含羧基的最长碳链为主链。

2. 羧酸的化学性质

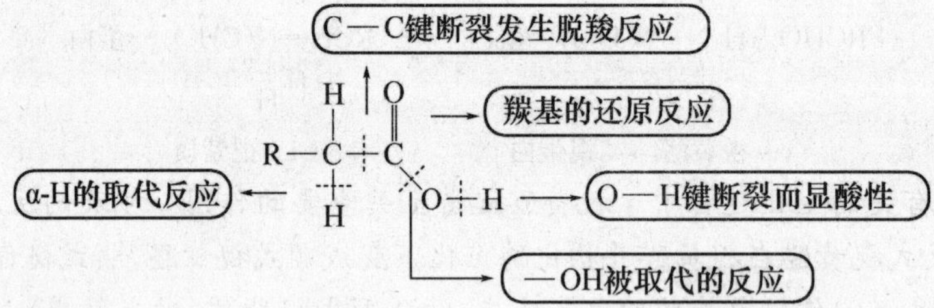

(1) 酸性▲▲

无机酸 ＞ RCOOH ＞ H_2CO_3 ＞ 苯酚 ＞ H_2O ＞ ROH

pKa　1～2　4～5　6.4　9～10　15.7　16～19

①诱导效应、共轭效应对酸性的影响

羧酸酸性的强弱决定于电离后所生成的羧酸根负离子(即共轭碱)的相对稳定性。

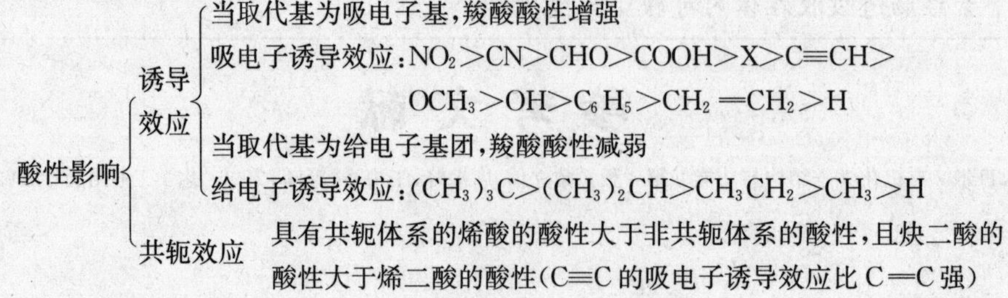

酸性影响
诱导效应
当取代基为吸电子基，羧酸酸性增强
吸电子诱导效应：NO_2＞CN＞CHO＞COOH＞X＞C≡CH＞
OCH_3＞OH＞C_6H_5＞CH_2═CH_2＞H
当取代基为给电子基团，羧酸酸性减弱
给电子诱导效应：$(CH_3)_3C$＞$(CH_3)_2CH$＞CH_3CH_2＞CH_3＞H
共轭效应
具有共轭体系的烯酸的酸性大于非共轭体系的酸性，且炔二酸的
酸性大于烯二酸的酸性(C≡C 的吸电子诱导效应比 C═C 强)

②取代苯甲酸的酸性

取代基在邻位，除$-NH_2$外均使酸性增强（邻位效应）

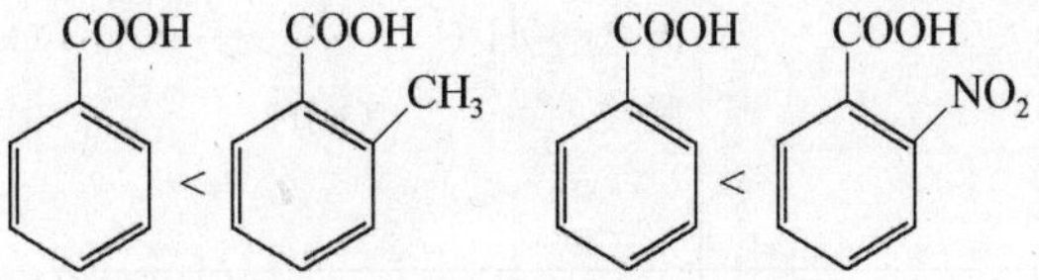

COOH < COOH, CH_3　　COOH < COOH, NO_2

取代基在间位，吸电子基使酸性增强，供电子基使酸性减弱（仅考虑诱导效应）

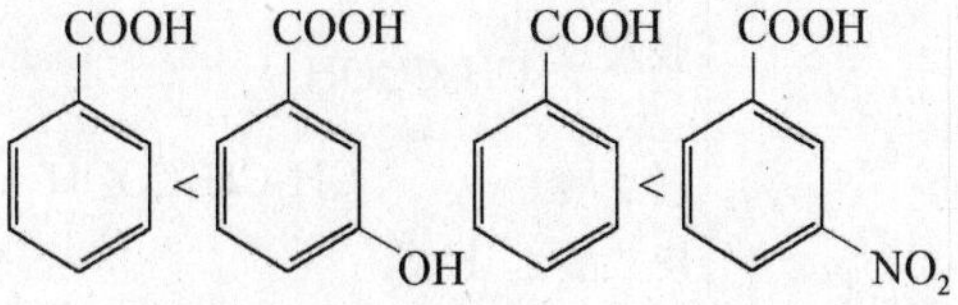

COOH < COOH, OH　　COOH < COOH, NO_2

取代基在对位，吸电子基使酸性增强，供电子基使酸性减弱（同时考虑诱导效应和共轭效应）

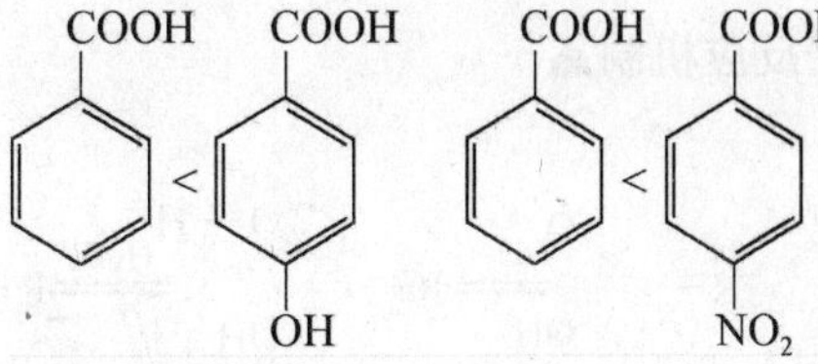

COOH < COOH, OH　　COOH < COOH, NO_2

(2) 其他化学反应▲

其他反应：

- 羟基取代
  - 酯化反应 $RCOOH + R'OH \underset{\text{水解}}{\overset{\text{酯化}}{\rightleftharpoons}} RCOOR' + H_2O$
  - 酰卤形成 $R-\overset{O}{\overset{\|}{C}}-OH \xrightarrow{PX_3\text{ 或 }PX_5\text{ 或 }SOCl_2} R-\overset{O}{\overset{\|}{C}}-X$
  - 酸酐形成 $R-\overset{O}{\overset{\|}{C}}-OH + R-\overset{O}{\overset{\|}{C}}-OH \xrightarrow{\text{脱水剂}} R-\overset{O}{\overset{\|}{C}}-O-\overset{O}{\overset{\|}{C}}-R$
  - 酰胺形成 $RCOOH \xrightarrow{NH_3} RCOONH_4 \rightleftharpoons R-\overset{O}{\overset{\|}{C}}-NH_2$
- 还原反应 $RCOOH + LiAlH_4 \longrightarrow RCH_2OH$
- 脱羧反应
  - $R\underset{}{\overset{G}{\overset{|}{C}}}HCOOH \xrightarrow{\triangle} RCH_3$　　G为硝基、卤素、酰基、羧基、氰基和不饱和键等
  - $CH_3\overset{O}{\overset{\|}{C}}COOH \xrightarrow[\triangle]{H_2SO_4/H_2O} CH_3CHO + CO_2\uparrow$
  - $C_6H_5COOH \xrightarrow[\text{喹啉}/\triangle]{Cu} C_6H_6 + CO_2\uparrow$
- α-H的反应 $RCH_2COOH + X_2 \xrightarrow{P/\text{或 }PX_3} R\underset{X}{\underset{|}{C}}HCOOH$

其他反应

二元酸的热解反应

乙二酸、丙二酸脱羧：

$$H_2C(COOH)_2 \xrightarrow{\triangle} CH_3COOH + CO_2\uparrow$$

丁二酸、戊二酸脱水：

$$\begin{matrix}CH_2COOH\\|\\CH_2COOH\end{matrix} \xrightarrow[\triangle]{(CH_3CO)_2O} \text{(丁二酸酐)} + H_2O$$

己二酸、庚二酸脱水脱羧：

$$H_2C(CH_2CH_2COOH)_2 \xrightarrow[\triangle]{Ba(OH)_2} \text{环己酮}(=O) + H_2O + CO_2\uparrow$$

3. 酯化反应机制▲

$$R-C(=\ddot{O})-\ddot{O}H \overset{H^+}{\rightleftharpoons} R-C(=\overset{+}{O}-H)-\ddot{O}H \overset{H\ddot{O}R'}{\rightleftharpoons} R-C(O-H)(\overset{+}{O}R'H)-\ddot{O}H \underset{+H^+}{\overset{-H^+}{\rightleftharpoons}} R-C(\ddot{O}-H)(\ddot{O}R')-\overset{+}{O}H_2$$

$$\overset{-H_2O}{\rightleftharpoons} R-C(=\overset{+}{O}-H)-\ddot{O}R' \rightleftharpoons R-C(=O)-\ddot{O}R' + H^+$$

4. 取代羧酸

卤代酸

α-卤代酸：$RCH_2CH(X)COOH \xrightarrow{稀\ OH^-} RCH_2CH(OH)COOH$ 水解

β-卤代酸：$RCH(X)-CH(H)COOH \xrightarrow{稀\ OH^-} RCH=CHCOOH$ 消除

γ-卤代酸：$CH_2(X)CH_2CH_2COOH \xrightarrow{Na_2CO_3}$ γ-丁内酯（五元环内酯，=O） 成酯

羟基酸

α-羟基酸：$2\ RCH(OH)COOH \longrightarrow$ 3,6-二取代-1,4-二氧六环-2,5-二酮（R 取代，交酯） 交酯

β-羟基酸：$RCH(OH)-CH(H)COOH \xrightarrow{稀\ OH^-} RCH=CHCOOH$ 消除

γ-羟基酸：$CH_2(OH)CH_2CH_2COOH \xrightarrow{Na_2CO_3}$ γ-丁内酯（五元环内酯，=O） 内酯

经典习题

1. 命名下列化合物：

(1) $CH_3CH_2CHCH_2COOH$（CH 上连 Br）

(2) COOH　HO_3S　OH

(3) $CH_3CHCH{=}CHCOOH$（CH 上连 CH_3）

(4) CH_2CH_2COOH

(5) COOH　COOH

(6) COOH　NH_2—H　CH_2SH

2. 完成下列反应式：

(1) COOH $\xrightarrow{LiAlH_4/Et_2O}$?

(2) OH　COOH ＋ CH_3COCCH_3（O　O）$\longrightarrow$?

(3) COOH　COOH $\xrightarrow{\triangle}$?

(4) Cl　Cl　COOH $\xrightarrow{Br_2/P}$?

(5) COOH ＋ $C_2H_5OH \xrightarrow[\triangle]{H^+}$?

(6) $HOCH_2CH_2CH_2CH_2COOH \xrightarrow{\triangle}$?

(7) CH_3CH_2COONa ＋ Br—⟨苯环⟩—$CH_2Br \longrightarrow$?

(8) $(CH_3)_3CMgBr \xrightarrow{?} \xrightarrow[H_2O]{H^+} (CH_3)_3CCOOH \xrightarrow{PCl_3} ? \xrightarrow{NH_3} ?$

3. 选择题

(1) 下列芳香酸酸性最强的是：

A. 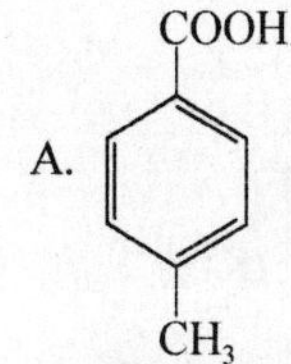

B. COOH　OCH_3

C. 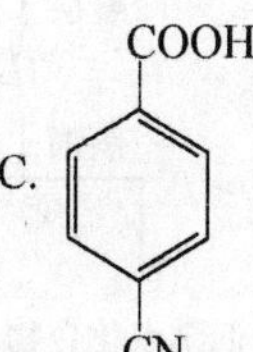

D. COOH　Br

(2) 下列化合物沸点最低的是：

A. 丙酸　　B. 丙酰胺　　C. 丁酮　　D. 正丁醇

(3) 下列羧酸中，可被高锰酸钾氧化的是：

A. 甲酸　　B. 丙酸　　C. 苯甲酸　　D. 己二酸

(4) 酯化反应 $CH_3COOH + H^{18}OCH_3 \xrightarrow{H_3O^+}$ 的产物是：

A. $CH_3\overset{O}{\overset{\|}{C}}—^{18}OCH_3$　B. $CH_3\overset{^{18}O}{\overset{\|}{C}}—OCH_3$　C. $CH_3\overset{O}{\overset{\|}{C}}—OCH_3$　D. $CH_3\overset{^{18}O}{\overset{\|}{C}}—^{18}OCH_3$

4. 完成下列转化。

(1) 1-溴环己烯（Br） ⟶ 环己烯-1-基乙酸（CH_2COOH）　　(2) 异丁烯 ⟶ 3-甲基-2-丁烯酸（COOH）

(3) 苯 ⟶ 苯乙酸（CH_2COOH）　　(4) 亚甲基环戊烷 ⟶ 1-羟基环戊基乙酸（OH，CH_2COOH）

5. 一个不饱和烃 A 的分子式为 C_9H_8，该烃与 CuCl 的氨溶液反应生成红色沉淀。在铂存在下加氢可生成 B(C_9H_{12})。A,B 经 $KMnO_4$ 氧化都生成 $C_8H_6O_4$ 的化合物 C,C 受热生成酸酐 D（$C_8H_4O_8$）。试写出 A,B,C,D 的结构式与推导过程。

6. 一个化合物分子式为 $C_6H_{12}O$,A 与 I_2 在碱中反应生成大量黄色沉淀。滤去沉淀后母液酸化得到一酸 B。B 在红磷存在下加入 Br_2，只生成一个单溴代化合物 C。C 用 NaOH 乙醇溶液处理时失去 HBr 产生 D。D 能使溴水褪色，D 用过量的铬酸在酸中氧化后蒸馏，只得到一个一元酸产物 E，E 的相对分子质量为 60。试推测 A、B、C、D、E 的结构，并写出相关反应式。

7. 用简单的方法区别下列化合物：

(1) 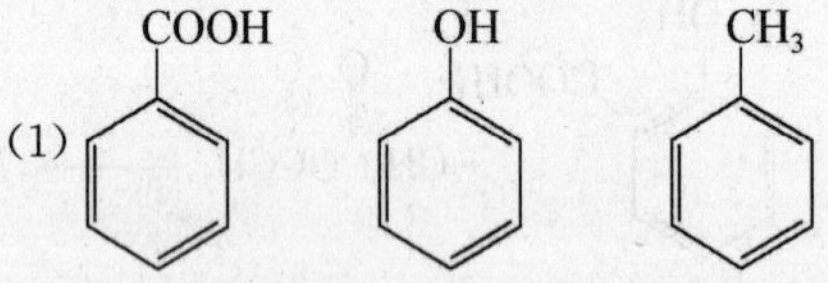

(2) n-C_3H_7COOH　　n-C_3H_7CHO　　$CH_3CH_2COCH_3$

8. 试解释下列实验事实：

(1) 对硝基苯甲酸的 pKa 为 3.42，而对甲基苯甲酸的 pKa 为 4.47。

(2) 乙酸分子中也含有 CH_3CO—基团，但不发生碘仿反应，为什么？

(3)为什么羧酸的沸点及在水中的溶解度较相对分子质量相近的其他有机物高？

9. 按下面程序分离由苯甲酸、苯酚、苯甲醚和氯苯组成的混合物，指出括号里的字母所代表的化合物。

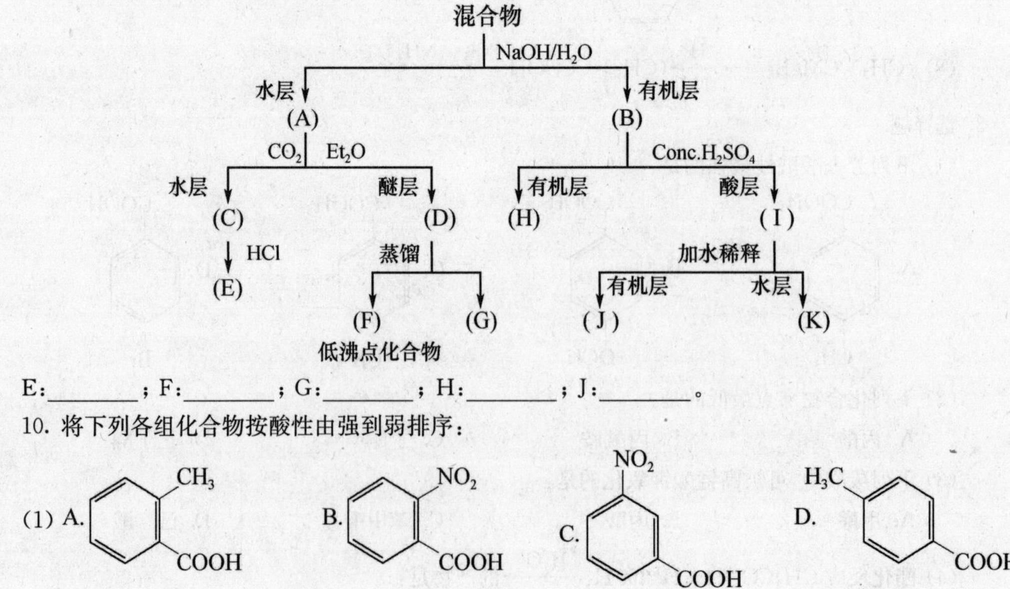

E:________；F:________；G:________；H:________；J:________。

10. 将下列各组化合物按酸性由强到弱排序：

(1) A. 邻甲基苯甲酸（CH_3，COOH）　B. 邻硝基苯甲酸（NO_2，COOH）　C. 间硝基苯甲酸（NO_2，COOH）　D. 对甲基苯甲酸（H_3C，COOH）

(2) A. 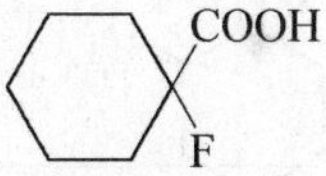 1-氟环己烷甲酸（COOH, F）　B. 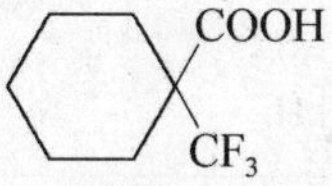 （COOH, CF_3）　C. 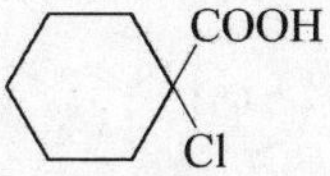 （COOH, Cl）　D. 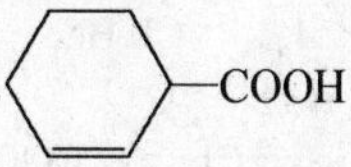 （环己烯基 —COOH）

(3) A. 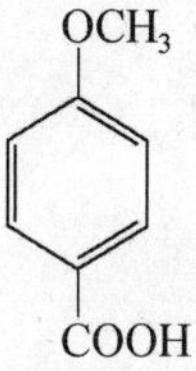 （OCH_3, COOH）　B. 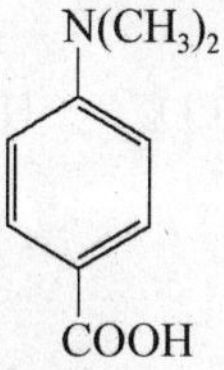 （$N(CH_3)_2$, COOH）　C. 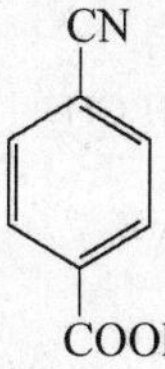 （CN, COOH）　D. 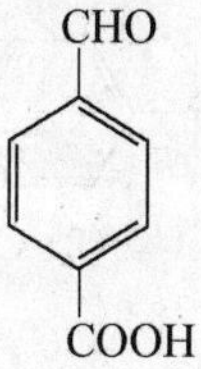 （CHO, COOH）

11. 下述反应前后构型为什么保持不变？

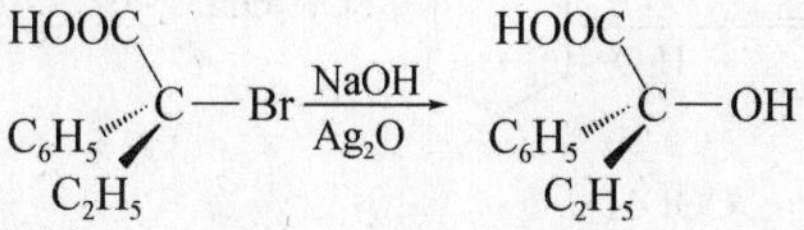

$$\mathrm{HOOC(C_6H_5)(C_2H_5)C{-}Br} \xrightarrow[Ag_2O]{NaOH} \mathrm{HOOC(C_6H_5)(C_2H_5)C{-}OH}$$

12. 写出丙二酸脱羧的反应机制。

13. 排列出下列醇在酸催化下与戊酸发生酯化反应的活性次序

(1) $(CH_3)_3CCH(OH)CH_2CH_3$　　(2) $CH_3CH_2CH_2CH_2CH_2OH$

(3) CH_3OH　　(4) $CH_3CH_2CH(OH)CH_2CH_2CH_3$

知识地图

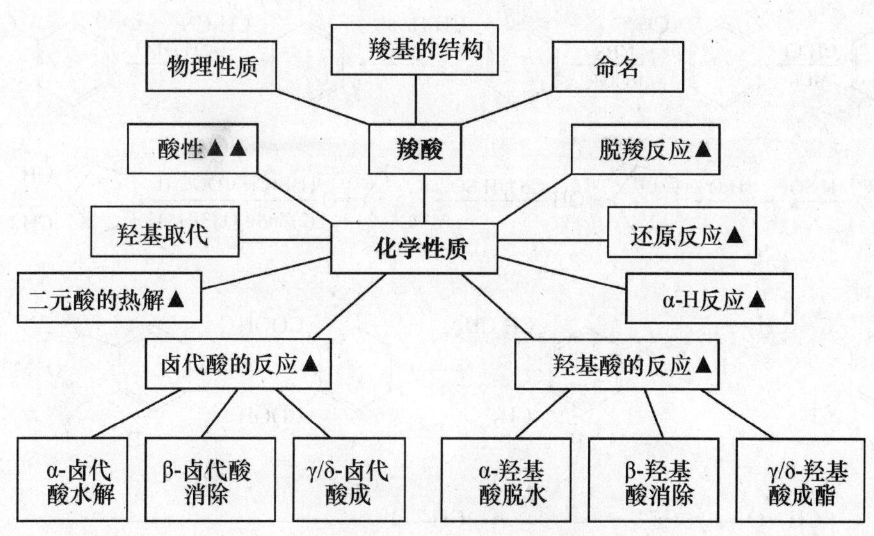

习题参考答案

(1) 3-溴戊酸　(2) 3-羟基-5-磺酸基苯甲酸　(3) 4-甲基-2-戊烯酸

(4) 1-(2-萘基)丙酸　(5) (1R，3R)-1,3-环己烷二羧酸；　(6) R-2-氨基-3-巯基丙酸

2.

(1) 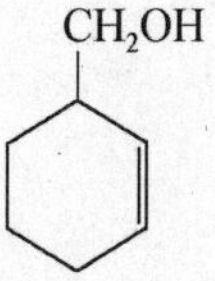 （CH_2OH 取代的环己烯）　(2) 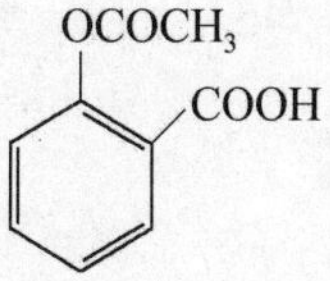 （$OCOCH_3$, COOH 取代的苯环）　(3) （螺环，COOH, H）

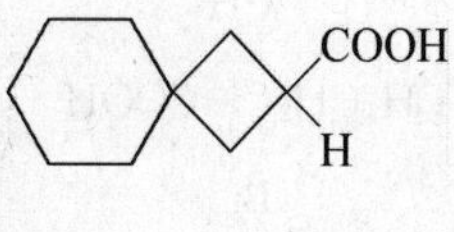

(4) 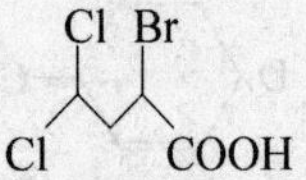 Cl Br / Cl COOH　(5) $COOC_2H_5$ 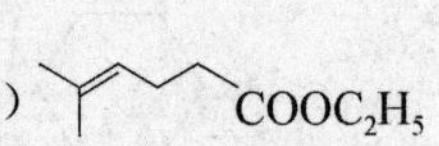　(6) 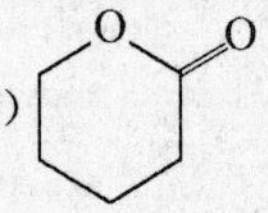 O O

(7) 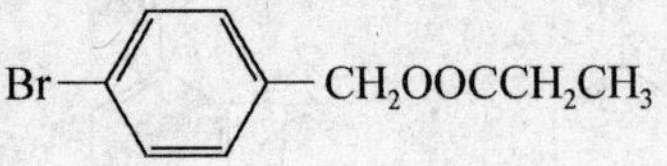 Br—⟨苯环⟩—$CH_2OOCCH_2CH_3$　(8) CO_2　$(CH_3)_3CCOCl$　$(CH_3)_3CCONH_2$

3. (1) C　(2) C　(3) A　(4) A

4.

(1) Br $\xrightarrow[Et_2O]{Mg}$ $\xrightarrow{环氧乙烷}$ $\xrightarrow[H_2O]{H^+}$ CH_2OH $\xrightarrow{CrO_3/C_5H_5N}$ CHO

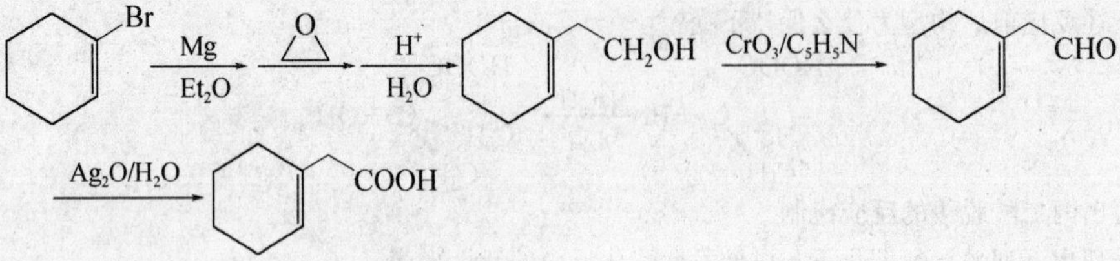

$\xrightarrow{Ag_2O/H_2O}$ COOH

(2) $\xrightarrow[ROOR]{HBr}$ Br $\xrightarrow[Et_2O]{Mg}$ $\xrightarrow[(2)H^+/H_2O]{(1)CO_2}$ COOH $\xrightarrow{Br_2/P}$ COOH Br

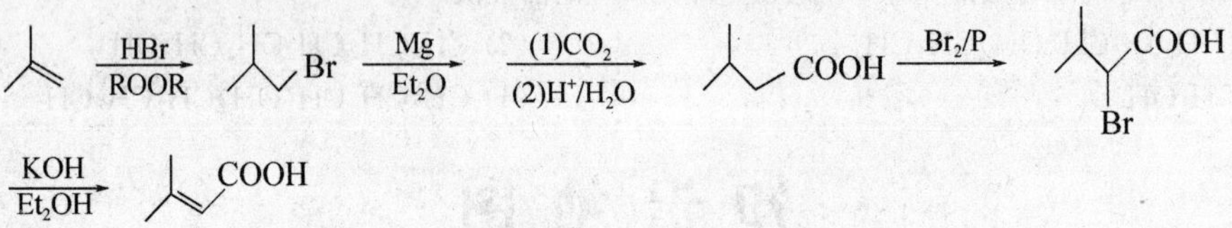

$\xrightarrow[Et_2OH]{KOH}$ COOH

(3)

$\xrightarrow[AlCl_3]{CH_3Cl}$ CH_3 $\xrightarrow[ROOR]{NBS}$ CH_2Br $\xrightarrow{NaCN}$ CH_2CN $\xrightarrow{H^+/H_2O}$ CH_2COOH

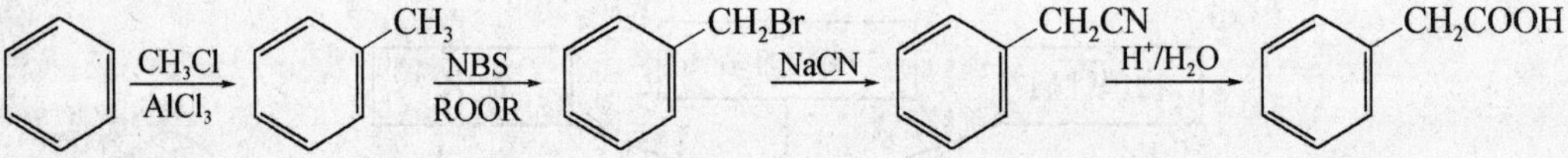

(4)

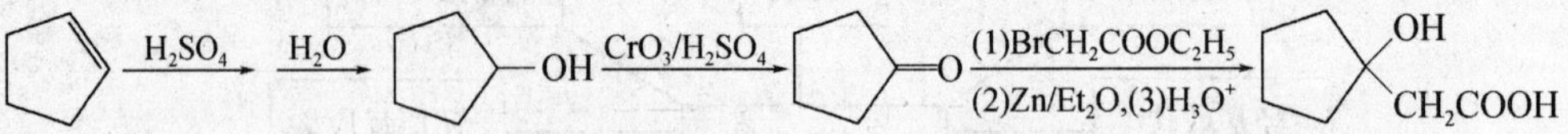

$\xrightarrow{H_2SO_4}$ $\xrightarrow{H_2O}$ —OH $\xrightarrow{CrO_3/H_2SO_4}$ =O $\xrightarrow[(2)Zn/Et_2O,(3)H_3O^+]{(1)BrCH_2COOC_2H_5}$ OH CH_2COOH

5.

$C{\equiv}CH$ CH_3 (A) $+ H_2$ ⟶ CH_2CH_3 CH_3 (B) ⟶ COOH COOH (C) ⟶ O O O (D)

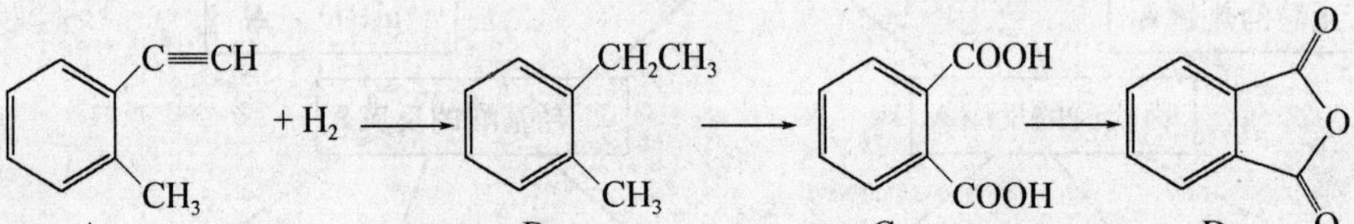

A　B　C　D

6.

$$CH_3CH_2\underset{\text{A}}{CH}(CH_3)—\overset{O}{\overset{\|}{C}}CH_3 \xrightarrow[NaOH]{I_2} \xrightarrow{H^+} CH_3CH_2\underset{\text{B}}{CH}(CH_3)—\overset{O}{\overset{\|}{C}}OH$$

$$CH_3CH_2CH(CH_3)—\overset{O}{\overset{\|}{C}}OH \xrightarrow{Br_2/P} CH_3CH_2\overset{CH_3}{\underset{Br}{C}}—COOH \quad (C)$$

$$CH_3CH_2\overset{CH_3}{\underset{Br}{C}}—COOH \xrightarrow[EtOH]{NaOH} CH_3CH{=}\overset{CH_3}{C}COOH \quad (D)$$

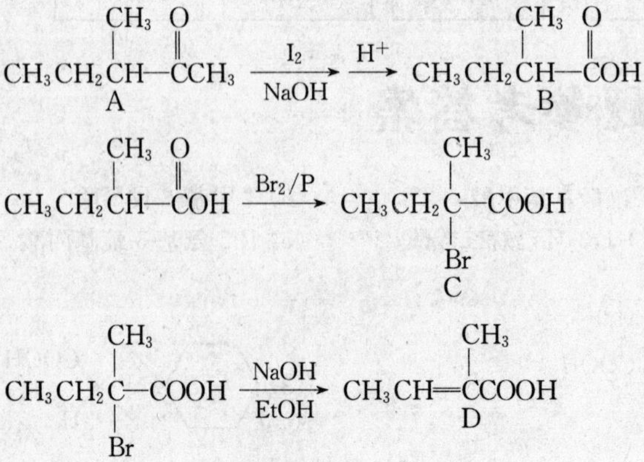

$$CH_3CH=C(CH_3)COOH \xrightarrow{KCr_2O_7/H^+} \underset{E}{CH_3COOH} + CH_3COCOOH \xrightarrow{KCr_2O_7/H^+} CH_3COOH + CO_2\uparrow$$

7. (1) 苯甲酸（C_6H_5COOH）、苯酚（C_6H_5OH）、甲苯（$C_6H_5CH_3$） $\xrightarrow{稀NaOH}$ 甲苯：分层；苯甲酸：× ，苯酚：× $\xrightarrow{FeCl_3}$ 苯甲酸：×，苯酚：显色

(2) $n\text{-}C_3H_7COOH$、$n\text{-}C_3H_7CHO$、$CH_3CH_2COCH_3$ $\xrightarrow{Na_2CO_3}$ $n\text{-}C_3H_7COOH$：$CO_2\uparrow$；其余：× $\xrightarrow{Ag(NH_3)NO_3}$ $n\text{-}C_3H_7CHO$：银镜；$CH_3CH_2COCH_3$：×

8. (1) 对硝基苯甲酸中的硝基为吸电子基团，对甲基苯甲酸中的甲基为供电子基团，硝基苯甲酸电离出 H^+ 后，其带负电荷的酸根离子的稳定性大于对甲基苯甲酸根负离子。

(2) 乙酸分子中的 CH_3COO^- 中的氧负离子与羰基共轭，电子离域化的结果降低了羰基碳的正电性，因此，α-H 活性降低，不能发生碘仿反应。

(3)羧酸分子间可以形成氢键以及羧酸分子和水分子间能够形成氢键。

9. E:苯甲酸；F:乙醚；G:苯酚；H:氯苯；J:苯甲醇。

10. (1) B>C>A>D　　(2) B>A>C>D　　(3) C>D>A>B

11. $^-O(O=)C-C(Br)(C_2H_5)(C_6H_5) \xrightarrow[-AgBr]{Ag^+}$ 三元环状中间体（C_2H_5、C_6H_5） $\xrightarrow{OH^-}$ $^-O(O=)C-C(OH)(C_2H_5)(C_6H_5)$

首先第一步银离子接近溴原子，使得溴原子带一对电子离去，相邻羧基上的氧作为亲核试剂从溴原子背面进攻，形成三元环状中间体丙内酯，然后外部的 OH^- 从背面进攻，得到最终产物，中心碳原子发生了两次 S_N2，最终反应构型保持不变。

12.

$$HO-C(=O)-CH_2-C(=O)-O-H \xrightarrow[-CO_2]{\triangle} HO-C(OH)=CH_2 \longrightarrow HO-C(=O)-CH_3$$

13. (3)>(2)>(4)>(1)

第十一章　羧酸衍生物

本章学习中需熟练掌握羧酸衍生物的命名及多官能团化合物的命名；理解羧酸衍生物的结构及制备；掌握羧酸衍生物的化学性质、亲核取代反应的机制、羧酸衍生物亲核取代反应与结构的关系。

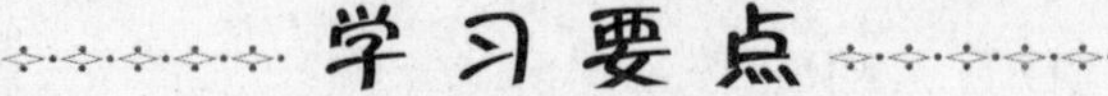

学习要点

1. 羧酸衍生物的结构

R—C(=O)—L　p-π共轭　　R—C(O)(L)　　L=—X、$-\overset{O}{\overset{\|}{C}}-OCR'$、—OR′、—$NH_2$

2. 羧酸衍生物的命名▲▲　酰卤和酰胺根据分子中所含酰基命名，氮原子上连有两个酰基的酰胺称为酰亚胺，环状酰胺称为内酰胺，若酰胺氮上有取代基时在取代基名称前加“N”标出；酸酐和腈根据其水解所得羧酸来命名；酯根据生成酯的羧酸和醇命名为“某酸某酯”。

命名含多官能团的化合物时，需要选择一个官能团作为母体化合物，而把其他的官能团作为取代基。各类官能团选择作为母体化合物的优先顺序是：

RCOOH＞RSO_3H＞$(RCO)_2O$＞RCOOR′＞RCOCl＞RCONHR′＞RCN＞RCHO＞RCOR′＞ROH＞ArOH＞RNHR′＞ROR′

羧酸衍生物的官能团作为取代基时的名称是：

$-\overset{O}{\overset{\|}{C}}-OCH_3$	$-\overset{O}{\overset{\|}{C}}-NH_2$	$-\overset{O}{\overset{\|}{C}}-Cl$	$-O-\overset{O}{\overset{\|}{C}}CH_3$	—CN
甲氧甲酰基	氨甲酰基	氯甲酰基	乙酰氧基	氰基

3. 羧酸衍生物的化学性质▲▲▲

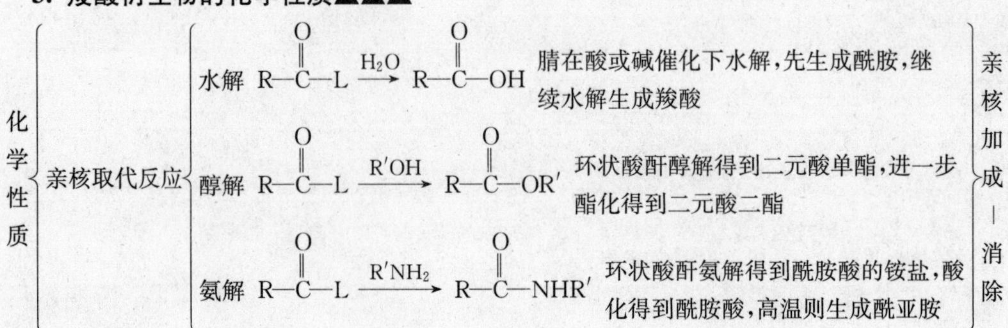

化学性质
亲核取代反应
水解　R—C(=O)—L　$\xrightarrow{H_2O}$　R—C(=O)—OH
腈在酸或碱催化下水解，先生成酰胺，继续水解生成羧酸
醇解　R—C(=O)—L　$\xrightarrow{R'OH}$　R—C(=O)—OR′
环状酸酐醇解得到二元酸单酯，进一步酯化得到二元酸二酯
氨解　R—C(=O)—L　$\xrightarrow{R'NH_2}$　R—C(=O)—NHR′
环状酸酐氨解得到酰胺酸的铵盐，酸化得到酰胺酸，高温则生成酰亚胺
亲核加成－消除

化学性质

- 与有机金属化合物的反应
  - 与格氏试剂的反应 $R-\overset{O}{\overset{\|}{C}}-L \xrightarrow[\text{亲核加成-消除}]{R'MgX} R-\overset{O}{\overset{\|}{C}}-R' \xrightarrow[②H_3O^+]{①R'MgX} R-\underset{R'}{\overset{OH}{C}}-R'$
    酰卤、酸酐可控制在生成酮的阶段；酯可用于制备连有两个相同烃基的叔醇和对称的仲醇
  - 与二烃基铜锂的反应 $R-\overset{O}{\overset{\|}{C}}-Cl \xrightarrow[\substack{Et_2O\\ \text{亲核加成-消除}}]{R'_2CuLi} R-\overset{O}{\overset{\|}{C}}-R'$　酮反应很慢；低温下酯、酰胺、腈不反应
- 还原反应
  - $LiAlH_4$ 还原
    - $R-\overset{O}{\overset{\|}{C}}-L \xrightarrow[Et_2O]{LiAlH_4} \xrightarrow{H_2O} RCH_2OH$　$L=-X$、$-O\overset{O}{\overset{\|}{C}}R'$、$-OR'$
    - $R-\overset{O}{\overset{\|}{C}}-NHR' \xrightarrow[Et_2O]{LiAlH_4} \xrightarrow{H_2O} RCH_2NHR'$　不影响碳碳双键和碳碳三键
    - $R-C\equiv N \xrightarrow[Et_2O]{LiAlH_4} \xrightarrow{H_2O} RCH_2NH_2$
  - Rosenmund 还原 $R-\overset{O}{\overset{\|}{C}}-Cl+H_2 \xrightarrow[\text{S-喹啉}]{Pd/BaSO_4} RCHO$　硝基、酯基不受影响
  - Bouveault-Blanc 还原 $R-\overset{O}{\overset{\|}{C}}-OR' \xrightarrow{Na/C_2H_5OH} RCH_2OH$　不影响碳碳双键和碳碳三键
  - 腈的催化氢化 $R-C\equiv N \xrightarrow{H_2/Ni} RCH_2NH_2$　酯、酰胺催化氢化需要高温、高压
- 酰胺的特殊反应
  - 酸碱性：酰胺接近中性，酰亚胺显酸性
  - 霍夫曼降解 $R-\overset{O}{\overset{\|}{C}}-NH_2 \xrightarrow{X_2/NaOH} RNH_2$　制备少一个碳原子的伯胺
  - 脱水反应 $R-\overset{O}{\overset{\|}{C}}-NH_2 \xrightarrow[\text{或 }SOCl_2/\triangle]{P_2O_5/\triangle} RCN$

4. 羧酸衍生物的制备

(1) 羧酸及羧酸衍生物间的相互转化

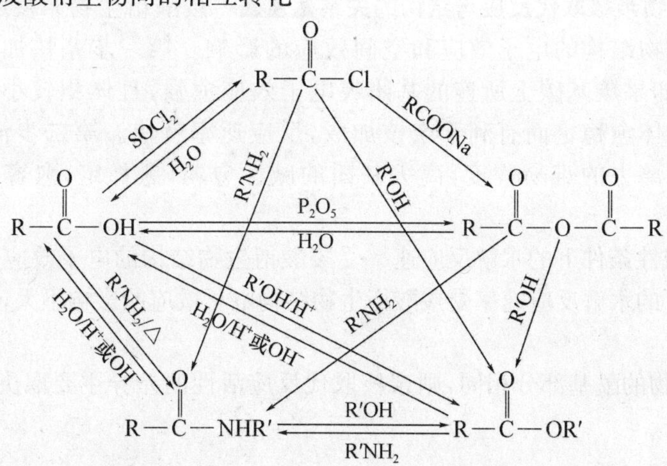

(2) Beckmann 重排制备 N-取代酰胺

$$\mathrm{R(R')C{=}N{-}OH \xrightarrow{H^+} R{-}\overset{O}{\overset{\|}{C}}{-}NHR'}$$

与羟基处于反式位置的基团发生重排，迁移基团在迁移前后的构型保持不变。

(3) Baeyer-Villiger 反应制备酯

$$\mathrm{R{-}\overset{O}{\overset{\|}{C}}{-}R' \xrightarrow{R''CO_3H} R{-}\overset{O}{\overset{\|}{C}}{-}OR'}\ 或\ \mathrm{RO{-}\overset{O}{\overset{\|}{C}}{-}R'}$$

氧原子插在羰基碳与迁移能力大的烃基之间，烃基的迁移能力一般为：芳基＞叔烷基＞仲烷基＞伯烷基＞甲基。

5. 羧酸衍生物亲核取代反应机制(亲核加成-消除)▲▲

(1) 碱催化：

$$\mathrm{R{-}\overset{O}{\overset{\|}{C}}{-}L + Nu^- \underset{亲核加成\ 速控步骤}{\overset{慢}{\rightleftharpoons}} R{-}\underset{Nu}{\overset{O^-}{C}}{-}L \underset{消除}{\overset{快}{\rightleftharpoons}} R{-}\overset{O}{\overset{\|}{C}}{-}Nu + L^-}$$

四面体中间体

(2) 酸催化：

$$\mathrm{R{-}\overset{O}{\overset{\|}{C}}{-}L \underset{质子化}{\overset{H^+}{\rightleftharpoons}} R{-}\overset{\overset{+}{O}H}{\overset{\|}{C}}{-}L \underset{亲核加成}{\overset{:Nu^-}{\rightleftharpoons}} R{-}\underset{Nu}{\overset{:OH}{C}}{-}L \underset{消除}{\overset{-L^-}{\rightleftharpoons}} R{-}\overset{\overset{+}{O}H}{\overset{\|}{C}}{-}Nu \underset{去质子}{\overset{-H^+}{\rightleftharpoons}} R{-}\overset{O}{\overset{\|}{C}}{-}Nu}$$

速控步骤

四面体中间体

$:Nu^- = H_2O、R'OH、NH_3、RNH_2$　　$L = -X、-O\overset{O}{\overset{\|}{C}}R'、-OR'、-NH_2$

注意：伯醇酯、仲醇酯酸性水解时发生酰氧键断裂，叔醇酯酸性水解发生烷氧键断裂。

6. 羧酸衍生物亲核取代反应与结构的关系▲▲▲　羧酸衍生物亲核取代反应的反应速率受羧酸衍生物结构的电子效应和空间效应的影响。第一步亲核加成反应最慢，是速率控制步骤，如果羰基碳上所连的基团吸电子效应愈强，且体积较小，则形成的四面体氧负离子中间体愈稳定而有利于亲核加成，反应速率就快。第二步消除反应的难易取决于离去基团离去的难易程度，离去基团的碱性愈弱，愈稳定，愈容易离去，反应速率就愈快。

注意：酯在碱性条件下的水解反应速率受羧酸衍生物结构的电子效应和空间效应的影响，而在酸催化下的水解反应速率受羧酸衍生物结构电子效应的影响不大，空间效应对反应速率影响较大。

若羧酸衍生物的酰基部分相同，则亲核取代反应活性的差异主要取决于离去基团(L)的性质。

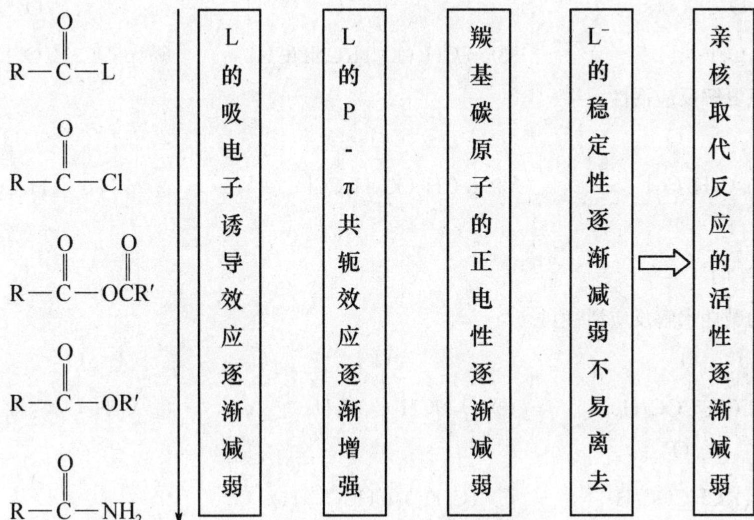

经典习题

1. 用系统命名法命名下列化合物：

(1) 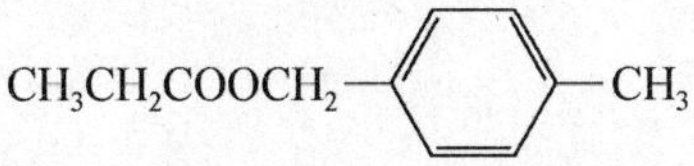 $CH_3CH_2COOCH_2$—⟨苯环⟩—CH_3

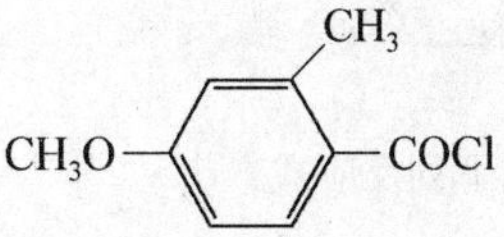

(2) CH_3O—⟨苯环⟩—COCl（环上另有 CH_3）

(3) H_2N—⟨苯环⟩—$\overset{O}{\overset{\|}{C}}OCH_2CH_2N(CH_3)_2$

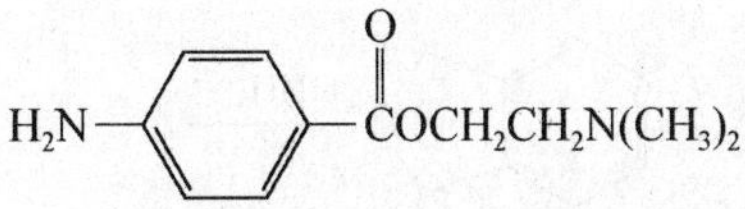

(4) 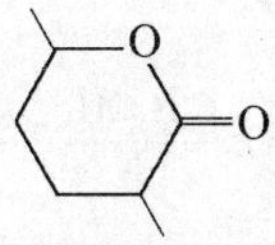 ⟨六元环内酯，=O⟩

(5) 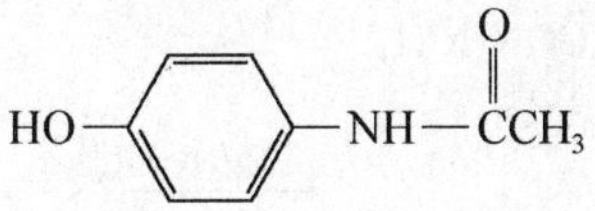 HO—⟨苯环⟩—NH—$\overset{O}{\overset{\|}{C}}CH_3$

(6) 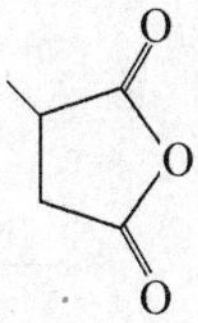 ⟨环状酸酐，O、O、O⟩

(7) 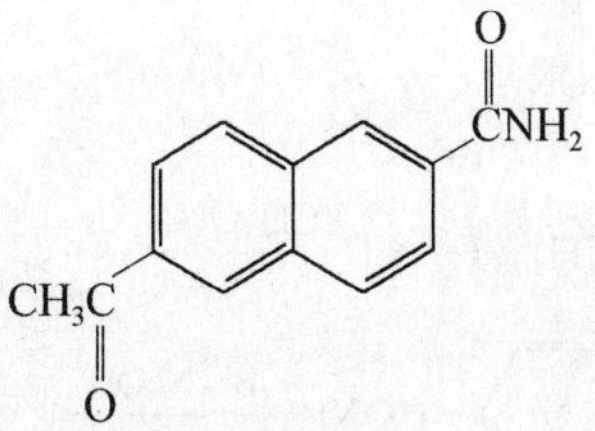 ⟨萘环⟩ $\overset{O}{\overset{\|}{C}}NH_2$，$CH_3\underset{O}{\underset{\|}{C}}$

(8) 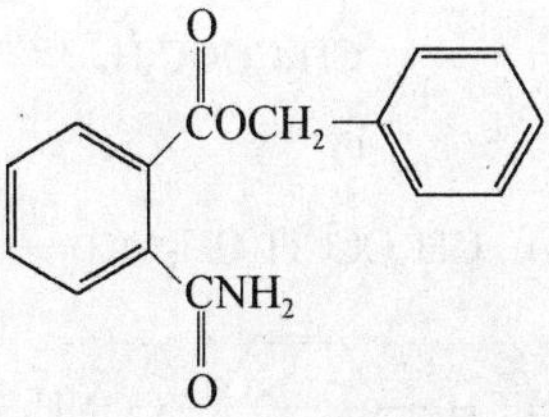 ⟨苯环⟩ $\overset{O}{\overset{\|}{C}}OCH_2$—⟨苯环⟩，$\underset{O}{\underset{\|}{C}}NH_2$

2. 写出下列化合物的结构式：

(1) 戊二酸乙酯　　(2) 3-甲基戊二腈　　(3) 邻苯二甲酰亚胺

(4) N-甲基-γ-戊内酰胺　　(5) 乙酰水杨酸甲酯　　(6) 丙酸异丁酸酐

3. 比较下列各组化合物的性质(按由强至弱的次序排列)。

(1) 羧酸衍生物亲核取代反应活性：

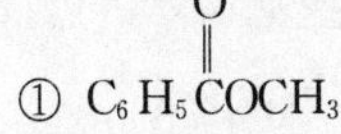
① $C_6H_5\overset{O}{\overset{\|}{C}}OCH_3$　　② $C_6H_5\overset{O}{\overset{\|}{C}}OCOC_6H_5$　　③ $C_6H_5\overset{O}{\overset{\|}{C}}NHCH_3$

④ $C_6H_5\overset{O}{\overset{\|}{C}}Cl$　　⑤ p-$CH_3OC_6H_4\overset{O}{\overset{\|}{C}}NHCH_3$　　⑥ p-$ClC_6H_4\overset{O}{\overset{\|}{C}}Cl$

(2) 酰氯氨解反应活性：

① p-$CH_3C_6H_4\overset{O}{\overset{\|}{C}}Cl$　　② p-$CH_3OC_6H_4\overset{O}{\overset{\|}{C}}Cl$　　③ p-$NO_2C_6H_4\overset{O}{\overset{\|}{C}}Cl$

④ $C_6H_5\overset{O}{\overset{\|}{C}}Cl$

(3) 酯的碱性水解反应活性：

① $CH_3\overset{O}{\overset{\|}{C}}CH_2\overset{O}{\overset{\|}{C}}OC_2H_5$　　② $O_2NCH_2\overset{O}{\overset{\|}{C}}OC_2H_5$　　③ $C_2H_5\overset{O}{\overset{\|}{C}}OC_2H_5$

④ $(CH_3)_2CH\overset{O}{\overset{\|}{C}}OC_2H_5$　　⑤ $(C_2H_5)_2CH\overset{O}{\overset{\|}{C}}OC_2H_5$

(4) 酸性：

① $C_6H_5\overset{O}{\overset{\|}{C}}NH_2$（苯甲酰胺）　　② 邻苯二甲酰亚胺（NH）　　③ NH_3

4. 完成下列反应式：

(1) 邻苯二甲酸酐 $\xrightarrow{C_2H_5OH}$? $\xrightarrow{SOCl_2}$?

(2) 邻苯二甲酸酐 $\xrightarrow[\triangle]{NH_3}$?

(3) 1-($CH_2COOC_2H_5$)-3-C_6H_5-吡咯烷-2,4-二酮 $\xrightarrow{NaBH_4}$?

(4) p-CH_3NHCO-C_6H_4-CN $\xrightarrow{H_2/Ni}$?

(5) $CH_3O\overset{O}{\overset{\|}{C}}CH_2CH_2\overset{O}{\overset{\|}{C}}Cl$ $\xrightarrow[\text{S-喹啉}]{H_2/Pd\text{-}BaSO_4}$?

(6) $NH_2-\overset{O}{\overset{\|}{C}}-Cl$ $\xrightarrow{CH_3OH}$?

(7) $CH_3-C_6H_4-CONH_2$ $\xrightarrow[\triangle]{P_2O_5}$?

(8) $C_6H_5-CONH_2$ $\xrightarrow{Br_2/NaOH}$?

(9) $\begin{matrix}COOC_2H_5\\|\\COOC_2H_5\end{matrix}$ $+ H_2N\overset{O}{\overset{\|}{C}}NH_2$ $\xrightarrow{C_2H_5ONa}$

(10) $C_6H_5\overset{O}{\overset{\|}{C}}{}^{18}OC(CH_3)_3$ $\xrightarrow{H_3O^+}$?

(11) 环己基-$COOC_2H_5$ $\xrightarrow[\text{②}H_2O]{\text{①}C_2H_5MgBr}$?

(12) 2-甲基环己酮 $\xrightarrow{CH_3CO_3H}$?

(13) $CH_3\overset{O}{\overset{\|}{C}}CH_2\overset{O}{\overset{\|}{C}}OC_2H_5 \xrightarrow[②H_2O]{①LiAlH_4/THF} ?$　(14) $(CH_3)(C_6H_5)C{=}N{-}OH \xrightarrow{H_2SO_4} ?$

(15) $C_2H_5O\overset{O}{\overset{\|}{C}}(CH_2)_4\overset{O}{\overset{\|}{C}}Cl \xrightarrow[Et_2O]{(C_2H_5)_2CuLi} ?$　(16) $CH_3CH{=}CHCH_2\overset{O}{\overset{\|}{C}}OC_2H_5 \xrightarrow{Na/C_2H_5OH} ?$

5. 用简便化学方法鉴别下列各组化合物：
   (1) 乙酸和乙酸乙酯
   (2) 对氯苯甲酸和苯甲酰氯
   (3) 苯甲酸铵、苯甲酰胺和苯甲酸乙酯
6. 用简便化学方法分离下列各组混合物：
   (1) 苯甲酸和苯甲酸乙酯
   (2) 邻甲氧基苯甲酸、对羟基苯甲酸乙酯和苯甲酸乙酯
7. 解释下列反应：
   (1) 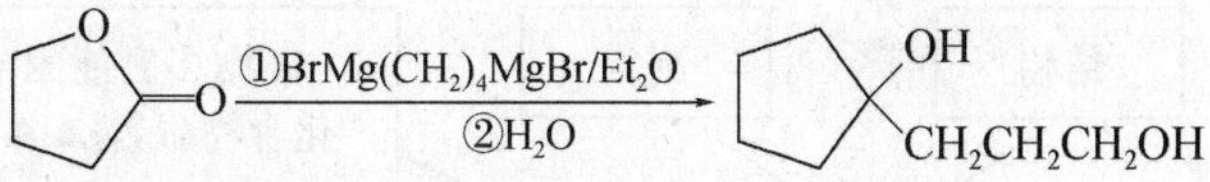 γ-丁内酯 $\xrightarrow[②H_2O]{①BrMg(CH_2)_4MgBr/Et_2O}$ 1-(3-羟丙基)环戊醇（OH，$CH_2CH_2CH_2OH$）
   (2) 2-甲基-1,3-二氧戊环-2-基丙酰胺（$CONH_2$）$\xrightarrow[②H_2O]{①LiAlH_4/Et_2O}$ 2-甲基-1-吡咯啉（N）
8. 完成下列转变：
   (1) $CH_3\underset{CH_3}{\underset{|}{C}}{=}CH_2 \longrightarrow CH_3{-}\underset{CH_3}{\underset{|}{\overset{CH_3}{\overset{|}{C}}}}{-}COCl$
   (2) $CH_3CH_2CH_2CH_2OH \longrightarrow CH_3CH_2CH_2NH_2$
   (3) $CH_3CH_2CH_2COOH \longrightarrow CH_3CH_2CH_2{-}\underset{OH}{\underset{|}{\overset{CH_2CH_3}{\overset{|}{C}}}}{-}CH_2CH_3$
   (4) $CH_3CH_2COOC_2H_5 \longrightarrow CH_3CH_2CN$
   (5) 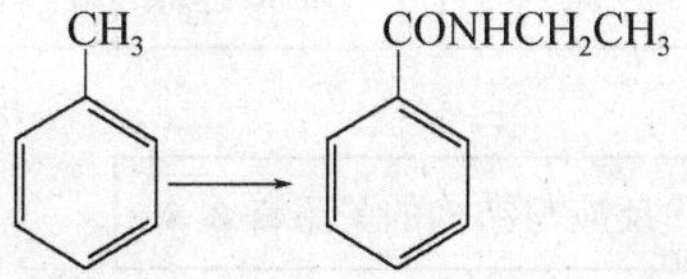 甲苯（CH_3）$\longrightarrow$ N-乙基苯甲酰胺（$CONHCH_2CH_3$）
   (6) 丁二酸酐 $\longrightarrow$ $\begin{matrix}CH_2COOC_2H_5\\ |\\ CH_2COOC_2H_5\end{matrix}$
9. 由指定原料合成下列化合物：
   (1) 由乙烯合成 $H_2NCH_2CH_2COOH$
   (2) 由 $CH_3CH{=}CHCHO$ 合成 甲基丁二酸酐（CH_3）

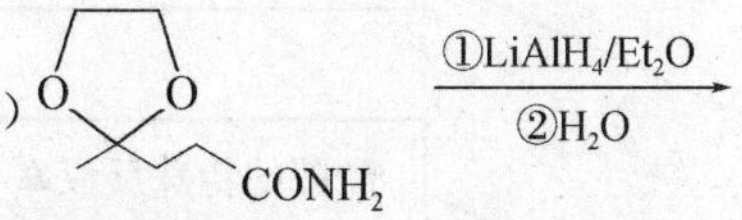

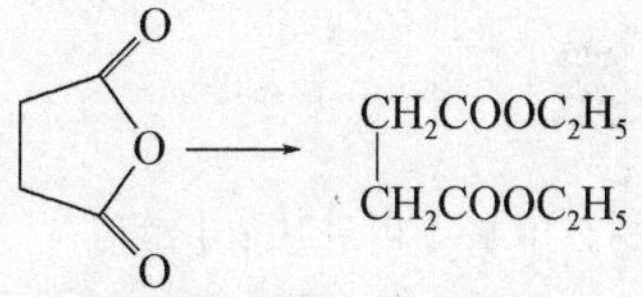

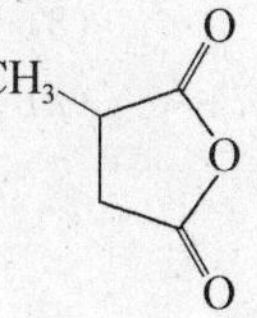

(3) 由  合成

10. 化合物 A 和 B 分子式均为 $C_4H_6O_2$。A 在酸性条件下水解生成甲醇和另一化合物 C($C_3H_4O_2$),C 可使 Br_2/CCl_4 溶液褪色。B 在酸性条件下水解生成一分子羧酸和化合物 D,D 可发生碘仿反应,也可与 Tollens 试剂作用。试写出 A、B、C、D 的构造式。

11. 化合物 A 的分子式为 $C_5H_6O_3$,与乙醇作用得到互为异构体的 B 和 C。将 B 和 C 分别与 $SOCl_2$ 作用后再与乙醇作用得到相同的化合物 D。试写出 A、B、C、D 的构造式及相关化学反应式。

12. 化合物 A 能与 $Br_2/NaOH$ 反应。A 在碱性条件下水解放出臭味气体并生成化合物 B,B 经酸化后再用 $LiAlH_4$ 还原生成化合物 C,C 脱水生成化合物 D,D 可使 $KMnO_4$ 酸性溶液或 Br_2/CCl_4 溶液褪色,D 经臭氧化还原水解生成丙酮和甲醛。试写出 A、B、C、D 的构造式及相关化学反应式。

知识地图

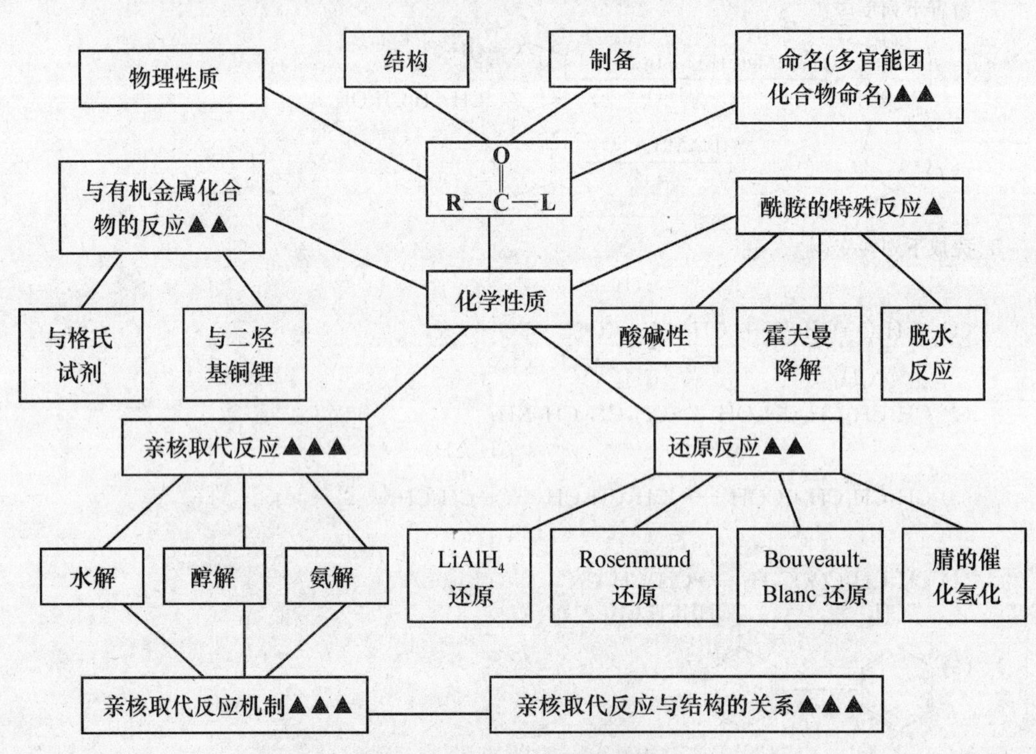

习题参考答案

1. (1) 丙酸对甲基苄酯　　(2) 2-甲基-4-甲氧基苯甲酰氯

(3) 对氨基苯甲酸-2-二甲氨基乙酯　　(4) α-甲基-δ-己内酯

(5) N-对羟基苯基乙酰胺　　(6) 2-甲基丁二酸酐

(7) 6-乙酰基-2-萘甲酰胺　　(8) 邻氨甲酰基苯甲酸苄酯

2. (1) $HOOCCH_2CH_2CH_2COOC_2H_5$　　(2) $NCCH_2CHCH_2CN$ (CH 上连 CH_3)

(3) 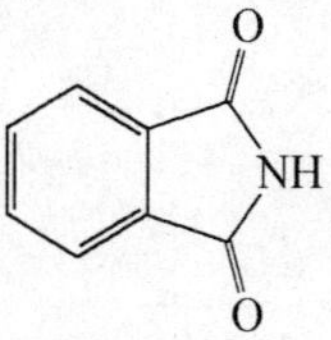 邻苯二甲酰亚胺（结构式）　　(4) 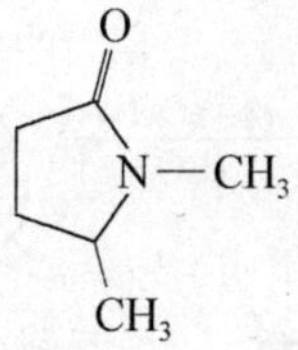 N-甲基-5-甲基-2-吡咯烷酮（结构式，N—CH_3，环上 CH_3）

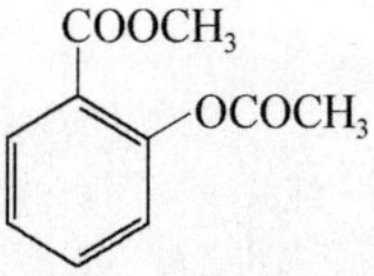

(5) 邻位 $COOCH_3$、$OCOCH_3$ 取代苯（结构式）　　(6) 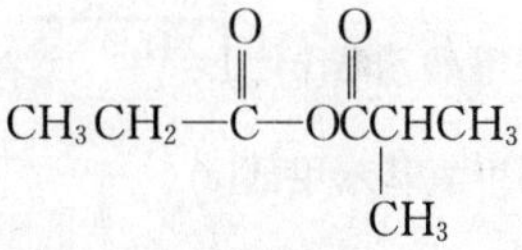 $CH_3CH_2-\overset{O}{\overset{\|}{C}}-O\overset{O}{\overset{\|}{C}}CHCH_3$（CH 上连 CH_3）

3. (1) ⑥>④>②>①>③>⑤　　(2) ③>④>①>②

(3) ②>①>③>④>⑤　　(4) ②>①>③

4. (1) 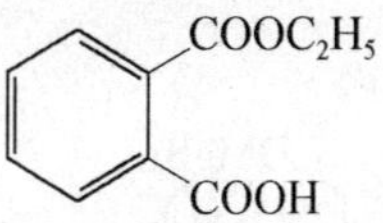 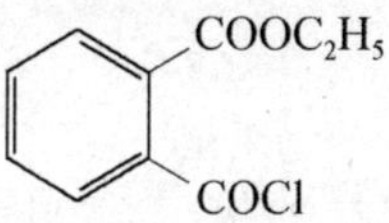 邻位 $COOC_2H_5$、$COOH$ 取代苯；邻位 $COOC_2H_5$、$COCl$ 取代苯（结构式）　　(2) 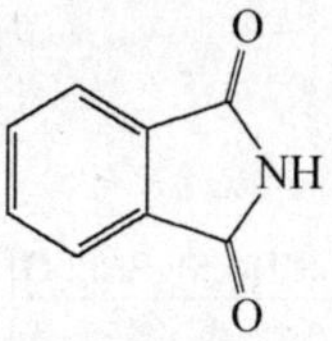 邻苯二甲酰亚胺（结构式，NH）

(3) 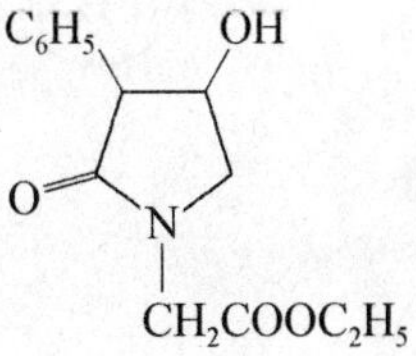 吡咯烷酮环（C_6H_5、OH 取代，N 上连 $CH_2COOC_2H_5$）（结构式）　　(4) 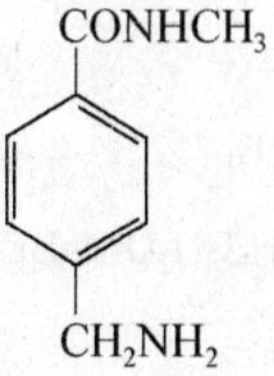 对位 $CONHCH_3$、CH_2NH_2 取代苯（结构式）

(5) $CH_3O\overset{O}{\overset{\|}{C}}CH_2CH_2CHO$　　(6) $NH_2-\overset{O}{\overset{\|}{C}}-OCH_3$

(7) 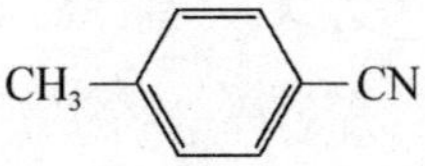 $CH_3-C_6H_4-CN$（对位）　　(8) 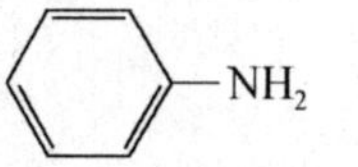 $C_6H_5-NH_2$

(9) 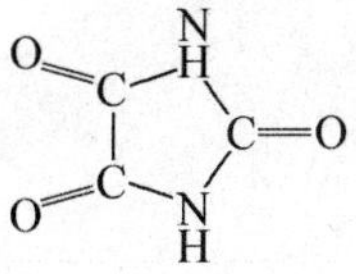 咪唑烷三酮（O=C—NH—C=O，O=C—NH）（结构式）　　(10) 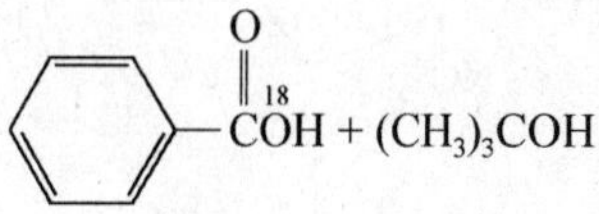 $C_6H_5\overset{O}{\overset{\|}{C}}\overset{18}{O}H + (CH_3)_3COH$

(11) 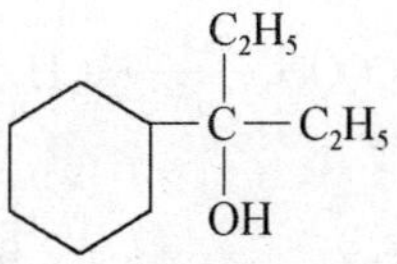 环己基—C(C_2H_5)(C_2H_5)—OH（结构式）　　(12) 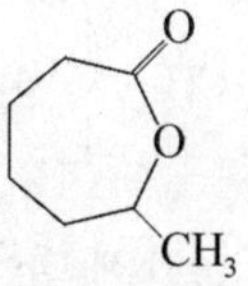 7-甲基己内酯（七元环内酯，环上 CH_3）（结构式）

(13) $CH_3\overset{OH}{\overset{|}{C}}HCH_2CH_2OH$　　(14) $CH_3\overset{O}{\overset{\|}{C}}NHC_6H_5$

(15) $C_2H_5O\overset{O}{\overset{\|}{C}}(CH_2)_4\overset{O}{\overset{\|}{C}}C_2H_5$　　(16) $CH_3CH{=}CHCH_2CH_2OH$

5. (1) 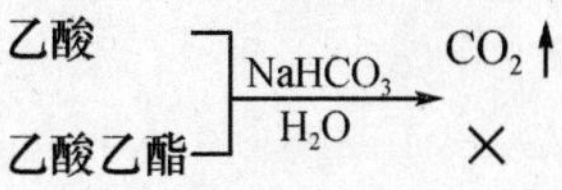 乙酸、乙酸乙酯 $\xrightarrow[H_2O]{NaHCO_3}$ 乙酸：$CO_2\uparrow$；乙酸乙酯：×

(2) 对氯苯甲酸、苯甲酰氯 $\xrightarrow[Et_2OH]{AgNO_3}$ 对氯苯甲酸：×；苯甲酰氯：↓

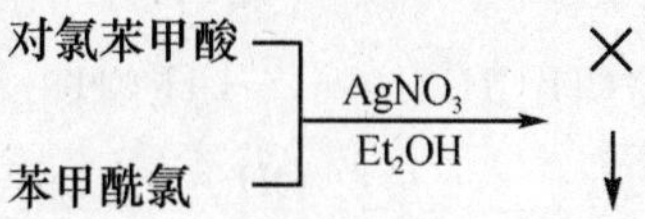

(3) 苯甲酸铵、苯甲酰胺、苯甲酸乙酯 $\xrightarrow[H_2O]{冷NaOH}$ 苯甲酸铵：$NH_3\uparrow$；苯甲酰胺、苯甲酸乙酯：× $\xrightarrow[H_2O]{热NaOH}$ 苯甲酰胺：$NH_3\uparrow$；苯甲酸乙酯：×

6. (1) 苯甲酸(a)、苯甲酸乙酯(b) $\xrightarrow[H_2O]{NaHCO_3}$ 碱水层(a的钠盐) $\xrightarrow{H^+}$ $\xrightarrow{过滤}$ 纯a；有机层(b) $\xrightarrow{干燥}$ $\xrightarrow{蒸馏}$ 纯b

(2) 邻甲氧基苯甲酸(a)、对羟基苯甲酸乙酯(b)、苯甲酸乙酯(c) $\xrightarrow{Et_2O}$ $\xrightarrow[H_2O]{NaHCO_3}$ 碱水层(a的钠盐) $\xrightarrow{H^+}$ 纯a；醚层 $\xrightarrow[H_2O]{NaOH}$ 醚层(c) $\xrightarrow{蒸出乙醚}$ 纯c；碱水层(b的钠盐) $\xrightarrow{H^+}$ 纯b

7.

(1)

γ-丁内酯 $\xrightarrow{BrMgCH_2(CH_2)_3MgBr/Et_2O}$ （四氢呋喃环上C带 $O-MgBr$ 和 $CH_2(CH_2)_3MgBr$） $\longrightarrow$ $OMgBr$…（开环酮，C=O 连 $(CH_2)_3CH_2MgBr$） $\longrightarrow$ 环戊烷（C上带 $OMgBr$ 和 $CH_2CH_2CH_2OMgBr$） $\xrightarrow{H_3O^+}$ 环戊醇（C上带 OH 和 $CH_2CH_2CH_2OH$）

(2)

（二氧戊环缩酮）$CONH_2$ $\xrightarrow[Et_2O]{LiAlH_4}$ （二氧戊环缩酮）CH_2NH_2 $\xrightarrow{H_3O^+}$ （甲基酮）CH_2NH_2 $\longrightarrow$ （HN 吡咯烷，C上带 HO） $\xrightarrow{-H_2O}$ 2-甲基-1-吡咯啉

8.

(1) $CH_3C(CH_3)=CH_2 \xrightarrow{HBr} CH_3-C(CH_3)_2-Br \xrightarrow{Mg/Et_2O} \xrightarrow[②H_3O^+]{①CO_2} CH_3-C(CH_3)_2-COOH \xrightarrow{SOCl_2} CH_3-C(CH_3)_2-COCl$

(2) $CH_3CH_2CH_2CH_2OH \xrightarrow{KMnO_4/H^+} CH_3CH_2CH_2COOH \xrightarrow[\triangle]{NH_3} CH_3CH_2CH_2CONH_2 \xrightarrow{Br_2/NaOH}$

$CH_3CH_2CH_2NH_2$

(3) $CH_3CH_2CH_2COOH \xrightarrow[\triangle]{C_2H_5OH/H^+} CH_3CH_2CH_2COOC_2H_5 \xrightarrow[①H_2O]{①CH_3CH_2MgBr/Et_2O}$

$CH_3CH_2CH_2-C(OH)(CH_2CH_3)-CH_2CH_3$

(4) $CH_3CH_2COOC_2H_5 \xrightarrow{NH_3} CH_3CH_2CONH_2 \xrightarrow[\triangle]{P_2O_5} CH_3CH_2CN$

(5) 甲苯（$C_6H_5CH_3$）$\xrightarrow{KMnO_4/H^+}$ C_6H_5COOH $\xrightarrow{SOCl_2}$ C_6H_5COCl $\xrightarrow{CH_3CH_2NH_2}$ $C_6H_5CONHCH_2CH_3$

(6) 丁二酸酐 $\xrightarrow[H^+]{C_2H_5OH}$ $\begin{matrix} CH_2COOC_2H_5 \\ | \\ CH_2COOH \end{matrix}$ $\xrightarrow[\triangle]{C_2H_5OH/H^+}$ $\begin{matrix} CH_2COOC_2H_5 \\ | \\ CH_2COOC_2H_5 \end{matrix}$

9.（1）$CH_2=CH_2 \xrightarrow{Br_2/CCl_4} BrCH_2CH_2Br \xrightarrow{NaCN} \xrightarrow{H_3O^+} HOOCCH_2CH_2COOH$

$\xrightarrow[\triangle]{Ac_2O}$ 丁二酸酐 $\xrightarrow{NH_3}$ $H_2N\overset{O}{\overset{\|}{C}}CH_2CH_2COONH_4 \xrightarrow[②H^+]{①Br_2/NaOH} H_2NCH_2CH_2COOH$

（2）$CH_3CH=CHCHO \xrightarrow{HBr} \underset{\displaystyle Br}{CH_3\underset{|}{C}HCH_2CHO} \xrightarrow{Ag_2O} \underset{\displaystyle Br}{CH_3\underset{|}{C}HCH_2COOH}$

$\xrightarrow{NaCN} \xrightarrow{H_3O^+} \underset{\displaystyle COOH}{CH_3\underset{|}{C}HCH_2COOH} \xrightarrow[\triangle]{Ac_2O}$ 甲基丁二酸酐（CH_3取代的环状酸酐）

（3）环戊基$-CH_2OH \xrightarrow{PBr_3}$ 环戊基$-CH_2Br \xrightarrow[Et_2O]{Mg} \xrightarrow[②H_2O]{①环氧乙烷}$ 环戊基$-CH_2CH_2CH_2OH$

$\xrightarrow{KMnO_4/H^+}$ 环戊基$-CH_2CH_2COOH \xrightarrow[\triangle]{C_2H_5OH/H^+}$ 环戊基$-CH_2CH_2COOC_2H_5$

10. A：$CH_2=CHCOOCH_3$　　B：$CH_3COOCH=CH_2$
C：$CH_2=CHCOOH$　　D：CH_3CHO

11.
A: 甲基丁二酸酐（CH_3取代的环状酸酐）　B或C: $\begin{matrix} CH_3CHCOOC_2H_5 \\ | \\ CH_2COOH \end{matrix}$　$\begin{matrix} CH_3CHCOOH \\ | \\ CH_2COOC_2H_5 \end{matrix}$　D: $\begin{matrix} CH_3CHCOOC_2H_5 \\ | \\ CH_2COOC_2H_5 \end{matrix}$

12. A：$\underset{\displaystyle CH_3}{CH_3\underset{|}{C}H\overset{O}{\overset{\|}{C}}NH_2}$　　B：$\underset{\displaystyle CH_3}{CH_3\underset{|}{C}H\overset{O}{\overset{\|}{C}}ONa}$

C：$\underset{\displaystyle CH_3}{CH_3\underset{|}{C}HCH_2OH}$　　D：$\underset{\displaystyle CH_3}{CH_3\underset{|}{C}=CH_2}$

反应式略。

第十二章　碳负离子的反应

学习要点

1. 化学反应▲▲

碳负离子的反应

羟醛缩合型反应

柏琴反应 $Ar—CHO+(RCH_2CO)_2O \xrightarrow[\triangle]{RCH_2COONa} Ar—CH=CR—COOH$

酸酐上必须有两个 α-氢；芳醛上的给电子基团不利于反应的发生；一般生成反式构型不饱和酸

克脑文格尔反应 $R(R')C=O + H_2C(X)(Y) \xrightarrow{B:} R(R')C=C(X)(Y)$

X 或 Y=—COR，—COOR，—COOH，—CN，—NO_2 等

弱碱催化(一般为胺类化合物或吡啶)。用于制备 α,β-不饱和化合物

达琴反应 $R(R')CHOH + ClCH(R'')COOC_2H_5 \xrightarrow[\triangle]{C_2H_5ONa}$ R—C(R')(—O—)C(R'')—$COOC_2H_5$ $\xrightarrow[(2)\ H^+]{(1)\ H_2O/OH^-}$ R—C(R')(—O—)C(R'')—COOH $\xrightarrow[\triangle]{-CO_2}$ R—CH(R')—C(=O)—R''

R′和 R″可以是 H；用于制备 α,β-环氧酸酯或在醛、酮结构中引入新的羰基

酯缩合型反应

酯缩合 $CH_3C(=O)—OC_2H_5 + H—CH_2C(=O)OC_2H_5 \xrightarrow[(2)H_3O^+]{(1)C_2H_5ONa} CH_3C(=O)—CH_2C(=O)OC_2H_5+C_2H_5OH$

只有一个 α-H 的酯需更强的碱如 NaH、$NaCPh_3$ 催化

交叉酯缩合 $C_6H_5COOCH_3$（无α-H）+ $CH_3C(=O)OC_2H_5$（有α-H）$\xrightarrow[(2)H_3O^+]{(1)NaH}$ $C_6H_5C(=O)CH_2C(=O)OC_2H_5$

用于制备 β-酮酸酯

狄克曼缩合 $CH_2CH_2COOC_2H_5$—$CH_2CH_2COOC_2H_5$ $\xrightarrow[(2)H_3O^+]{(1)C_2H_5ONa}$ 2-氧代环戊烷甲酸乙酯（环戊酮—$COOC_2H_5$）

用于制备环状 β-酮酸酯

酮酯缩合 $C_6H_{11}—COOCH_3 + H_3CC(=O)—C_6H_{11} \xrightarrow[(2)H_3O^+]{(1)C_2H_5ONa} C_6H_{11}—C(=O)CH_2C(=O)—C_6H_{11}$

酮的 α-H 酸性强于酯的 α-H，因此反应中酮提供 α-H 形成烯醇负离子。用于制备 β-二酮

2. 乙酰乙酸乙酯及在合成中的应用 ▲▲▲

(1) 特殊化学性质

化学性质：

与三氯化铁反应　室温下乙酰乙酸乙酯能以烯醇式结构存在，与 $FeCl_3$ 反应显紫色，可应用于此类结构的鉴别

酮式分解
$$CH_3\overset{O}{\overset{\|}{C}}CH_2COOC_2H_5 \xrightarrow[(2)\ H_3O^+]{(1)\ 稀\ NaOH} CH_3\overset{O}{\overset{\|}{C}}CH_2COOH \xrightarrow[\triangle]{-CO_2} CH_3\overset{O}{\overset{\|}{C}}CH_3$$

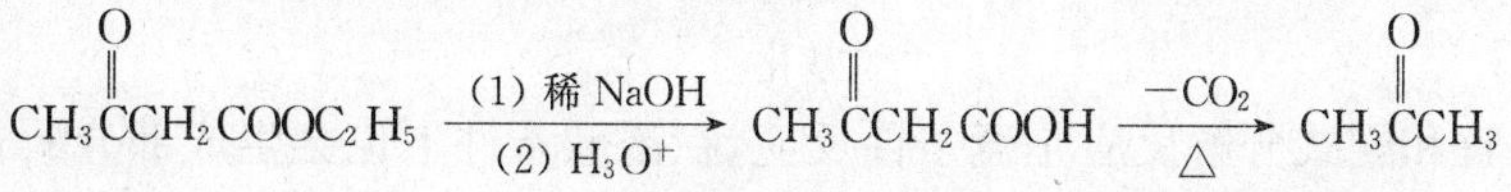

稀碱作用下水解、酸化后加热脱羧生成丙酮

酸式分解
$$CH_3\overset{O}{\overset{\|}{C}}\,\vdots\,CH_2\overset{O}{\overset{\|}{C}}OC_2H_5 \xrightarrow[(2)\ H_3O^+/\triangle]{(1)\ 40\%NaOH/\triangle} 2CH_3COOH + C_2H_5OH$$

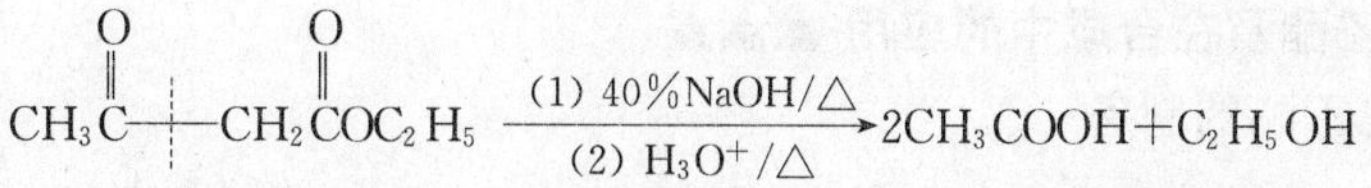

浓碱作用下水解的同时发生碳碳键断裂，生成乙酸

烷基化反应
$$CH_3\overset{O}{\overset{\|}{C}}CH_2COOC_2H_5 \xrightarrow{C_2H_5ONa} CH_3\overset{O^-}{\overset{|}{C}}{=}CHCOOC_2H_5 \xrightarrow{RX} CH_3\overset{O}{\overset{\|}{C}}\underset{R}{\underset{|}{C}H}COOC_2H_5$$

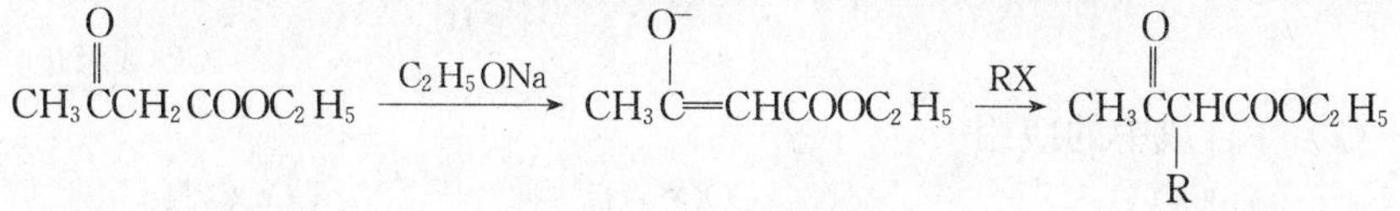

烷基化

$$\xrightarrow{t\text{-}BuOK} CH_3\overset{O}{\overset{\|}{C}}\underset{R}{\underset{|}{C^-}}COOC_2H_5 \xrightarrow{R'X} CH_3CO\overset{R'}{\underset{R}{C}}COOC_2H_5$$

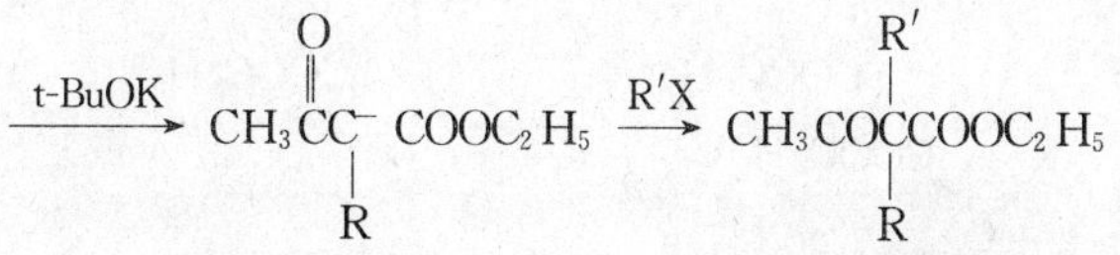

二烷基化

乙酰乙酸乙酯亚甲基上的氢呈明显酸性，在强碱作用下可形成烯醇负离子与卤代烃反应。二次烷基化时需用更强的碱如 t-BuOK。卤代烷一般为伯卤代烷，乙烯型和芳香型卤代烃不发生此反应。

酰基化反应
$$CH_3\overset{O}{\overset{\|}{C}}CH_2COOC_2H_5 \xrightarrow{NaH} CH_3\overset{O^-}{\overset{|}{C}}{=}CHCOOC_2H_5 \xrightarrow{RCOX} CH_3\overset{O}{\overset{\|}{C}}\underset{COR}{\underset{|}{C}H}COOC_2H_5$$

酰基化

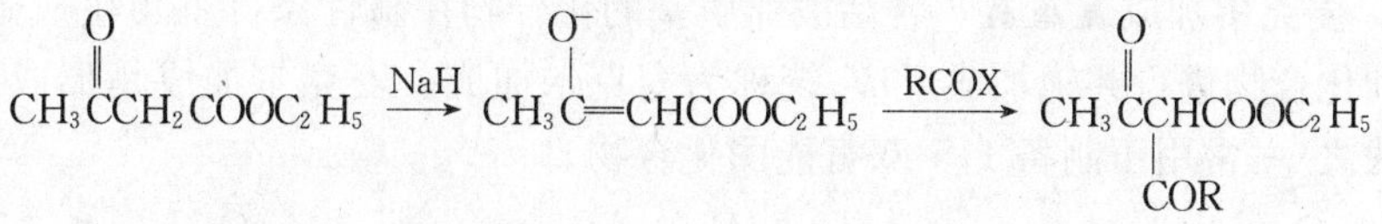

催化剂宜采用 NaH，且在非极性质子溶剂中进行

(2) 在合成中的应用

①制备取代丙酮

$$CH_3\overset{O}{\overset{\|}{C}}CH_2COOC_2H_5 \xrightarrow[(2)\ RX]{(1)\ C_2H_5ONa} CH_3\overset{O}{\overset{\|}{C}}\underset{R}{\underset{|}{C}H}COOC_2H_5 \xrightarrow[(2)\ H_3O^+/\triangle]{(1)\ 稀\ NaOH} CH_3\overset{O}{\overset{\|}{C}}CH_2{-}R$$

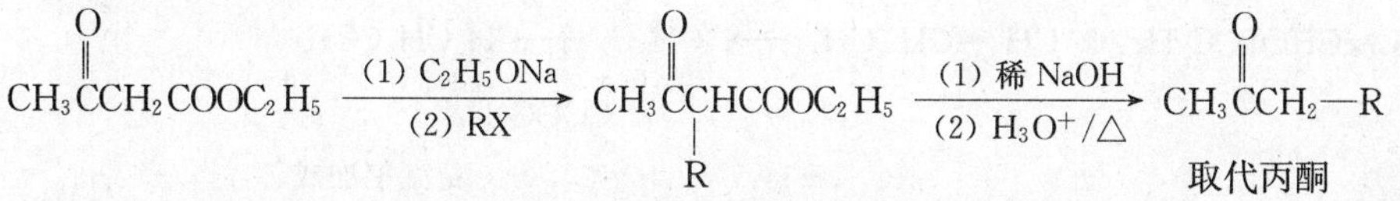

取代丙酮

$$CH_3\overset{O}{\overset{\|}{C}}CH_2COOC_2H_5 \xrightarrow[(2)\ RCOX]{(1)\ C_2H_5ONa} CH_3\overset{O}{\overset{\|}{C}}\underset{COR}{\underset{|}{C}H}COOC_2H_5 \xrightarrow[(2)\ H_3O^+/\triangle]{(1)\ 稀\ NaOH} CH_3\overset{O}{\overset{\|}{C}}CH_2{-}\overset{O}{\overset{\|}{C}}R$$

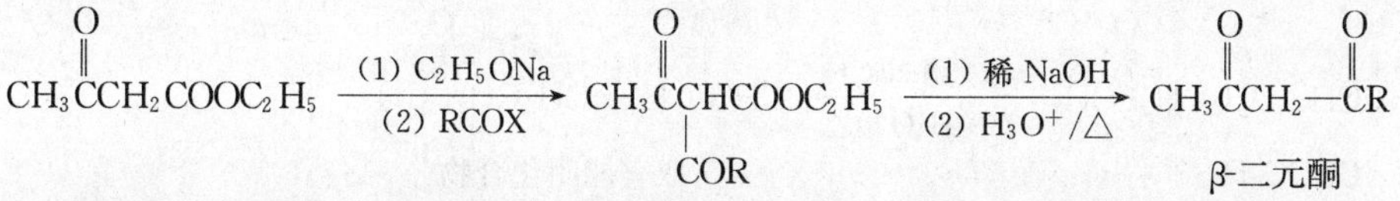

β-二元酮

由酯缩合反应所生成的其他 β-酮酸酯也可以发生类似的烷基化和酰基化反应，经过酮式分解可制备各种结构的酮、环酮和酮酸等，是在羰基 α 碳上引入取代基的常用方法。

②制备取代乙酸

$$CH_3\overset{O}{\overset{\|}{C}}CH_2COOC_2H_5 \xrightarrow[(2)\ RX]{(1)\ C_2H_5ONa} CH_3\overset{O}{\overset{\|}{C}}\underset{R}{\underset{|}{C}}HCOOC_2H_5 \xrightarrow[(2)\ H_3O^+/\triangle]{(1)\ 40\%NaOH} CH_3COOH + \underset{R}{\underset{|}{C}}H_2COOH$$

烷基化　　　　取代乙酸

酸式分解和酮式分解反应是竞争性反应，在浓碱条件下也会生成部分酮式分解产物，因此产率较低。通常取代乙酸的制备采用丙二酯合成法。

3. 丙二酸二乙酯及在合成中的应用 ▲▲▲

(1) 丙二酸二乙酯的制备

$$ClCH_2COOH \xrightarrow{NaCN} NCCH_2COOH \xrightarrow[H^+/\triangle]{C_2H_5OH} H_2C(COOC_2H_5)_2$$

(2) 在合成中的应用

$$H_2C(COOC_2H_5)_2 \xrightarrow{C_2H_5ONa} {}^-HC(COOC_2H_5)_2 \xrightarrow{RX} R—CH(COOC_2H_5)_2 \xrightarrow{C_2H_5ONa}$$

$$R—C^-(COOC_2H_5)_2 \xrightarrow{R'X} RR'C(COOC_2H_5)_2$$

丙二酸二乙酯亚甲基上的活泼氢也有一定酸性，在碱性作用下可生成碳负离子与卤代烷发生亲核取代反应。烷基化后的产物经水解、脱羧后生成取代乙酸。

4. 麦克尔加成▲▲▲　含活泼亚甲基的化合物在碱性条件下可生成碳负离子，与α,β-不饱和化合物进行共轭加成反应，统称为麦克尔加成。麦克尔加成是形成新的碳碳键的重要方法之一，常用于制备1,5-双官能团化合物。

$$CH_3\overset{O}{\overset{\|}{C}}CH_2COOC_2H_5 \xrightarrow[C_2H_5OH]{C_2H_5ONa} CH_3\overset{O}{\overset{\|}{C}}\bar{C}HCOOC_2H_5 \longleftrightarrow CH_3\overset{O^-}{\overset{|}{C}}{=}CHCOOC_2H_5$$

$$CH_3\overset{O^-}{\overset{|}{C}}{=}CHCOOC_2H_5 + CH_2{=}CH\overset{O}{\overset{\|}{C}}CH_3 \longrightarrow CH_3\overset{O}{\overset{\|}{C}}\underset{COOC_2H_5}{\underset{|}{C}}H—CH_2CH_2\overset{O}{\overset{\|}{C}}CH_3$$

麦克尔加成

$$CH_3\overset{O}{\overset{\|}{C}}\underset{COOC_2H_5}{\underset{|}{C}}H—CH_2CH_2\overset{O}{\overset{\|}{C}}CH_3 \xrightarrow[(2)\ H_3O^+/\triangle]{(1)\ 稀\ NaOH} CH_3\overset{O}{\overset{\|}{C}}CH_2—CH_2CH_2\overset{O}{\overset{\|}{C}}CH_3$$

1,5-双官能团化合物

经典习题

1. 选择题：

(1) 苯甲醛与下列哪个化合物能发生柏琴反应：

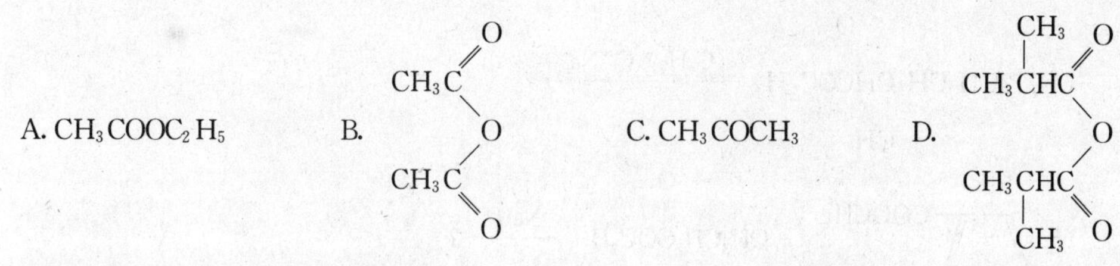

(2) 克脑文格尔反应常用的碱性催化剂有：

A. CH_3COONa　　B. NaOH　　C. $(CH_3CH_2)_2NH$　　D. CH_3CH_2ONa

(3) 与三氯化铁不能发生反应的是：

A. $H_2C(COOC_2H_5)_2$　　B. $CH_3\overset{O}{\overset{\|}{C}}CH_2\overset{O}{\overset{\|}{C}}OC_2H_5$　　C. $NCCH_2CN$　　D. $CH_3\overset{O}{\overset{\|}{C}}CH_2\overset{O}{\overset{\|}{C}}CH_3$

(4) 酮酯缩合反应适合制备下列哪种化合物：

A. α,β-不饱和醛　　B. α,β-不饱和酸　　C. β-酮酸酯　　D. β-二酮

(5) 下列化合物不能与含活泼亚甲基化合物发生麦克尔加成的是：

A. $CH_2=CHCN$　　B. $CH_2=CH\overset{O}{\overset{\|}{C}}CH_3$

C. $CH_2=CHCH_2CHO$　　D. $CH_2=CH\overset{O}{\overset{\|}{C}}OC_2H_5$

(6) 下列哪对化合物不属于互变异构体：

A. $CH_2=CH\overset{O}{\overset{\|}{C}}CH_3$ 和 $CH_2=CHCH_2CHO$

B. $CH_3\overset{O}{\overset{\|}{C}}CH_2\overset{O}{\overset{\|}{C}}OC_2H_5$ 和 $CH_3\overset{OH}{\overset{|}{C}}H=CH\overset{O}{\overset{\|}{C}}OC_2H_5$

C. 环己-1,3-二烯-1-醇（—OH）和 环己-2-烯-1-酮（=O）

D. $CH_2=\overset{OH}{\overset{|}{C}}CH_3$ 和 $CH_3\overset{O}{\overset{\|}{C}}CH_3$

2. 用简单的化学方法区分乙酸乙酯、乙酰乙酸乙酯和甲氧基乙酸。

3. 完成下列反应式：

(1) $O_2N-C_6H_4-CHO + (CH_3CO)_2O \xrightarrow{CH_3COONa} ?$

(2) $H_3C-C_6H_9{=}O + NCCH_2COOH \xrightarrow{NH_4OAc} ?$

(3) $CH_3\overset{CH_3}{\overset{|}{C}}HCH_2CHO + H_2C(COOC_2H_5)_2 \xrightarrow{\text{哌啶}} ?$

(4) $2CH_3CH_2\underset{\underset{CH_3}{|}}{C}H\overset{\overset{O}{\|}}{C}OC_2H_5 \xrightarrow{(C_6H_5)_3C^-Na^+} ?$

(5) 3-噻吩甲酸甲酯（thiophene-3-COOCH₃ 结构） $+ CH_3CH_2\overset{\overset{O}{\|}}{C}OC_2H_5 \xrightarrow{NaH} ?$

(6) $Ph{-}CH(CH_2COOC_2H_5)_2 \xrightarrow{C_2H_5ONa} ?$

(7) 4-甲基环己酮（H_3C–环己烷–=O） $+ H\overset{\overset{O}{\|}}{C}OC_2H_5 \xrightarrow[(C_2H_5)_2O]{NaH} \xrightarrow{H^+} ?$

(8) 环己基–$COCH_3$ $+ ClCH_2\overset{\overset{O}{\|}}{C}OC_2H_5 \xrightarrow{C_2H_5ONa} ?$

(9) $CH_2{=}CH\overset{\overset{O}{\|}}{C}CH_3 + (CH_3)_2CHNO_2 \xrightarrow{CH_3ONa} ?$

4. 以乙酰乙酸乙酯、指定化合物及其他必要试剂为原料合成下列化合物：

(1) 不超过四个碳的化合物，合成 环戊基–$COCH_3$

(2) 不超过四个碳的化合物，合成 3,6-二甲基-2-环己烯酮（结构式）

(3) $CH_3\overset{\overset{O}{\|}}{C}CH_2CH_2CH_2CH_2\overset{\overset{O}{\|}}{C}CH_3$

(4) 5-己烯-2-酮（键线式：$CH_3COCH_2CH_2CH{=}CH_2$）

5. 以丙二酸二乙酯、指定化合物及其他必要试剂为原料合成下列化合物：

(1) 丙酮，合成 $CH_3\overset{\overset{O}{\|}}{C}CH_2CH_2\overset{\overset{O}{\|}}{C}OH$

(2) 1,1-环戊烷二甲酸（环戊烷–$C(COOH)_2$）

(3) 乙醛，合成 5-甲基-1,3-环己二酮（结构式）

(4) 不超过四个碳的化合物，合成 $CH_3\overset{\overset{O}{\|}}{C}CH_2CH_2CH_2\overset{\overset{O}{\|}}{C}OH$

6. 以指定原料合成下列化合物。

(1) 苯 ⟶ $CH{=}CHCOCH_3$ 取代苯

(2) 环己烯 ⟶ 环戊基 CHO

(3) 1,3-环己二酮 ⟶ 二环二酮（O、O）

(4) 己二酸 ⟶ 2-乙基环戊酮（O、C_2H_5）

7. 试解释下列实验事实：

$$CH_3\overset{O}{\overset{\|}{C}}CH_2\overset{O}{\overset{\|}{C}}OC_2H_5 + BrCH_2CH_2CH_2Br \xrightarrow{CH_3CH_2ONa}$$ （O、CH_3、$COOC_2H_5$）（主） + （$COCH_3$、$COOC_2H_5$）（次）

知 识 地 图

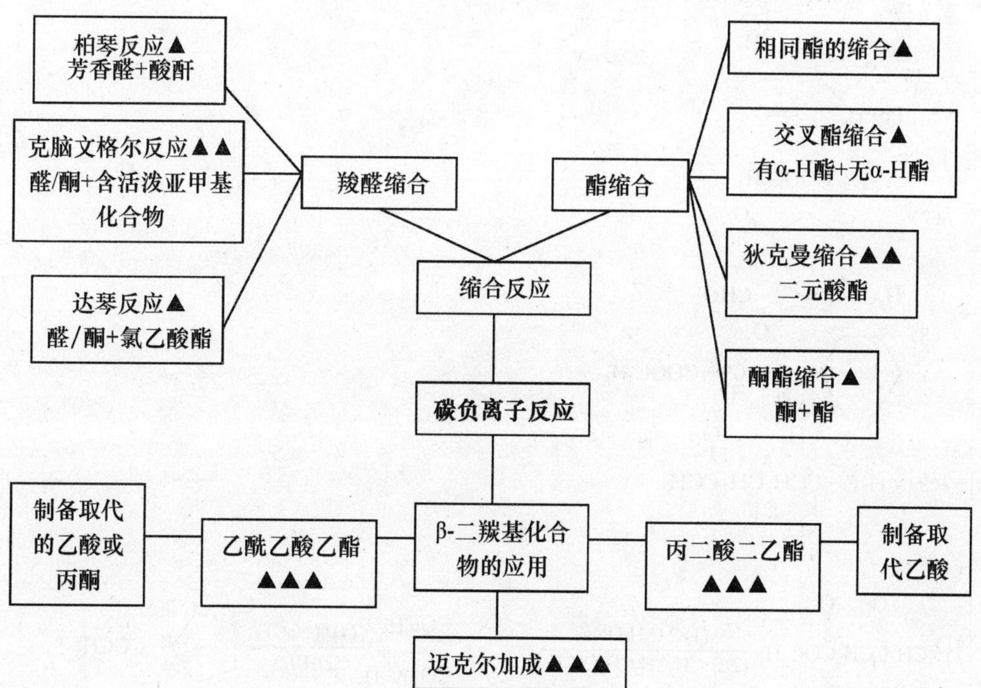

习题参考答案

1. (1) B (2) C (3) A (4) D (5) C (6) A

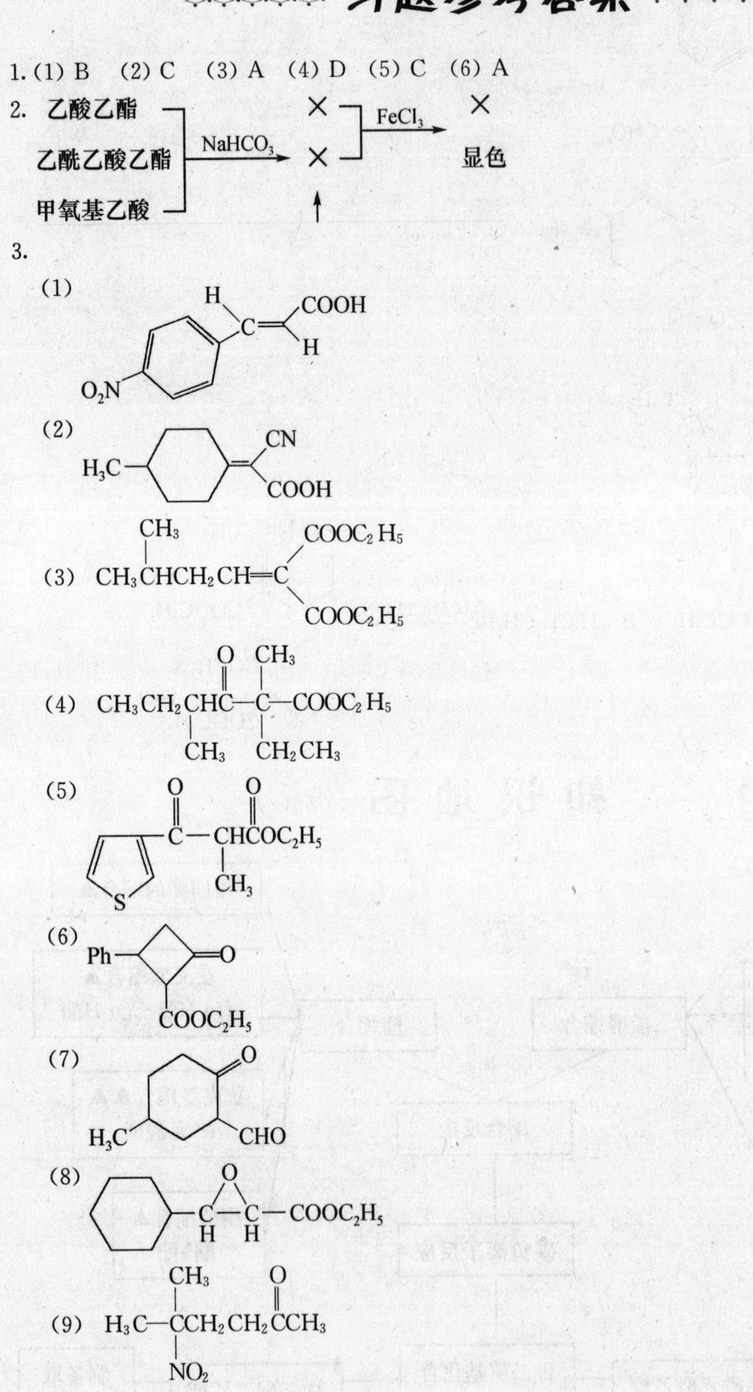

4.

(1) $CH_3CCH_2COC_2H_5$（两个 C=O）$\xrightarrow[(2)BrCH_2CH_2CH_2CH_2Br]{(1)\ 2\ C_2H_5ONa}$ 环戊烷-1-$COCH_3$-1-$COOC_2H_5$ $\xrightarrow[(2)H^+/\triangle]{(1)稀NaOH}$ 环戊基—$COCH_3$

(2) $\mathrm{CH_3COCH_2COOC_2H_5 + CH_2{=}CHCOCH_3 \xrightarrow{C_2H_5ONa} CH_3COCH(COOC_2H_5)CH_2CH_2COCH_3 \xrightarrow[(2)\ CH_3I]{(1)\ C_2H_5ONa}}$

$\mathrm{CH_3COC(CH_3)(COOC_2H_5)CH_2CH_2COCH_3 \xrightarrow[(2)H^+/\triangle]{(1)稀NaOH} CH_3COCH(CH_3)CH_2CH_2COCH_3 \xrightarrow{[(CH_3)_3CO]_3Al}}$ 3,6-二甲基-2-环己烯酮

(3) $\mathrm{2CH_3COCH_2COOC_2H_5 \xrightarrow[(2)\ BrCH_2CH_2Br]{(1)\ C_2H_5ONa} CH_3COCH(COOC_2H_5)CH_2CH_2CH(COOC_2H_5)COCH_3}$

$\mathrm{\xrightarrow[(2)\ H^+/\triangle]{(1)\ 稀\ NaOH} CH_3COCH_2CH_2CH_2CH_2COCH_3}$

(4) $\mathrm{CH_3COCH_2COOC_2H_5 \xrightarrow[(2)BrCH_2CH{=}CH_2]{(1)C_2H_5ONa} CH_3COCH(COOC_2H_5)CH_2CH{=}CH_2 \xrightarrow[(2)H^+/\triangle]{(1)稀NaOH} CH_3COCH_2CH_2CH{=}CH_2}$

5.

(1) $\mathrm{CH_3COCH_3 \xrightarrow[HOAc]{Br_2} BrCH_2COCH_3}$

$\mathrm{CH_2(COOC_2H_5)_2 \xrightarrow[(2)\ BrCH_2COCH_3]{(1)\ C_2H_5ONa} \xrightarrow[(2)\ H^+/\triangle]{(1)\ NaOH/H_2O} CH_3COCH_2CH_2COOH}$

(2) $\mathrm{CH_2(COOC_2H_5)_2 \xrightarrow[(2)BrCH_2CH_2CH_2CH_2Br]{(1)C_2H_5ONa}}$ 1,1-环戊烷二甲酸二乙酯 $\mathrm{\xrightarrow[(2)H^+]{(1)NaOH/H_2O}}$ 1,1-环戊烷二甲酸

(3) $\mathrm{CH_2(COOC_2H_5)_2 + CH_3CHO \xrightarrow{六氢吡啶} CH_3{-}CH{=}C(COOC_2H_5)_2 \xrightarrow[(2)H^+/\triangle]{(1)NaOH/H_2O}}$

$\mathrm{H_3C{-}CH{=}CH{-}COOH \xrightarrow[H^+]{C_2H_5OH} H_3C{-}CH{=}CH{-}COOC_2H_5 \xrightarrow[C_2H_5ONa]{CH_3COCH_2COOC_2H_5}}$

$\mathrm{H_3C{-}CH(CH_2COOC_2H_5){-}CH(COOC_2H_5){-}COCH_3 \xrightarrow[(2)H^+/\triangle]{(1)稀NaOH} CH_3COCH_2CH(CH_3)CH_2COOC_2H_5 \xrightarrow[(2)H_3O^+]{(1)C_2H_5ONa}}$ 5-甲基-1,3-环己二酮

(4) $\mathrm{CH_2(COOC_2H_5)_2 + CH_3COCH{=}CH_2 \xrightarrow[C_2H_5OH]{(1)\ C_2H_5ONa} \xrightarrow[(2)\ H^+/\triangle]{(1)\ NaOH/H_2O} CH_3COCH_2CH_2CH_2COOH}$

6.

(1)

$$C_6H_6 + CO + HCl \xrightarrow[\triangle]{AlCl_3,CuCl} C_6H_5CHO$$

$$C_6H_5CHO + CH_3COCH_2COOC_2H_5 \xrightarrow{Et_2NH} C_6H_5CH{=}C(COCH_3)COOC_2H_5$$

$$\xrightarrow[(2)H^+/\triangle]{(1)稀NaOH} C_6H_5CH{=}CHCOCH_3$$

(2)

$$环己烯 \xrightarrow[(2)H_3O^+]{(1)KMnO_4} HOOC(CH_2)_4COOH \xrightarrow[C_2H_5OH]{H^+} C_2H_5OOC(CH_2)_4COOC_2H_5 \xrightarrow[(2)H^+]{(1)C_2H_5ONa} 2\text{-乙氧羰基环戊酮}$$

$$\xrightarrow[(2)H^+/\triangle]{(1)稀NaOH} 环戊酮 \xrightarrow[t\text{-}BuOK]{ClCH_2COOC_2H_5} 螺环环氧\text{-}CHCOOC_2H_5 \xrightarrow[(2)H^+/\triangle]{(1)NaOH/H_2O} 环戊基\text{-}CHO$$

(3)

$$1,3\text{-环己二酮} + CH_2{=}CHCOCH_3 \xrightarrow[C_2H_5OH]{C_2H_5ONa} 2\text{-}(CH_2CH_2COCH_3)\text{-}1,3\text{-环己二酮} \xrightarrow{[(CH_3)_3CO]_3Al} 双环烯二酮$$

(4)

$$\begin{matrix}CH_2CH_2COOH\\|\\CH_2CH_2COOH\end{matrix} \xrightarrow[H^+]{C_2H_5OH} \begin{matrix}CH_2CH_2COOC_2H_5\\|\\CH_2CH_2COOC_2H_5\end{matrix} \xrightarrow{C_2H_5ONa} 2\text{-}COOC_2H_5\text{-环戊酮} \xrightarrow[②C_2H_5Br]{①C_2H_5ONa}$$

$$2\text{-}COOC_2H_5\text{-}2\text{-}C_2H_5\text{-环戊酮} \xrightarrow[②H^+/\triangle]{①稀NaOH} 2\text{-}C_2H_5\text{-环戊酮}$$

7.

$$CH_3\overset{O}{\overset{\|}{C}}CH_2\overset{O}{\overset{\|}{C}}OC_2H_5 \xrightarrow{CH_3CH_2ONa} \left[CH_3\overset{O}{\overset{\|}{C}}\overset{-}{C}H\overset{O}{\overset{\|}{C}}OC_2H_5 \longleftrightarrow CH_3\overset{O^-}{\overset{|}{C}}{=}CH\overset{O}{\overset{\|}{C}}OC_2H_5\right] \xrightarrow{BrCH_2CH_2CH_2Br}$$

$$CH_3\overset{O}{\overset{\|}{C}}\underset{CH_2CH_2CH_2Br}{\underset{|}{CH}}\overset{O}{\overset{\|}{C}}OC_2H_5 \xrightarrow{CH_3CH_2ONa} \left[CH_3\overset{O}{\overset{\|}{C}}\overset{-}{C}\overset{O}{\overset{\|}{C}}OC_2H_5(CH_2CH_2CH_2\text{—}Br) \longleftrightarrow CH_3\overset{^-O}{C}{=}C\overset{O}{\overset{\|}{C}}OC_2H_5(CH_2CH_2CH_2\text{—}Br)\right]$$

$$\downarrow \qquad\qquad \downarrow$$

1-乙酰基-1-乙氧羰基环丁烷（Ⅰ）（$COCH_3$，$COOC_2H_5$）　　2-甲基-3-乙氧羰基-3,4-二氢吡喃（Ⅱ）（CH_3，$COOC_2H_5$）

（Ⅰ）　　（Ⅱ）

产物（Ⅱ）为六元环结构，稳定性大于（Ⅰ），故为主要产物。

第十三章　有机含氮化合物

本章学习中需熟练掌握硝基化合物的主要化学性质、还原反应，脂肪族硝基化合物的酸性，硝基对芳环上其他基团的影响；掌握胺的分子结构与化学性质；掌握酰胺特性等；了解芳香族重氮盐的生成、性质，熟悉其在有机合成中的应用。

学习要点

1. 硝基化合物

（1）结构

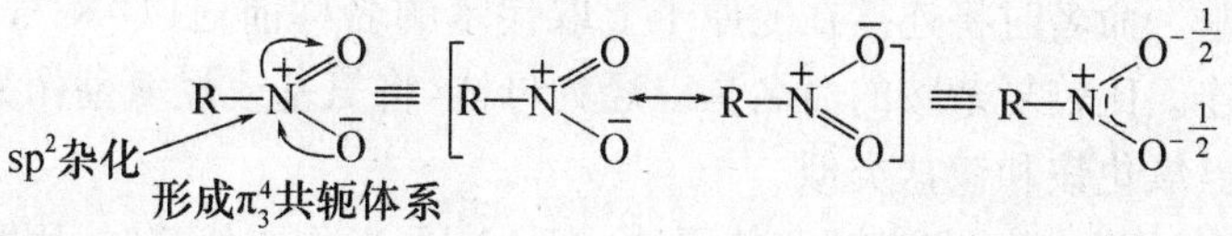

$$R-\overset{+}{N}(=O)-O^- \equiv \left[R-\overset{+}{N}(=O)-O^- \longleftrightarrow R-\overset{+}{N}(-O^-)=O\right] \equiv R-\overset{+}{N}(O^{-\frac{1}{2}})_2$$

sp²杂化　形成π_3^4共轭体系

（2）化学性质▲▲

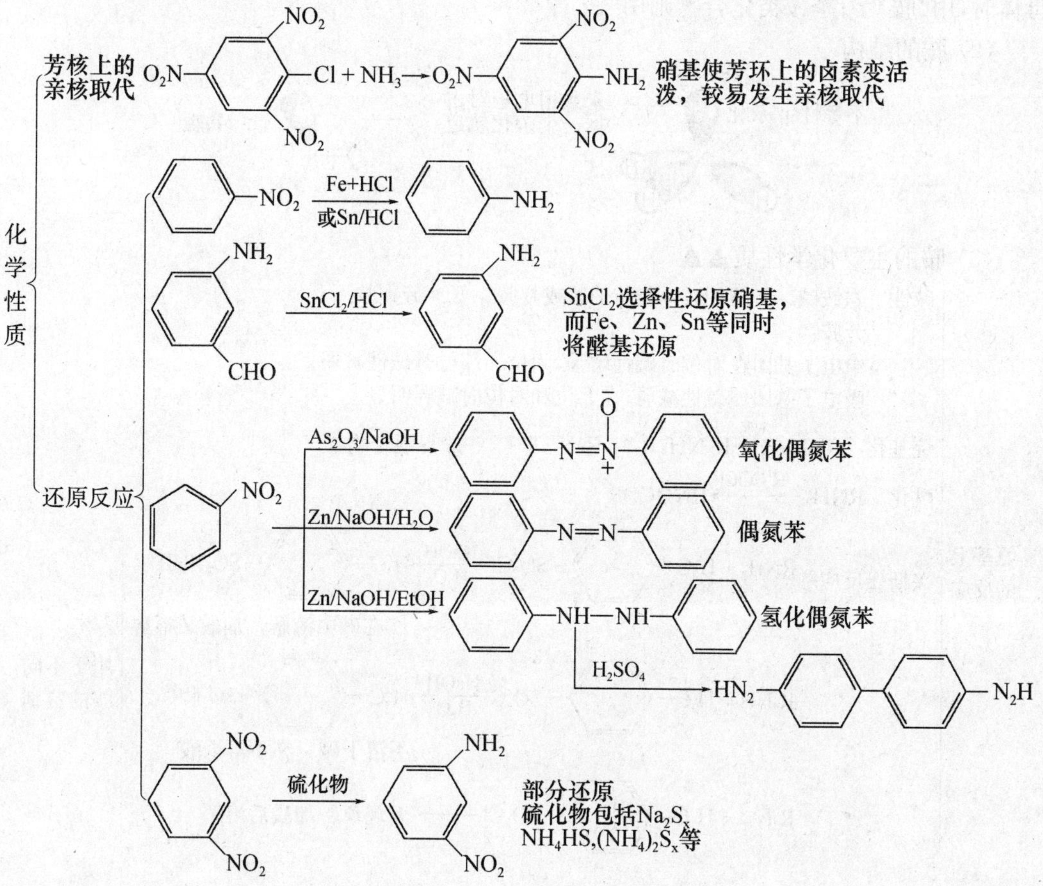

化学性质：

芳核上的亲核取代：2,4,6-三硝基氯苯 + NH_3 → 2,4,6-三硝基苯胺　硝基使芳环上的卤素变活泼，较易发生亲核取代

还原反应：

- $C_6H_5NO_2$ $\xrightarrow{Fe+HCl\ 或Sn/HCl}$ $C_6H_5NH_2$
- 间硝基苯甲醛（图示为 NH_2、CHO） $\xrightarrow{SnCl_2/HCl}$ 间氨基苯甲醛　$SnCl_2$选择性还原硝基，而Fe、Zn、Sn等同时将醛基还原
- $C_6H_5NO_2$ $\xrightarrow{As_2O_3/NaOH}$ $C_6H_5-N=\overset{+}{N}(O^-)-C_6H_5$　氧化偶氮苯
- $C_6H_5NO_2$ $\xrightarrow{Zn/NaOH/H_2O}$ $C_6H_5-N=N-C_6H_5$　偶氮苯
- $C_6H_5NO_2$ $\xrightarrow{Zn/NaOH/EtOH}$ $C_6H_5-NH-NH-C_6H_5$　氢化偶氮苯 $\xrightarrow{H_2SO_4}$ $HN_2-C_6H_4-C_6H_4-N_2H$
- 间二硝基苯 $\xrightarrow{硫化物}$ 间硝基苯胺　部分还原　硫化物包括Na_2S_x　$NH_4HS,(NH_4)_2S_x$等

化学性质

脂肪族硝基化合物酸性：

$$R-CH_2-\overset{+}{N}(=O)-O^- \rightleftharpoons R-CH=\overset{+}{N}(-OH)-O^- \xrightarrow{NaOH} [R-CH=\overset{+}{N}(-O^-)-O^-]Na^+$$

硝基式　　假酸式　　钠盐

增强α-H的活性：

$$C_6H_5CHO + 2,4,6\text{-}(O_2N)_3C_6H_2CH_3 \xrightarrow{OH^-} 2,4,6\text{-}(O_2N)_3C_6H_2-CH=CH-C_6H_5$$

2. 胺

(1)胺的分类和命名▲:根据胺分子中氮原子上所连烃基的个数,将胺分为伯胺、仲胺、叔胺、季铵类;根据分子中氮原子上所连烃基的种类不同,可以将胺分为脂肪胺、芳香胺和脂环胺。

简单胺的命名是以胺为母体,烃基为取代基;芳香仲胺和叔胺的命名以芳香胺为母体,脂肪烃基为取代基。命名时将连接在氮原子上取代基的名称前冠以"N-",以表示该取代基直接与氮原子相连。比较复杂胺的命名是以烃为母体,将氨基或烃氨基作为取代基;季铵类化合物的命名与氢氧化铵和铵盐类似。

命名时要注意"氨""胺"和"铵"字的用法,把—NH_2当作取代基时,用"氨"字;当胺作为母体时,用"胺"字;季铵类化合物则用"铵"字。

(2) 胺的结构

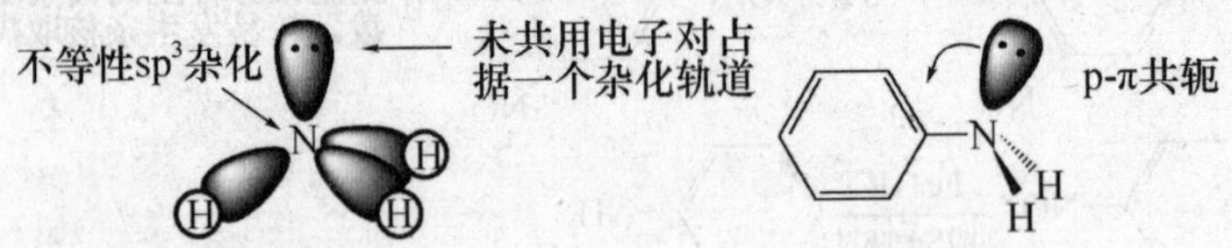

(3) 胺的主要化学性质▲▲

碱性　季铵碱＞脂肪仲胺＞脂肪伯胺或叔胺＞氨＞芳香胺

芳胺:

给电子基团在对位时碱性增强,间位和邻位时碱性减弱;

吸电子基团使碱性减弱,在邻位和对位时减弱明显

氨基上的反应：

烷基化　$RNH_2 \xrightarrow{RX} R_2NH, R_3N, R_4N^+X^-$　一般得混合物

酰化　$RNH_2 \xrightarrow{R'COCl} RNHCOR'$

兴斯堡反应（用于不同胺的鉴别）

$$RNH_2 + H_3C-C_6H_4-SO_2Cl \xrightarrow[H_2O]{NaOH} H_3C-C_6H_4-SO_2NHR$$

在碱中溶解，加酸又不溶

$$R_2NH + H_3C-C_6H_4-SO_2Cl \xrightarrow[H_2O]{NaOH} H_3C-C_6H_4-SO_2NR_2$$

不溶于碱，亦不溶于酸

$$R_3N + H_3C-C_6H_4-SO_2Cl \longrightarrow$$ 无现象，加酸后溶解

氨基上的反应

与亚硝酸反应（用于不同胺的鉴别）

脂肪胺

$$RNH_2 \xrightarrow[HCl]{NaNO_2} N_2\uparrow + \text{醇、烯、卤代烃等}$$

$$R_2NH \xrightarrow[HCl]{NaNO_2} R_2N-N=O \text{ 黄色油状液体或固体}$$

$$R_3N \xrightarrow[HCl]{NaNO_2} R_3NH^+NO_2^-$$

芳香胺

$$ArNH_2 \xrightarrow[0\sim5℃]{NaNO_2/HCl} ArN_2^+Cl^-$$

$$ArNHR \xrightarrow[0\sim5℃]{NaNO_2/HCl} ArNR(N=O) \text{ 黄色油状液体或固体}$$

$$C_6H_5-N(CH_3)_2 \xrightarrow[HCl]{NaNO_2} ON-C_6H_4-N(CH_3)_2 \text{ 绿色晶体}$$

芳环上的反应

卤化

$$H_2N-C_6H_5 + 3Br_2 \longrightarrow 2,4,6\text{-}Br_3C_6H_2-NH_2\downarrow + HBr$$ 用于苯胺的鉴别

硝化

$$C_6H_5NH_2 \xrightarrow{(CH_3CO)_2O} C_6H_5NHCOCH_3$$

$$C_6H_5NHCOCH_3 \xrightarrow[H_2SO_4]{HNO_3} p\text{-}O_2N-C_6H_4-NHCOCH_3 \xrightarrow{H_2O/OH^-} p\text{-}O_2N-C_6H_4-NH_2$$

$$C_6H_5NHCOCH_3 \xrightarrow{CH_3COONO_2} o\text{-}O_2N-C_6H_4-NHCOCH_3 \xrightarrow{H_2O/OH^-} o\text{-}O_2N-C_6H_4-NH_2$$

磺化

$$C_6H_5NH_2 \xrightarrow{H_2SO_4} C_6H_5\overset{+}{N}H_3HSO_4^- \xrightarrow{180\sim190℃} H_3\overset{+}{N}-C_6H_4-SO_3^-$$

傅-克反应

$$C_6H_5NH_2 \xrightarrow{(CH_3CO)_2O} C_6H_5NHCOCH_3 \xrightarrow[AlCl_3]{CH_3COCl} H_3C-\overset{O}{\overset{\|}{C}}-C_6H_4-NHCOCH_3 \xrightarrow{H_2O/OH^-} H_3C-\overset{O}{\overset{\|}{C}}-C_6H_4-NH_2$$

(4) 胺的制备

①氨或胺的烃基化

②含氮化合物的还原

$$O_2N-C_6H_4-CH_3 \xrightarrow{Fe/HCl} H_2N-C_6H_4-CH_3$$

$$C_6H_5-CH_2CN \xrightarrow{H_2/Ni} C_6H_5-CH_2CH_2NH_2$$

$$C_6H_5\text{-}CONHCH_3 \xrightarrow{LiAlH_4/Et_2O} C_6H_5\text{-}CH_2NHCH_3$$

$$C_6H_5\text{-}CH_2Cl \xrightarrow{KN_3} C_6H_5\text{-}CH_2N_3 \xrightarrow{LiAlH_4} C_6H_5\text{-}CH_2NH_2$$

叠氮化合物

$$\text{环己酮肟}\ (C_6H_{10}{=}N{-}OH) \xrightarrow{Na/EtOH} C_6H_{11}\text{-}NH_2$$

③还原胺化

$$C_6H_5\text{-}CHO + NH_3 \xrightarrow{\text{雷尼}Ni\text{-}H_2} C_6H_5\text{-}CH_2NH_2$$

$$C_6H_5\text{-}COCH_3 \xrightarrow[185℃]{HCOONH_4} C_6H_5\text{-}CH(NH_2)CH_3$$

刘卡特反应

④霍夫曼降解

$$C_6H_5\text{-}CH_2CONH_2 \xrightarrow{NaOH/Br_2} C_6H_5\text{-}CH_2NH_2$$

制备少一个碳的伯胺

⑤加布瑞尔合成法

$$\text{邻苯二甲酰亚胺(NH)} \xrightarrow[EtOH]{KOH} \text{邻苯二甲酰亚胺钾盐}(\overset{-}{N}\overset{+}{K}) \xrightarrow[DMF]{RX} \text{N-R 邻苯二甲酰亚胺} \xrightarrow[H_2O]{NaOH} \text{邻苯二甲酸钠}(COONa)_2 + RNH_2$$

制备伯胺

⑥胺甲基化反应

$$R'COCH_3 + HCHO + RNH_2 \xrightarrow{HCl/EtOH} \xrightarrow{NaOH} R'COCH_2CH_2NHR$$

3. 季铵盐和季铵碱 季铵盐为离子型化合物，易溶于水，具有较高的熔点。季铵盐与碱作用形成季铵碱，但此反应为可逆的。若用湿的氧化银(氢氧化银)与季铵盐作用，反应进行较完全。

当季铵碱中烃基上有 β-氢时，加热发生消除反应形成烯烃和叔胺，此反应称为 Hofmann 消除反应。季铵碱的霍夫曼消除按照反式共平面的方式进行，主要产物为取代基较少的烯烃。但若 β-碳上有可产生共轭作用的基团如苯基、羰基等，则主要生成共轭的烯烃。如：

$$CH_3\overset{\beta}{C}H_2CH(\overset{+}{N}(CH_3)_3OH^-)\overset{\beta}{C}H_3 \xrightarrow{\triangle} CH_3CH_2CH{=}CH_2 + (CH_3)_3N + H_2O$$

主要产物

$$C_6H_5\text{-}\overset{\beta}{C}H_2CH_2\text{-}\overset{+}{N}(CH_3)_2\text{-}CH_2\overset{\beta}{C}H_2\ OH^- \xrightarrow{\triangle} C_6H_5\text{-}CH{=}CH_2 + (CH_3)_2NCH_2CH_3 + H_2O$$

主要产物

4. 重氮化合物和偶氮化合物▲

重氮盐的反应

取代反应（去 N_2 反应）

$$ArN^+\equiv NX^- \xrightarrow[X=Br,Cl]{CuX} ArX + N_2\uparrow$$

$$ArN^+\equiv NX^- \xrightarrow{CuCN} ArCN + N_2\uparrow$$

$$ArN^+\equiv NX^- \xrightarrow{HBF_4} ArN_2^+BF_4^- \xrightarrow{\triangle} ArF + N_2\uparrow$$

$$ArN^+\equiv NX^- \xrightarrow{KI} ArI + N_2\uparrow$$

$$ArN^+\equiv NX^- \xrightarrow[\triangle]{H_3O^+} ArOH + N_2\uparrow$$

$$ArN^+\equiv NX^- \xrightarrow[\text{或 } C_2H_5OH]{H_3PO_2} ArH + N_2\uparrow$$

偶合反应（留 N_2 反应）

$$ArN^+\equiv NX^- + C_6H_5OH \xrightarrow{pH8\sim10} C_6H_5\text{-}N{=}N\text{-}C_6H_4\text{-}OH$$

最佳条件为弱碱性

$$ArN^+\equiv NX^- + C_6H_5NR_2 \xrightarrow{pH5\sim7} C_6H_5\text{-}N{=}N\text{-}C_6H_4\text{-}NR_2$$

最佳条件为中性或弱酸性

偶合发生在对位，对位被占据时偶合到邻位

经典习题

1. 命名下列化合物：

(1) $CH_3CH_2N(CH_3)CH_2CH_3$　(2) $C_6H_5\text{-}NH\text{-}C_6H_5$　(3) $CH_3\text{—}CH(CH_3)\text{—}NH_2$

(4) $H_2N\text{-}C_6H_4\text{-}NH_2$（对位）　(5) $CH_3CH{=}CHCH(NO_2)CH(CH_3)_2$　(6) $C_6H_5CH_2\overset{+}{N}(CH_3)_3OH^-$

2. 写出下列化合物的结构式：

(1) N-甲基苄胺　(2) 正丙异丙胺　(3) 1,6-己二胺

(4) N-甲基-对-溴苯胺　(5) 2-甲基-4-硝基苯胺　(6) 溴化十二烷基苄基二甲铵

3. 如何解释下列事实：

(1) 苄胺（$C_6H_5CH_2NH_2$）的碱性为何与脂肪胺基本相同，而与芳胺不同？

(2) 硝基甲烷、硝基乙烷、2-硝基丙烷的酸性为何依次增强？

(3) 为什么 2,4,6-三溴苯胺不能与氢溴酸成盐？

4. 完成下列反应：

(1) 1-氯-2,4-二硝基苯 + $H_2NCH(CH_3)CONHPh \longrightarrow$?

(2) Fischer 投影式：上 C_6H_5；第一行 H—C—$\overset{+}{N}(CH_3)_3OH^-$；第二行 H_3C—C—H；下 C_6H_5 $\xrightarrow{\triangle}$? $\xrightarrow{Br_2}$? + ?

(3) 邻溴硝基苯 $\xrightarrow{Zn/NaOH}$? $\xrightarrow[\triangle]{H^+}$?　(4) C_6H_5—NH—CH_3 + HNO_2 ⟶ ?

(5) $(CH_3)_2NCH_2CH_2CH_3$ $\xrightarrow[②Ag_2O,\triangle]{①CH_3I}$? + ?　(6) 重氮盐 N_2^+ $\bar{C}l$ + 羟基二甲基萘 $\xrightarrow{弱碱性}$?

(7) $CH_3CH_2CH(NH_2)CH_3$ $\xrightarrow{过量 CH_3I}$? $\xrightarrow[②\triangle]{①AgOH}$? + $N(CH_3)_3$

(8) $C_6H_5CH_2Br$ $\xrightarrow{NaCN}$? $\xrightarrow{LiAlH_4}$? $\xrightarrow{(CH_3CO)_2O}$? $\xrightarrow[②H_2O]{①LiAlH_4}$?

5. 举例说明伯、仲、叔胺和伯、仲、叔醇在结构上的区别。

6. 设计下列化合物的合成路线：

(1) 由丙烯合成 2-甲基-1,4-二氨基丁烷

(2) 由苯合成间溴苯甲酸

(3) 由甲苯合成间-氯甲苯

7. 用化学方法区别下列各组化合物：

(1) 硝基丁烷和 2 硝基-2-甲基丙烷

(2) 三甲胺盐酸盐和溴化四乙基铵

(3) 苯酚和 2,4,6-三硝基苯酚

(4) 氨基环己烷和苯胺

(5) 对乙基苯胺（NH_2，C_2H_5），N-乙基苯胺（NHC_2H_5），N,N-二乙基苯胺（$N(C_2H_5)_2$）

(6) 邻甲苯胺（CH_3，NH_2），N-甲基苯胺（$NHCH_3$），苯甲酸（COOH），邻羟基苯甲酸（COOH，OH）

8. 解释下面反应的反应机制：

$$Ph-\underset{OH}{\overset{CH_3}{C}}-CH_2NH_2 \xrightarrow{NaNO_2/HCl} CH_3COCH_2Ph$$

9. 按指定特性将下列各组化合物排序。

(1) 化合物的沸点由高到低排序：

A. 乙酸　　B. 乙酰胺　　C. 乙醇　　D. 乙胺

(2) 分子中氯原子在碱性条件下水解的反应活性由高到低排序：

A. 2,4-二硝基氯苯　　B. 4-氯-N,N-二甲基苯胺

C. 2-氯-5-硝基甲苯　　D. 溴化(3-硝基-4-氯苯基)三甲基铵

(3) 在水溶液中碱性强度由高到低排序：

A. 对甲基苯胺　　B. 对氨基苯磺酸　　C. 对氨基苯乙酮　　D. 苯胺

(4) 在水溶液中碱性强度由高到低排序：

A. CH_3CONH_2　　B. $CH_3CH_2NH_2$　　C. NH_3　　D. $C_6H_5NH_2$

10. 将苯胺、苯酚和对氨基苯甲酸混合物进行分离并写出分离的步骤。

11. 试解释为什么 7-氨基-2-萘酚在不同的 pH 值时发生偶联反应的位置会不同。

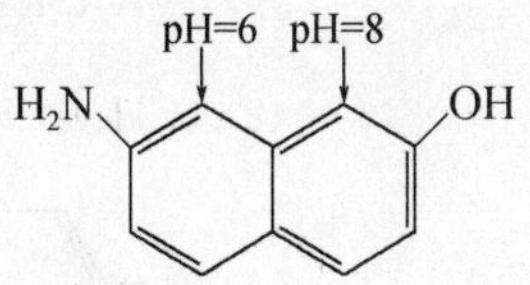

pH=6　pH=8

H_2N　　OH

12. 某化合物 A($C_8H_{11}N$)，呈碱性，A 在低温下与亚硝酸钠的硫酸溶液反应得到化合物 B，将 B 加热有氮气放出，并生成 2,4-二甲基苯酚。B 在弱酸性溶液中与苯胺反应得到一种有鲜艳颜色的化合物 C。试写出 A 的结构以及有关的反应式。

13. 化合物 A 的分子式为 $C_9H_{17}N$，A 经两次 Hofmann 彻底甲基化除去氮原子后，可得到两种双键位置异构的烯烃 B 和 C。已知 B 与 C 分子中均不含有共轭双键，二者氢化都吸收两分子氢而生成环辛烷。试写出 A、B、C 的结构。

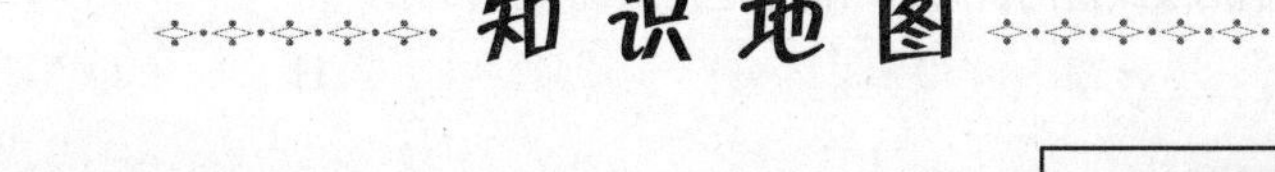

知识地图

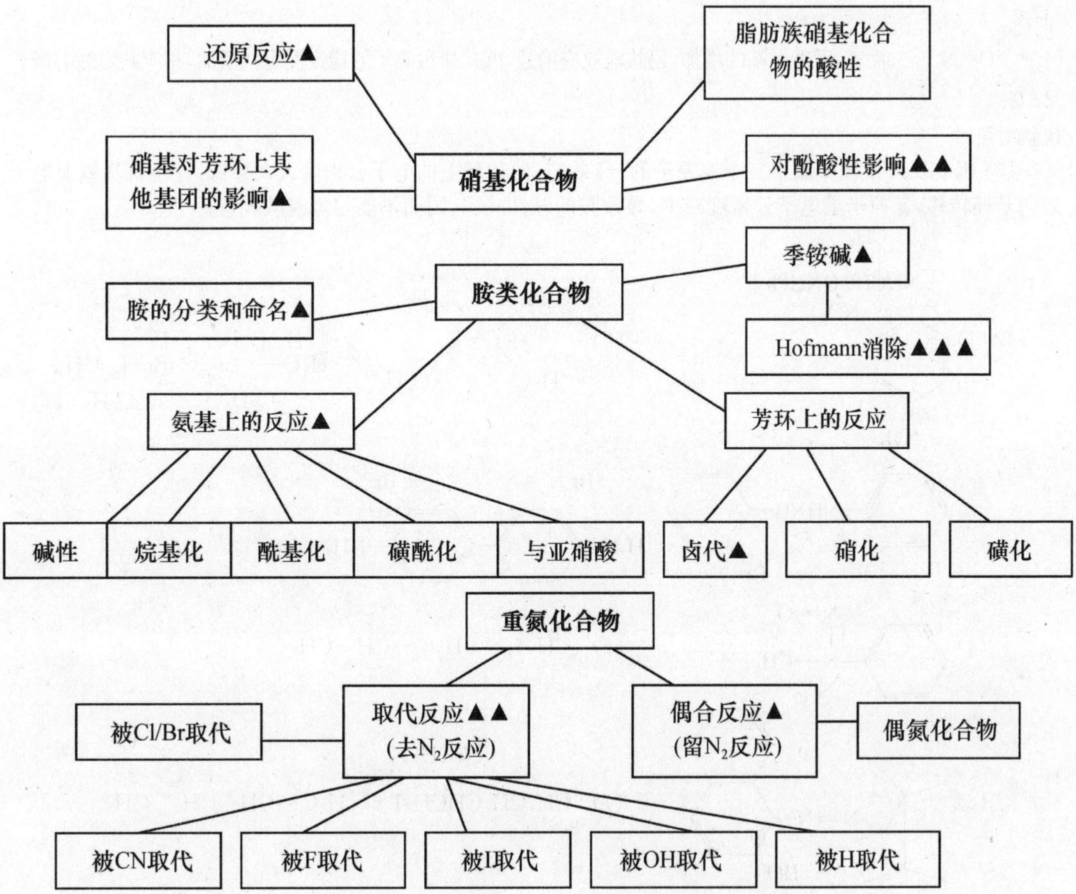

- 硝基化合物
  - 还原反应▲
  - 脂肪族硝基化合物的酸性
  - 硝基对芳环上其他基团的影响▲
  - 对酚酸性影响▲▲
- 胺类化合物
  - 胺的分类和命名▲
  - 季铵碱▲
    - Hofmann消除▲▲▲
  - 氨基上的反应▲
    - 碱性
    - 烷基化
    - 酰基化
    - 磺酰化
    - 与亚硝酸
  - 芳环上的反应
    - 卤代▲
    - 硝化
    - 磺化
- 重氮化合物
  - 取代反应▲▲（去N_2反应）
    - 被Cl/Br取代
    - 被CN取代
    - 被F取代
    - 被I取代
    - 被OH取代
    - 被H取代
  - 偶合反应▲（留N_2反应）
    - 偶氮化合物

习题参考答案

1. (1) 甲二乙胺　　(2) 二苯胺
(3) 异丙胺　　(4) 对苯二胺
(5) 5-甲基-4-硝基-2-己烯　　(6) 氢氧化苄基三甲基铵

2. (1) $C_6H_5CH_2NH-CH_3$　　(2) $(CH_3)_2CHNHCH_2CH_2CH_3$

(3) $H_2NCH_2(CH_2)_4CH_2NH_2$　　(4) $Br-C_6H_4-NHCH_3$

(5) 2-甲基-4-硝基苯胺（O_2N—苯环—NH_2，邻位 CH_3）　　(6) $[C_6H_5CH_2-\overset{+}{N}(CH_3)_2-C_{12}H_{25}]Br^-$

3. (1) 因为在苄胺中，N未与苯环直接相连，其孤对电子不能与苯环共轭，所以碱性与脂肪胺基本相似。

(2) 可以通过比较他们的酸式盐的负离子结构稳定性来说明。相对于 $H_2C=\overset{+}{N}(O^-)_2$，$H_3C(H)C=\overset{+}{N}(O^-)_2$，$(H_3C)_2C=\overset{+}{N}(O^-)_2$ 而言，随着甲基的增加，超共轭效应增强，酸式盐负离子的稳定性也就增加，相应共轭酸的酸性也就增强。

(3) 因2,4,6-三溴苯胺中三个溴原子的－I效应，使苯环上的电子云密度大大降低，促使氨基氮上电子云向苯环转移，氮原子上电子云密度减少，导致胺的碱性减弱，因而不能与氢溴酸成盐。

4. (1) 2,4-二硝基苯基—$NHCH(CH_3)CONHPh$

(2) $(C_6H_5)(H_3C)C=CH(C_6H_5)$；加溴产物（Fischer投影式）：$C_6H_5$、$H-C-Br$、$H_3C-C-Br$、$C_6H_5$ 及 C_6H_5、$Br-C-H$、$Br-C-CH_3$、C_6H_5

(3) 2-溴苯基—NHNH—2-溴苯基；H_2N—(3-溴苯基)—(3-溴苯基)—NH_2（3,3′-二溴联苯胺）

(4) $C_6H_5-N(N=O)-CH_3$　　(5) $(CH_3)_3N$　$H_2C=CH-CH_3$

(6) 二环结构—N=N—（萘环，含2个甲基及HO）

(7) $CH_3CH_2CH(\overset{+}{N}(CH_3)_3)CH_2I^-$　$H_2C=CH-CH_2-CH_3$

(8) $C_6H_5-CH_2CN$　$C_6H_5-CH_2CH_2NH_2$

$C_6H_5-CH_2CH_2NHCOCH_3$　$C_6H_5-CH_2CH_2NHCH_2CH_3$

5. 伯、仲、叔胺是根据胺分子中氮原子上所连烃基的数目分类的。氮原子上连有一个烃基的为伯胺，连有两个烃基的为仲胺，连有三个烃基的为叔胺；伯、仲、叔醇则是根据醇羟基所连的碳原子的种类来分类的。伯、仲、叔醇的醇羟基分别连在伯、仲、叔碳原子上。例如：

RCH_2-OH　伯醇

$CH_3-CH(CH_3)-OH$　仲醇(异丙醇)

$CH_3-N(CH_3)-CH_3$　叔胺(三甲胺)

6. (1) $H_2C=CHCH_3 \xrightarrow{Cl_2} H_3CHC(Cl)-CH_2-Cl \xrightarrow{NaCN} H_3C-CH(CN)-CH_2CN$

$\xrightarrow[Ni]{H_2} H_3C-CH(CH_2NH_2)-CH_2CH_2NH_2$

(2) 苯 $\xrightarrow[HNO_3]{H_2SO_4}$ 硝基苯（NO_2） $\xrightarrow{Fe/Br_2}$ 间溴硝基苯（NO_2，Br） $\xrightarrow{Fe/HCl}$ 间溴苯胺（NH_2，Br）

$\xrightarrow{NaNO_2/HCl}$ 间溴苯重氮盐（$\overset{+}{N_2}Cl^-$，Br） $\xrightarrow[KCN]{CuCN}$ 间溴苯甲腈（CN，Br） $\xrightarrow{H_3O^+}$ 间溴苯甲酸（COOH，Br）

(3) 甲苯（CH_3） $\xrightarrow[HNO_3]{H_2SO_4}$ 对硝基甲苯（CH_3，NO_2） $\xrightarrow[\triangle]{ZnCl_2/HCl}$ 对甲苯胺（CH_3，NH_2） $\xrightarrow{(CH_3CO)_2O}$ （CH_3，$NHCOCH_3$） $\xrightarrow{Cl_2/FeCl_3}$

（CH_3，Cl，$NHCOCH_3$） $\xrightarrow{H_2O/OH^-}$ （CH_3，Cl，NH_2） $\xrightarrow[0\sim5℃]{NaNO_2/HCl}$ （CH_3，Cl，$\overset{+}{N_2}Cl^-$） $\xrightarrow[H_2O]{H_3PO_2}$ 间氯甲苯（CH_3，Cl）

7. (1) 1-硝基丁烷 ⎤ $\xrightarrow{NaOH溶液}$ 溶解
2-硝基-2-甲基丙烷 ⎦ 不溶解

(2) $(CH_3)_3NHCl$ ⎤ $\xrightarrow[乙醇]{AgNO_3}$ 白色↓
$(CH_3CH_2)_4\overset{+}{N}\overset{-}{Br}$ ⎦ 淡黄色↓

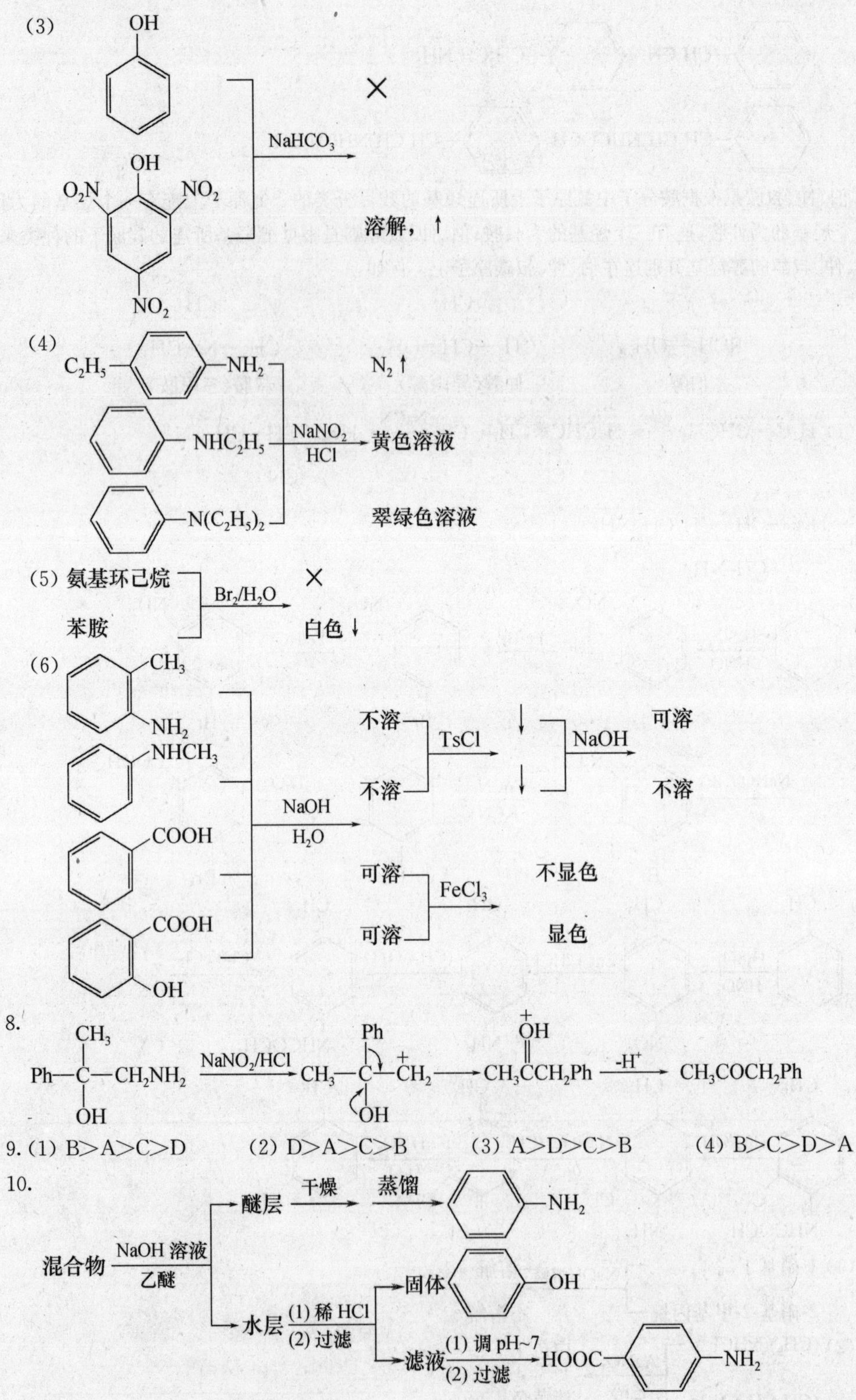

11. 重氮盐与酚的偶联反应宜在弱碱性(pH＝8～9)介质中进行，而与胺的偶联反应宜在中性或弱酸性(pH＝5～7)介质中进行。这是因为在弱碱性介质中，酚类主要以芳氧负离子形式存在，此时连有 O^- 的

苯环亲电取代活性更大，偶联反应发生在含酚羟基的苯环，即萘酚的 1 位。在弱酸性条件或中性介质中芳胺主要以游离胺的形式存在，此时连有 NH_2 的苯环的亲电取代活性更大，偶联反应发生在含氨基的苯环，即萘环的 8 位。

12.

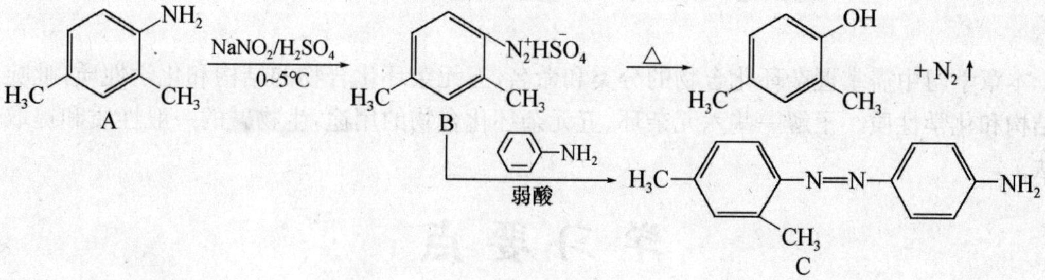

A（2,4-二甲基苯胺）$\xrightarrow[0\sim5^\circ C]{NaNO_2/H_2SO_4}$ B（$N_2^+HSO_4^-$ 重氮盐）$\xrightarrow{\triangle}$ 2,4-二甲基苯酚（OH）$+ N_2\uparrow$

B $\xrightarrow[\text{弱酸}]{C_6H_5NH_2}$ C：H_3C—$C_6H_3(CH_3)$—N=N—C_6H_4—NH_2

13. A：N—CH_3 桥环胺　B　C

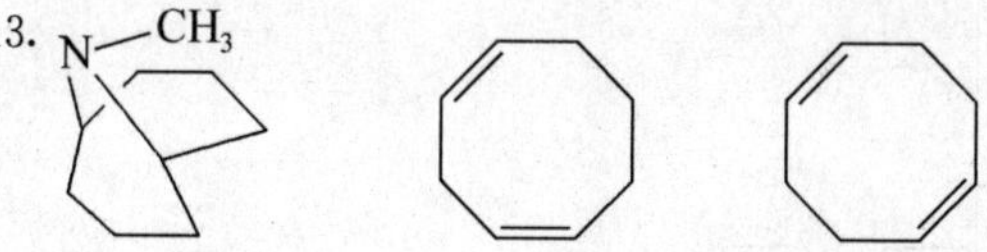

A　B　C

第十四章　杂环化合物

本章学习中需掌握杂环化合物的分类和命名，五元杂环化合物的结构和化学性质，吡啶的结构和化学性质。了解一些六元杂环、五元杂环化合物的用途，生物碱的一般性质和提取方法。

学 习 要 点

1. 杂环化合物的分类和命名▲

(1) 分类

杂环
- 单杂环
  - 五元环　O　S　N H
  - 六元环　N
- 稠杂环
  - 苯环与单杂环的稠合杂环(苯并杂环)　N H
  - 两个或两个以上单杂环的稠合杂环　N N N N H

(2) 命名：杂环的命名常用音译法，是按外文名词音译成带“口”字旁的同音汉字。

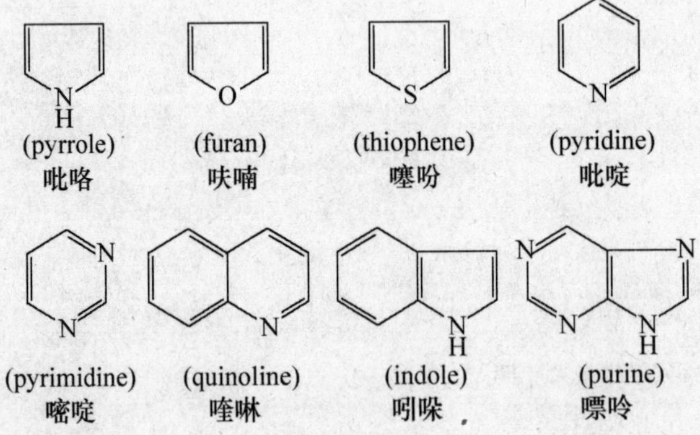

当环上有取代基时，取代基的位次从杂原子算起依次用1，2，3，……(或α，β，γ……)编号。如杂环上不止一个杂原子时，则从O、S、NH、N顺序依次编号。编号时杂原子的位次数字之和应最小。嘌呤的编号较为特殊，如右图。

1N 6 5 N7 2 8 N 3 4 N9 H

嘌呤

无特定名称的稠杂环，通常看作是两个单杂环并在一起，其中一个环为基本环即母环，另外的环为附环，两环名称中间加并字，如下：

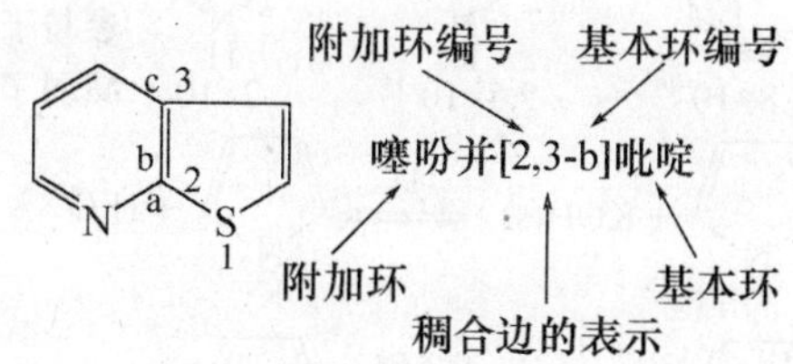

2. 五元杂环化合物▲▲

(1) 结构

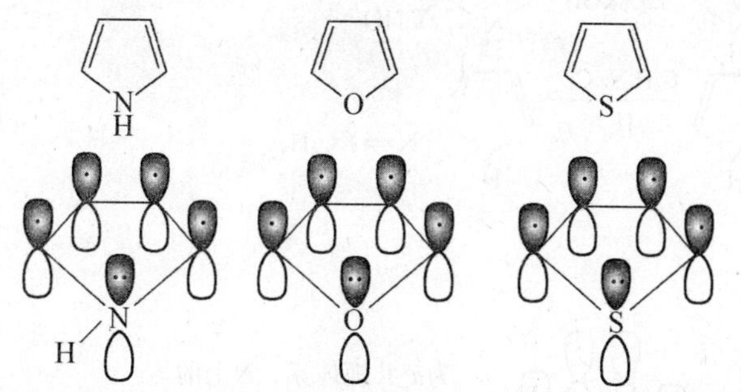

为π_5^6共轭体系，π电子数为6，符合4n+2规则，具有芳香性，是“富π”芳杂环

(2) 性质：从结构上分析，五元杂环为π_5^6共轭体系，电荷密度比苯大，容易发生亲电取代反应，反应活性顺序为：吡咯＞呋喃＞噻吩＞＞苯。呋喃、吡咯表现出一些特性反应。

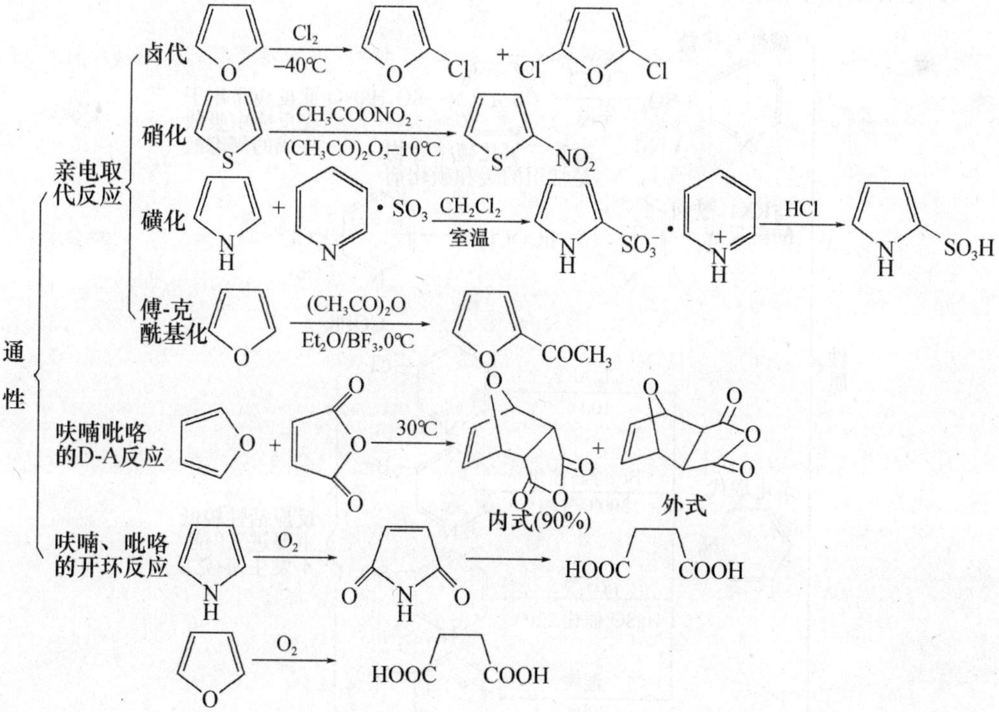

通性

- 亲电取代反应
  - 卤代：呋喃 $\xrightarrow[-40℃]{Cl_2}$ 2-氯呋喃 + 2,5-二氯呋喃
  - 硝化：噻吩 $\xrightarrow[(CH_3CO)_2O,-10℃]{CH_3COONO_2}$ 2-硝基噻吩（NO_2）
  - 磺化：吡咯 + 吡啶·SO_3 $\xrightarrow[室温]{CH_2Cl_2}$ 吡咯-2-SO_3^-·吡啶鎓（$\overset{+}{N}$H） $\xrightarrow{HCl}$ 吡咯-2-SO_3H
  - 傅-克酰基化：呋喃 $\xrightarrow[Et_2O/BF_3,0℃]{(CH_3CO)_2O}$ 2-乙酰基呋喃（$COCH_3$）
- 呋喃吡咯的D-A反应：呋喃 + 马来酸酐 $\xrightarrow{30℃}$ 内式(90%) + 外式
- 呋喃、吡咯的开环反应：
  - 吡咯 $\xrightarrow{O_2}$ 马来酰亚胺 $\longrightarrow$ HOOC–CH=CH–COOH
  - 呋喃 $\xrightarrow{O_2}$ HOOC–CH=CH–COOH

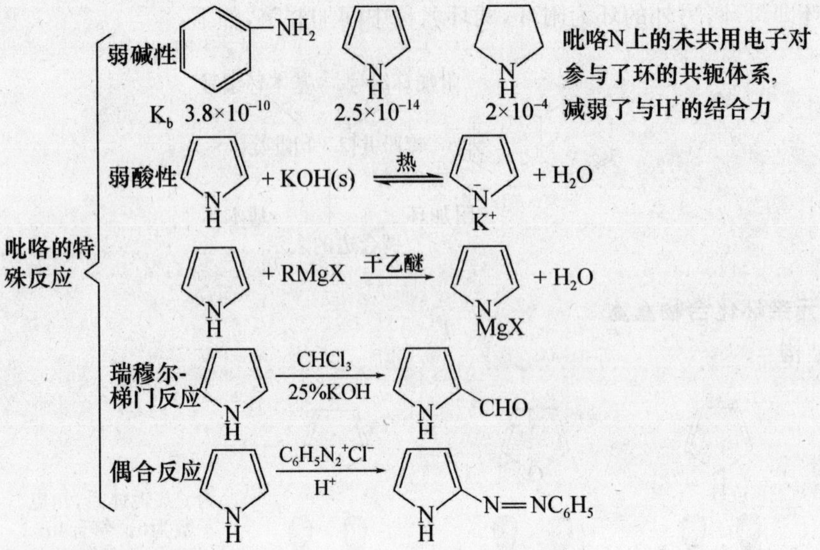

吡咯的特殊反应
弱碱性
K_b 3.8×10^{-10} 2.5×10^{-14} 2×10^{-4}
吡咯N上的未共用电子对参与了环的共轭体系，减弱了与H^+的结合力
弱酸性
+ KOH(s)
热
$+ H_2O$
+ RMgX
干乙醚
$+ H_2O$
MgX
瑞穆尔-梯门反应
$CHCl_3$
25%KOH
CHO
偶合反应
$C_6H_5N_2^+Cl^-$
H^+
$N=NC_6H_5$

3. 六元杂环化合物▲▲

（1）吡啶的结构

为π_6^6共轭体系，N上的孤电子对在sp^2轨道上，在环外未参与环内共轭是“缺π”芳杂环

（2）吡啶的化学性质

性质
碱性与成盐
$+ SO_3$
CH_2Cl_2
室温
$N—SO_3$(90%)
此反应常用于在反应中吸收生成的气态酸
吡啶三氧化硫络合物，是常用的缓和磺化剂
与RX、酰卤酸酐反应
+ PhCOCl
$\cdot Cl^-$
COPh
亲电取代
$Cl_2,AlCl_3$
100℃
Cl
Br_2,浮石催化
300℃气相
Br
浓H_2SO_4
$HgSO_4$催化,220℃
SO_3H
混酸
300℃
NO_2
反应活性较低
主要进入β位
不发生傅-克反应

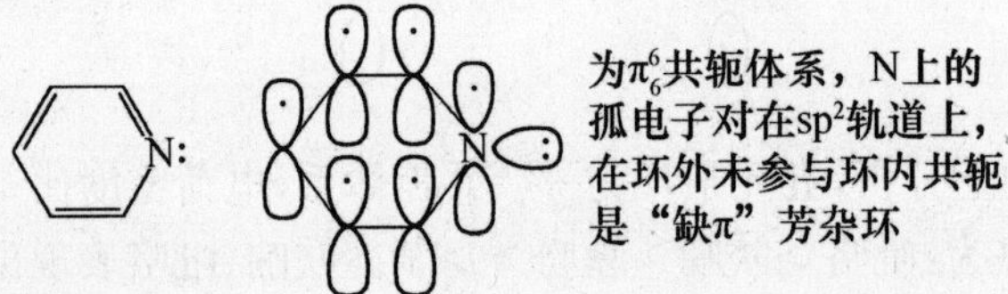

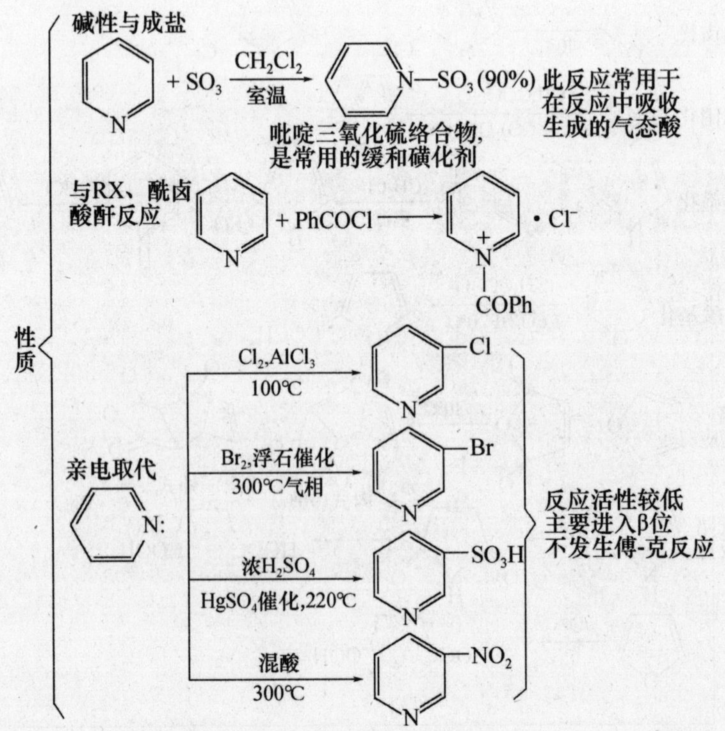

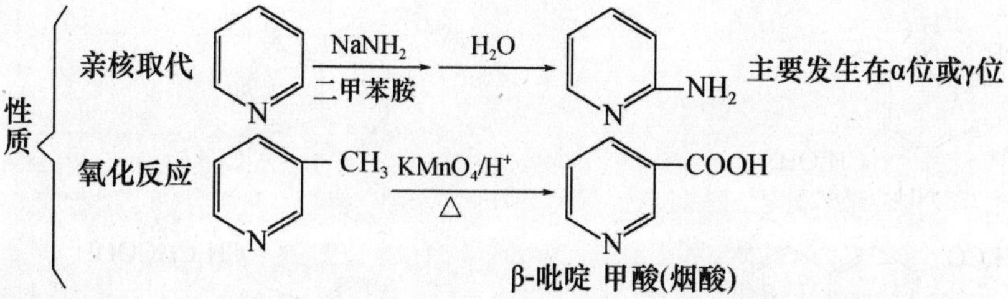

性质

亲核取代：吡啗 $\xrightarrow[\text{二甲苯胺}]{NaNH_2}$ $\xrightarrow{H_2O}$ 2-氨基吡啶（$-NH_2$） 主要发生在α位或γ位

氧化反应：3-甲基吡啶（$-CH_3$） $\xrightarrow[\triangle]{KMnO_4/H^+}$ β-吡啶 甲酸(烟酸)（$-COOH$）

4. 喹啉

（喹啉结构编号：1（N），2，3，4，5，6，7，8）

性质

亲电取代：喹啉 $\xrightarrow[0℃]{\text{混酸}}$ 5-硝基喹啉（NO_2） + 8-硝基喹啉（NO_2）　取代基主要进入5位和8位，以5位为主

喹啉 $\xrightarrow[300℃]{\text{发烟 }H_2SO_4}$ 5-喹啉磺酸（SO_3H）

亲核取代：喹啉 $\xrightarrow{C_6H_5CH_2MgCl}$ 4-苄基喹啉（$CH_2C_6H_5$） + 2-苄基喹啉（$CH_2C_6H_5$）　取代基主要进入2位和4位

氧化反应：喹啉 $\xrightarrow[\triangle]{KMnO_4/H^+}$ 2,3-吡啶二甲酸（COOH，COOH）

还原反应：喹啉 $\xrightarrow{H_2/Pt/H_2O}$ 1,2,3,4-四氢喹啉（NH）

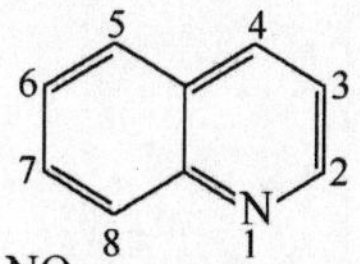

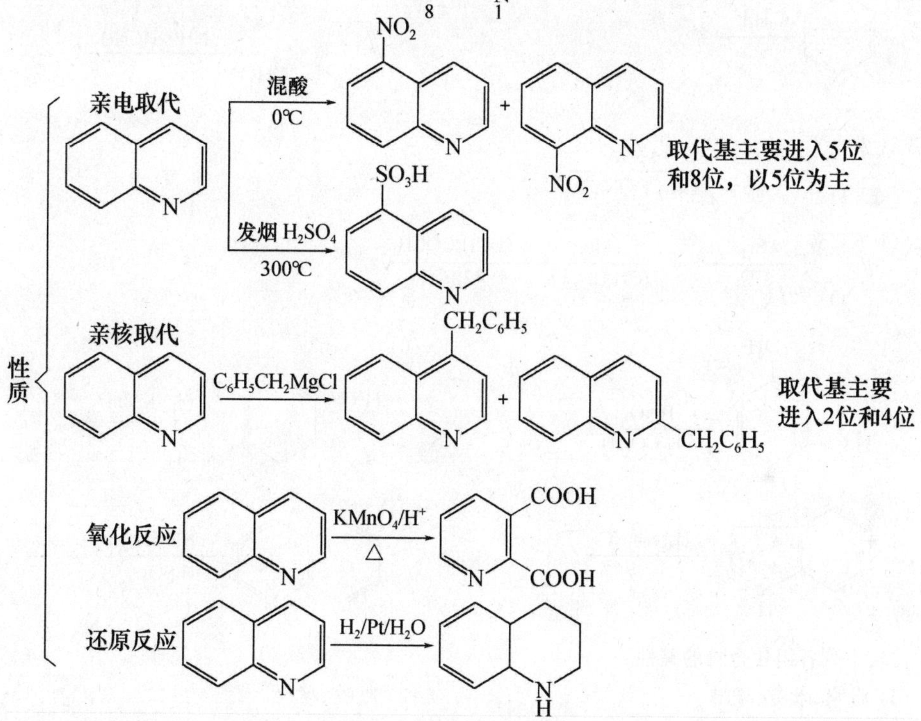

经典习题

1. 命名下列化合物：

(1) 呋喃环：3位 HOOC，5位 C_2H_5（O）

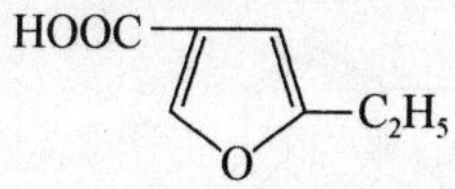

(2) 吡啶环：H_3C，$COOC_2H_5$（N）

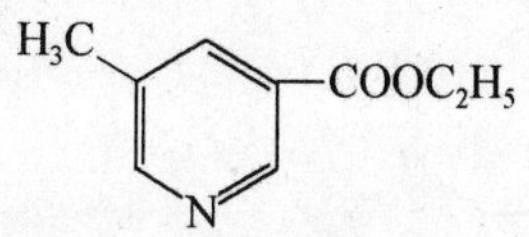

(3) 咪唑环：O_2N，CH_3（N，NH）

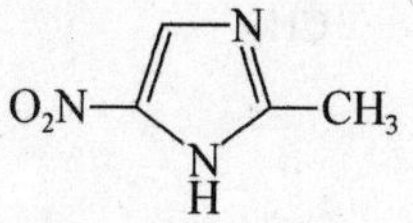

(4) 吡嗪环：H_3C，H_3C，CH_3，CH_3（N，N）

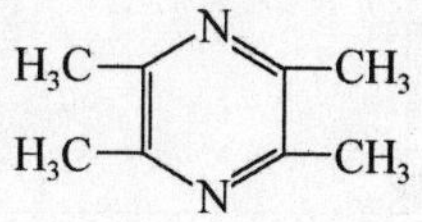

(5) O, H, N, N, CH_2OH, NH_2 (6) O, H, N, N, C_2H_5

(7) H_3CO, HO, OH, N (8) $CH_2CHCOOH$, $NHCH_3$, N, H

2. 完成下列反应：

(1) N $\xrightarrow{C_2H_5I}$?

(2) O, CHO $\xrightarrow{NH_2NHCNH_2 \text{ (C=O)}}$?

(3) O, CHO $\xrightarrow[CH_3COONa,\triangle]{(CH_3CO)_2O}$?

(4) O $\xrightarrow[\text{二氧六环}]{Br_2}$? $\xrightarrow[(CH_3CH_2)O]{Mg}$? $\xrightarrow[(2)H_3O^+]{(1)CH_3COCH_3}$?

(5) OH, N, H_3C, N $\xrightarrow[CH_3COOH]{HNO_3}$?

(6) H_3C, N $\xrightarrow{KMnO_4}$?

(7) N, H $\xrightarrow{C_6H_5N{=\!=}NCl}$?

(8) N $\xrightarrow[H_2SO_4]{HNO_3}$?+?

3. 比较下列各组化合物的碱性：

(1) 吡咯、吡啶、喹啉

(2) 吡唑、咪唑

(3) 2-甲基吡啶、吡啶

(4) 吡啶、嘧啶

(5) 噁唑、噻唑

(6) 吡咯、吲哚

(7) 甲胺、氨、苯胺、吡啶、吡咯

4. 比较下列化合物中各 N 原子碱性强弱：

(1) CH_3, N 2, N 1

(2) 1 N H, N2, CH_3

5. 简要回答下列问题：

(1) 为什么吡咯的硝化反应、磺化反应不能在强酸条件下进行？

(2) 在吡啶中引入羟基后，它在水中的溶解度增大，这句话对吗？

6. 完成下列转化：

(1)

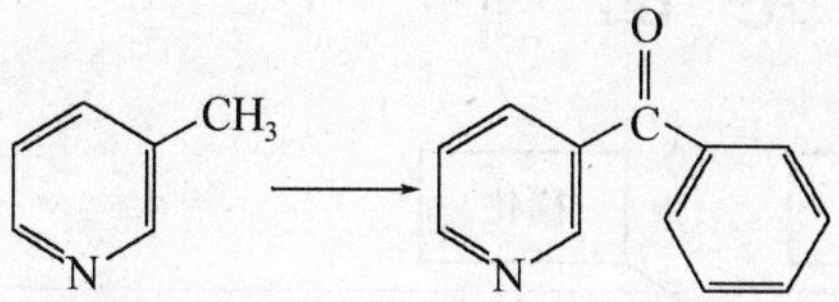

(2)

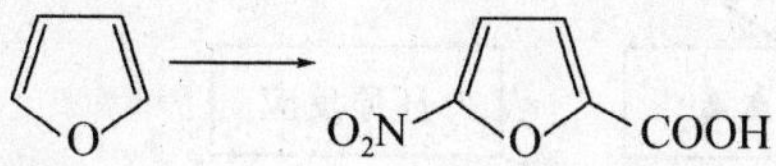

(3)

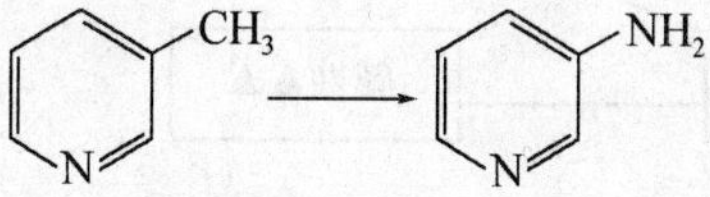

(4)

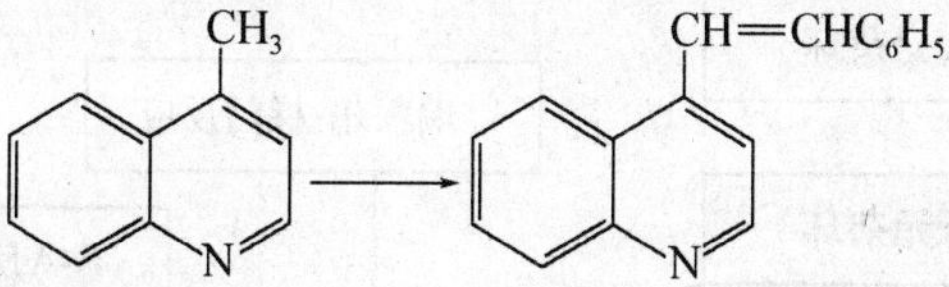

7. 某化合物 D 分子式为 $C_5H_4O_2$，D 能与苯肼反应，但不与酰卤作用。D 也能使 $KMnO_4$ 溶液褪色，用浓 NaOH 溶液处理 D，然后反应混合物酸化得到两种产物 E 和 F。E 含有氧，能与酰卤作用；F 是一种酸，在加热到 200℃时能放出 CO_2，转变成 G(C_4H_4O)。G 能使高锰酸钾褪色，但不与 Na 和苯肼反应。当 D 与 KCN 加热时，生成产物 H($C_{10}H_8O_4$)，H 不能还原菲林试剂，但能成脎，与 HIO_4 作用转变成 D 与 F。试写出 D、E、F、G、H 的结构式及有关反应。

8. 下列哪些化合物具有芳香性：

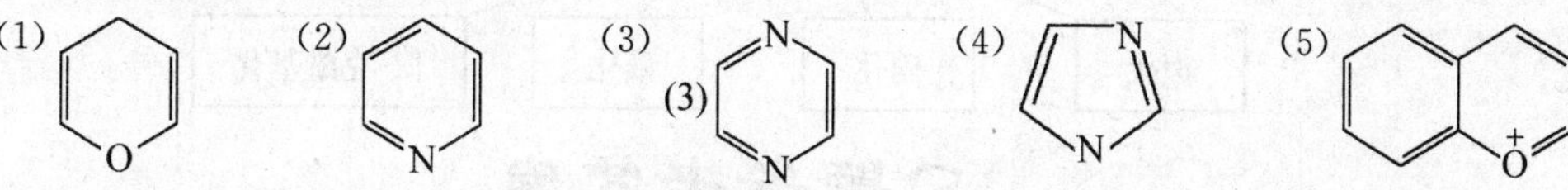

9. 写出尿嘧啶的酮式-烯醇式的互变异构平衡式。

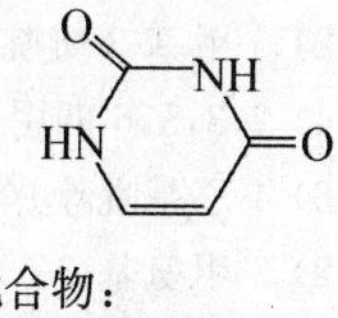

10. 用简单的化学方法区别下列各组化合物：

(1) 苯、吡啶、喹啉　　(2) 苯、噻吩、苯酚

11. 试写出下列合成中所列出的试剂、条件或产物：

(1)

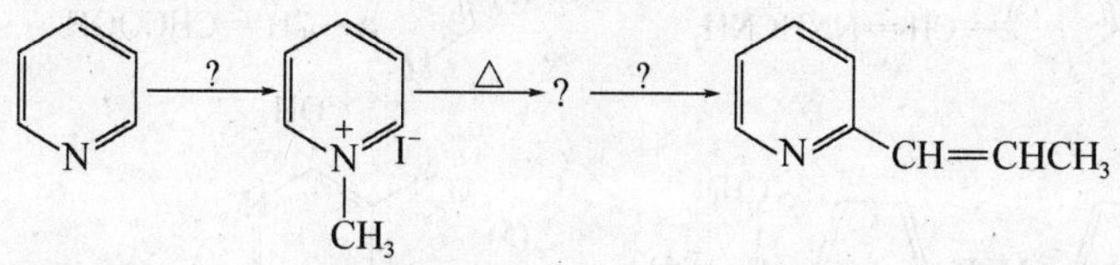

(2)

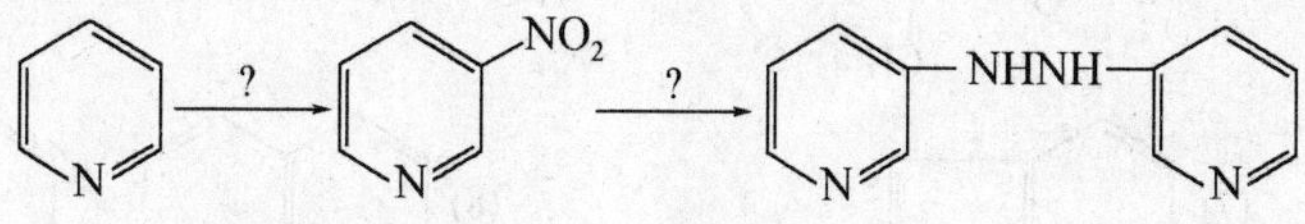

知识地图

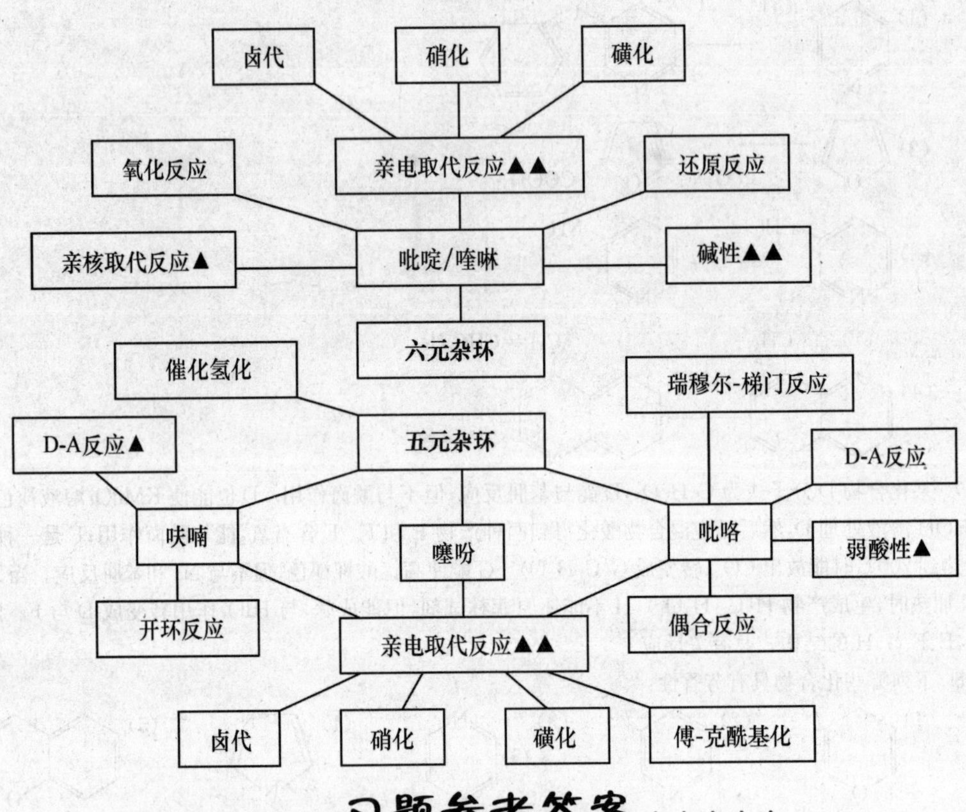

习题参考答案

1. (1) 2-乙基-4-呋喃甲酸　　(2) 5-甲基-3-吡啶甲酸乙酯
(3) 2-甲基-5-硝基咪唑　　(4) 2,3,5,6-四甲基吡嗪
(5) 4-氨基-5-羟甲基嘧啶-2-酮　　(6) 4-乙基吡唑并[4,5-d]噁唑
(7) 7,8-二羟基-6-甲氧基喹啉　　(8) 2-甲氨基-3-(3-吲哚基)丙酸

2.

(1) N^+　I^-　C_2H_5

(2) $CH{=}NNHCNH_2$（C=O）

(3) $CH{=}CHCOOH$

(4) Br　　MgBr　　CH_3　C—OH　CH_3

(5) OH　O_2N　N　H_3C　N

(6) COOH　N　COOH

(7) $N{=}NC_6H_5$　N　H

(8) N　NO_2　+　NO_2　N

3. (1) 吡咯＜喹啉＜吡啶　　(2) 吡唑＜咪唑

(3) 2-甲基吡啶＞吡啶　　(4) 吡啶＞嘧啶

(5) 噁唑＜噻唑　　(6) 吡咯＜吲哚

(7) 甲胺＞氨＞吡啶＞苯胺＞吡咯

4. 碱性：(1) N-2＞N-1　　(2) N-2＞N-1

5. (1) 吡咯是富 π 芳杂环，环上电子云密度较高，在强酸条件下，易质子化而发生聚合、氧化、开环等反应，所以吡咯的硝化反应、磺化反应不能在强酸条件下进行。

(2)不对。因为吡啶分子中由于氮原子的电负性较大，使吡啶具有较大的极性，可与水缔合，有较好的溶解性。而在吡啶中引入羟基后，羟基与吡啶氮原子之间可产生缔合现象，阻碍了羟基吡啶与水分子之间的缔合，使溶解度减小。

6.

(1)

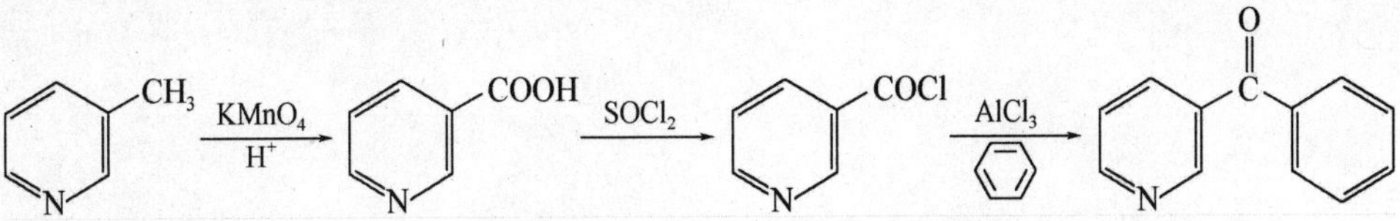

CH_3 $\xrightarrow[H^+]{KMnO_4}$ COOH $\xrightarrow{SOCl_2}$ COCl $\xrightarrow[\text{苯}]{AlCl_3}$ C=O

(2)

$\xrightarrow[BF_3]{Ac_2O}$ $COCH_3$ $\xrightarrow{HNO_3}$ O_2N … $COCH_3$ $\xrightarrow[(2)\ HCl]{(1)\ NaClO}$ O_2N … COOH

(3)

CH_3 $\xrightarrow{KMnO_4}$ COOH $\xrightarrow{SOCl_2}$ COCl $\xrightarrow{NH_3}$ $CONH_2$

$\xrightarrow{NaOBr}$ NH_2

(4)

CH_3 $\xrightarrow[ZnCl_2,\triangle]{PhCHO}$ $CH{=}CHC_6H_5$

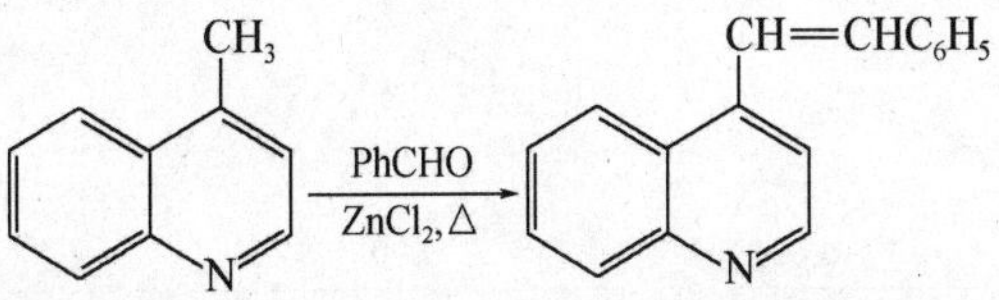

7.

CHO　CH_2OH　COOH　　CH—C(OH, O)

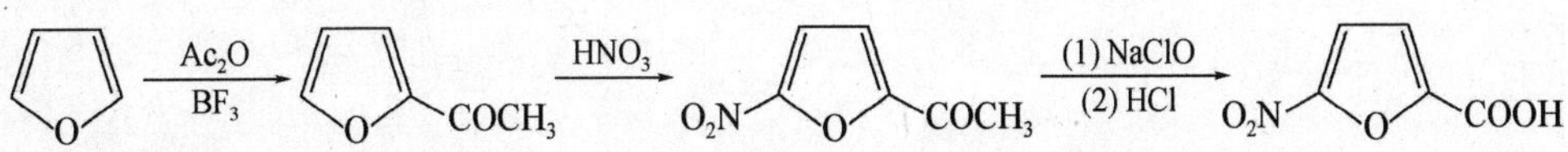

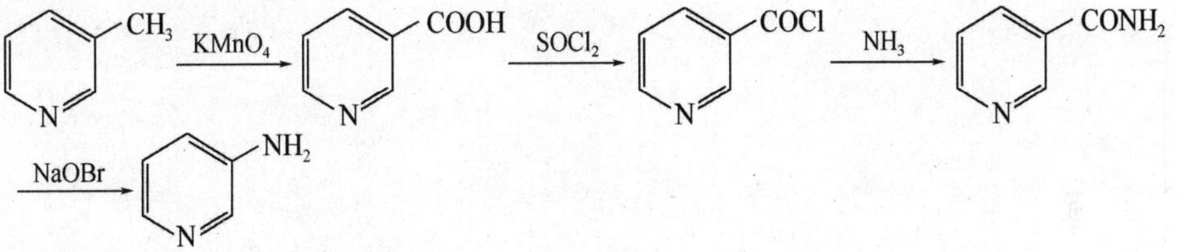

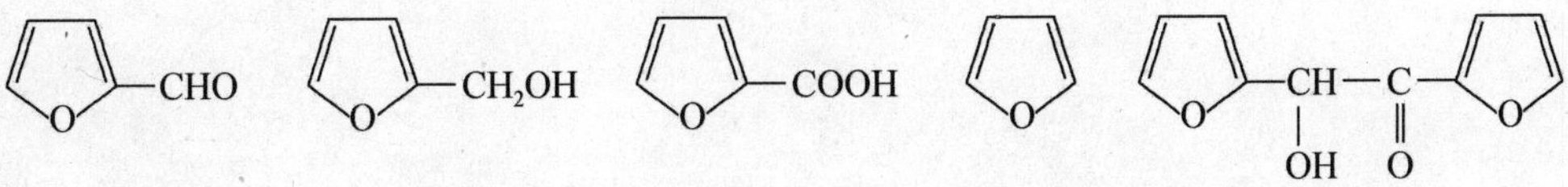

D　E　F　G　H

相关反应略。

8. (2)、(3)、(4)、(5)

9.

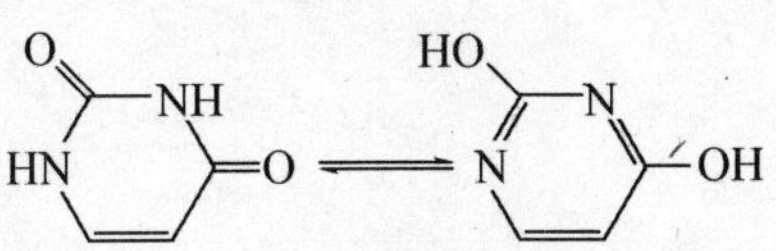

O　NH　HN　O ⇌ HO　N　N　OH

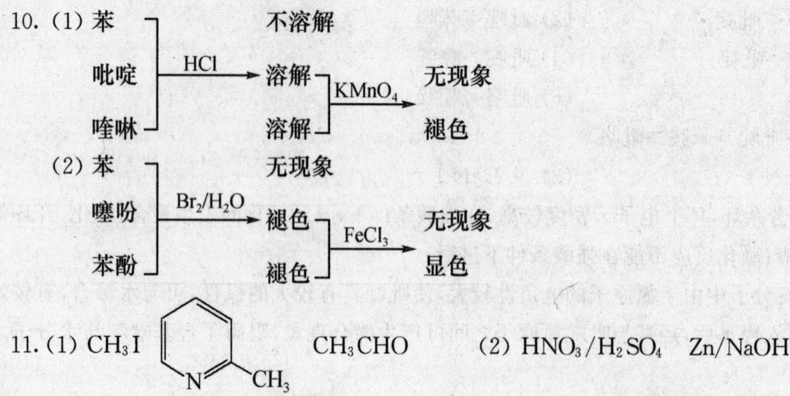
10.（1）苜
吡啶
喹啉
HCl
不溶解
溶解
溶解
$KMnO_4$
无现象
褪色
（2）苯
噻吩
苯酚
Br_2/H_2O
无现象
褪色
褪色
$FeCl_3$
无现象
显色
11.（1）CH_3I
N
CH_3
CH_3CHO
（2）HNO_3/H_2SO_4
Zn/NaOH

第十五章 糖 类

本章学习中需掌握单糖的开链及环状结构，单糖的主要化学性质，双糖及多糖的结构；熟悉各种糖的鉴别。

学习要点

1. 单糖的结构

糖类是一类多羟基醛（酮）或通过水解能产生多羟基醛（酮）的物质。

甘油醛：CHO / H—C—OH / CH_2OH　　1,3-二羟基丙酮：CH_2OH / C=O / CH_2OH　　2-脱氧核糖：CHO / H—C—H / H—C—OH / H—C—OH / CH_2OH　　2-氨基葡萄糖：CHO / H—C—NH_2 / HO—C—H / H—C—OH / H—C—OH / CH_2OH

（1）开链结构及构型：以甘油醛为标准来确定，将编号最大的手性碳与D-甘油醛进行比较。己醛糖有16种异构体，一半为D-构型；一半为L-构型（简称D-系和L-系）。

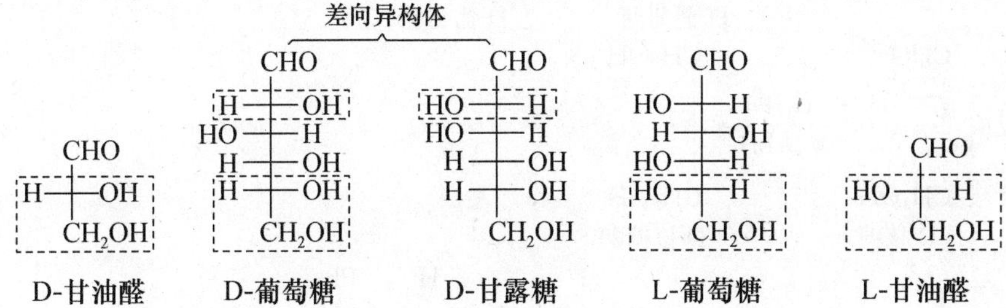

D-甘油醛　D-葡萄糖　D-甘露糖　L-葡萄糖　L-甘油醛

差向异构体：彼此间仅有一个手性碳原子的构型不同，其余都相同的非对映异构体。如葡萄糖的C_2-位的差向异构体是甘露糖，C_3-位的差向异构体是阿洛糖，C_4-位的差向异构体是半乳糖。

（2）环状结构及变旋现象▲：葡萄糖分子内的醛基和羟基发生反应，生成环状半缩醛结构。C_1上的羟基与C_5的羟甲基处于环平面同侧的称为β-体，异侧的则称为α-体。

β-D-(+)-葡萄糖 ⇌ 环状半缩醛（β） ⇌ 开链 D-葡萄糖 ⇌ 环状半缩醛（α） ⇌ α-D-(+)-葡萄糖

溶液的比旋光度随着时间变化逐渐增大或缩小，最后达到恒定值，这种现象称为变旋光现象。具有半缩醛或半缩酮结构的糖都有此现象。

2. 单糖的化学性质▲▲

化学反应

- 碱性条件下的反应(差向异构化)：D-葡萄糖 $\underset{}{\overset{Ba(OH)_2}{\rightleftharpoons}}$ 烯二醇 $\overset{Ba(OH)_2}{\rightleftharpoons}$ D-甘露糖　果糖也发生此反应

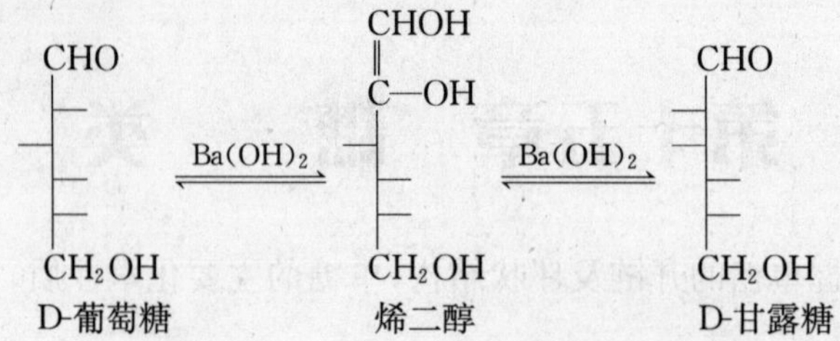

  CHO … CH_2OH　　CHOH ‖ C—OH … CH_2OH　　CHO … CH_2OH

- 氧化反应
  - 与吐伦试剂的反应 $[Ag(NH_3)_2]^+ + R'—CH(OH)—C(=O)—R \longrightarrow Ag\downarrow +$ 糖酸　用于单糖的鉴别
  - 与溴水的反应：D-葡萄糖 (CHO … CH_2OH) $\xrightarrow[CaCO_3,H_2O]{Br_2}$ D-葡萄糖酸 (COOH … CH_2OH) $\longrightarrow$ D-葡萄糖酸内酯　褪色，用于醛糖的鉴别
  - 与稀硝酸的反应：D-葡萄糖 (CHO … CH_2OH) $\xrightarrow[100℃]{HNO_3}$ D-葡萄糖二酸 (COOH … COOH)

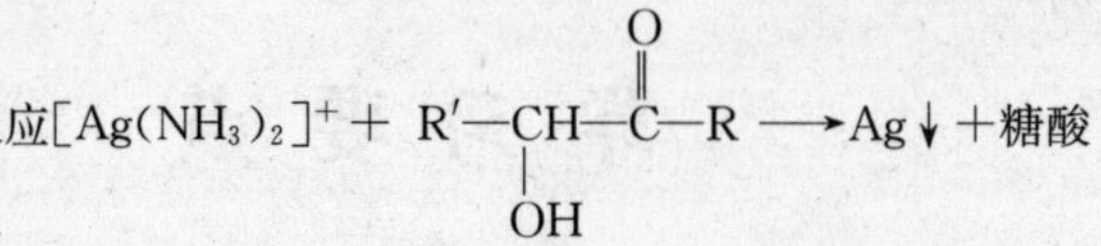

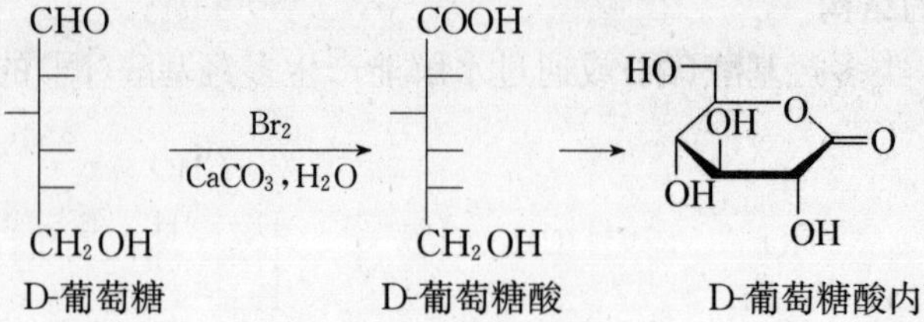

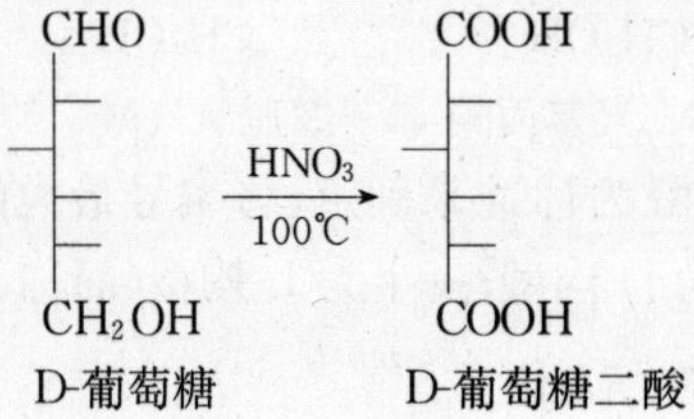

- 还原反应：D-核糖 (CHO … CH_2OH) $\xrightarrow[或 NaBH_4]{H_2/Pd}$ D-核糖醇 (CH_2OH … CH_2OH)

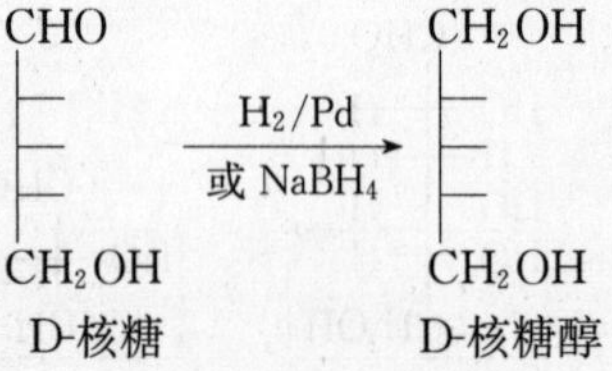

- 成脎反应：H—C(=O)—CH(OH)—CH(OH)—R $+ 3PhNHNH_2 \xrightarrow{EtOH,H_2O}$ H—C=N—NHPh / C=N—NHPh / H—C—OH / R

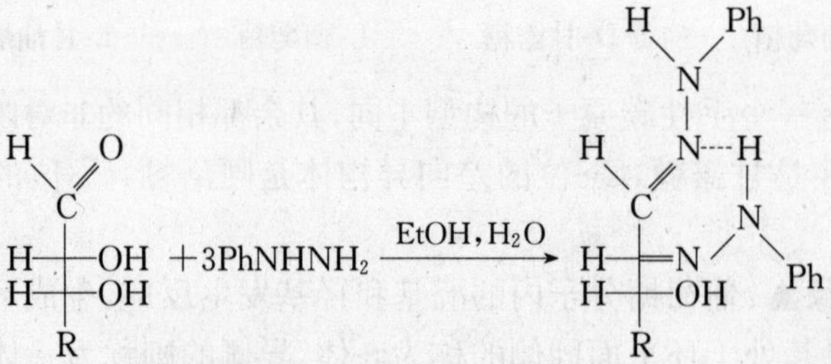

- 环状缩醛和缩酮：吡喃糖 $+ CH_3COCH_3 \xrightarrow{H_2SO_4}$ 缩酮

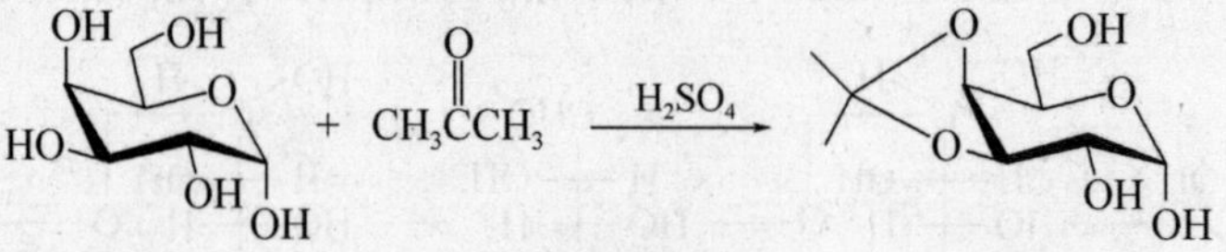

- 成苷反应：吡喃葡萄糖 $+ CH_3OH \xrightarrow{HCl}$ D-葡萄糖甲苷 (OCH_3 异构体) $+$ (OCH_3 异构体)

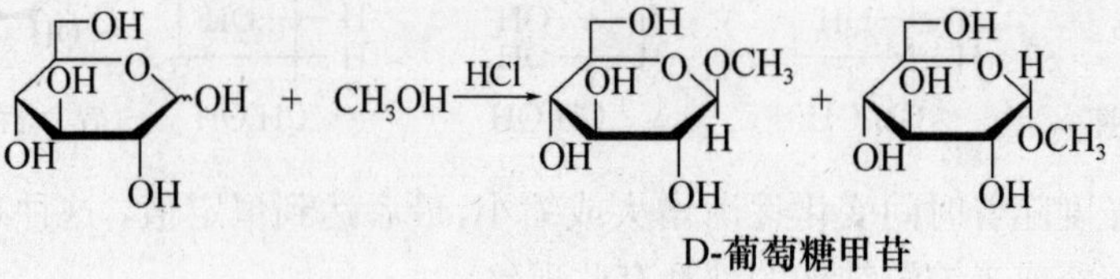

D-葡萄糖甲苷

3. 双糖

(1) (+)-麦芽糖:麦芽糖分子内存在一个游离的半缩醛羟基和一个苷键,苷键是由一分子 D-葡萄糖的苷羟基(又称半缩醛羟基)与另一分子 D-葡萄糖的醇羟基缩合而成(α-1,4-糖苷键),有还原性及变旋现象。

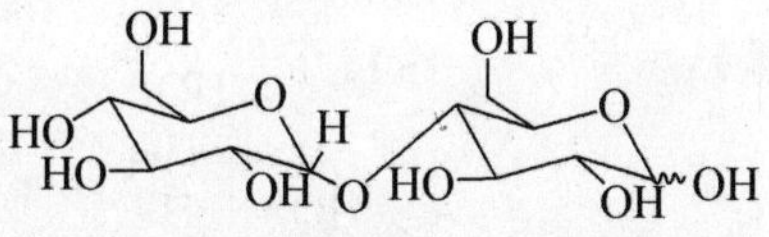

4-O-(α-D吡喃葡萄糖基)-D-吡喃葡萄糖

(2) (+)-乳糖:乳糖是还原糖,有变旋现象,由 β-1,4-苷键连接而成。

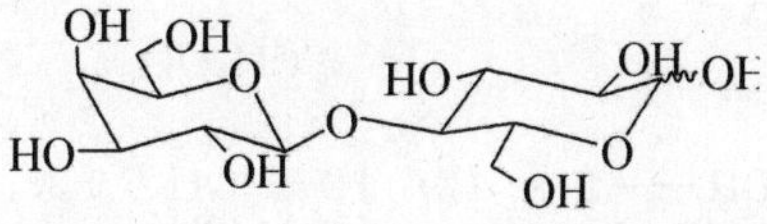

4-O-(β-D呋喃半乳糖基)-D-吡喃葡萄糖

(3) (+)-纤维二糖:纤维二糖是还原糖,有变旋现象,由两分子 D-(+)吡喃葡萄糖以 β-1,4- 糖苷键相连而成。

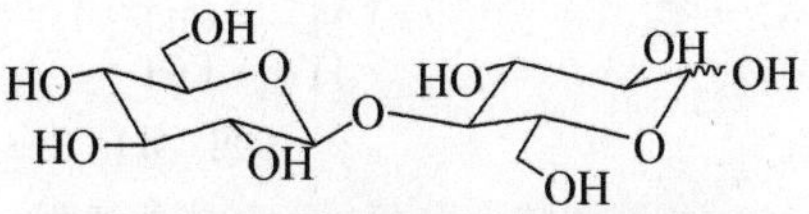

4-O-(β-D吡喃葡萄糖基)-D-吡喃葡萄糖

(4) (+)-蔗糖:蔗糖是非还原糖,无变旋现象,水解后生成等量的 D-葡萄糖和 D-果糖的混合物(转化糖)。

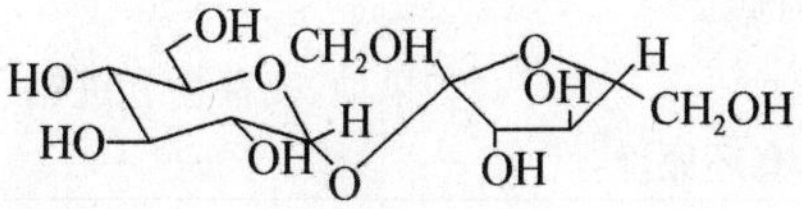

4. 多糖

(1) 直链淀粉:直链淀粉由 250～300 个 D-葡萄糖以 α-1,4-苷键相连而成。淀粉与 I_2 能形成络合物且呈蓝色,可作为淀粉的鉴别。

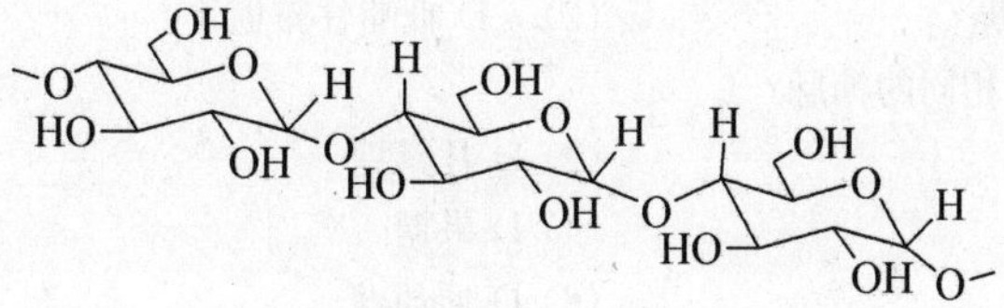

(2) 纤维素:纤维素约有 3000 个葡萄糖单元,分子量约为 500 000,由 D-葡萄糖以 β-1,4-苷键相连而成。

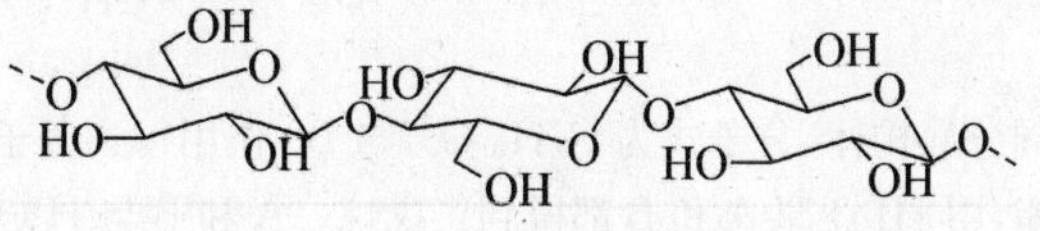

经典习题

1. 命名化合物或写出结构式：

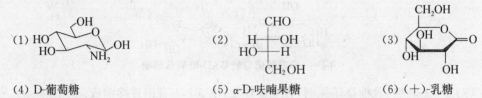

(1) HO, HO, OH, O, OH, NH_2 (2) CHO; H—OH; HO—H; CH_2OH (3) CH_2OH, OH, O, =O, OH, OH

(4) D-葡萄糖 (5) α-D-呋喃果糖 (6) (+)-乳糖

2. 完成下列反应式：

(1) CH_2OH, OH, O, OH, OH, H, OH + CH_3OH ⟶ ? (2) CH_2OH; =O; H—OH; H—OH; CH_2OH + $3C_6H_5NHNH_2$ ⟶ ?

(3) CHO; H—OH; H—OH; H—OH; CH_2OH + Br_2 ⟶ ? (4) CHO; H—OH; HO—H; H—OH; H—OH; CH_2OH + $LiAlH_4$ ⟶ ?

3. 试写出由 L-葡萄糖的 Fischer 投影式转化为 Haworth 式的过程。

4. 举例解释下列名词：

(1) 差向异构体 (2) 变旋现象

(3) 苷键 (4) 端基异构体

5. 用化学方法区分下列化合物：

(1) 淀粉、蔗糖和葡萄糖 (2) 果糖、麦芽糖和蔗糖

6. 指出下列糖化合物哪些具有还原性：

(1) D-阿拉伯糖 (2) D-甘露糖

(3) 淀粉 (4) 蔗糖

(5)纤维素 (6) β-D-葡萄糖苷

7. 写出下列单糖的稳定构象式：

(1) β-L-吡喃葡萄糖 (2) α-D-吡喃甘露糖

8. 下列单糖哪些生成相同的糖脎？

(1) D-半乳糖 (2) D-甘露糖

(3) D-核糖 (4) D-果糖

(5) D-阿拉伯糖 (6) D-葡萄糖

9. 有一戊糖 A 分子式为 $C_5H_{10}O_4$，能发生银镜反应。A 与硼氢化钠反应生成化合物 B($C_5H_{12}O_4$)，B 有光学活性，与乙酸酐反应得到四乙酸酯。A 与 CH_3OH、HCl 反应得到 C($C_6H_{12}O_4$)，再与 HIO_4 反应得到 D($C_6H_{10}O_4$)。D 在酸催化下水解，得到等量的乙二醛和 D-乳醛($CH_3CHOHCHO$)。试推导 A、B、C、D 的构造式。

10. 化合物 A 和 B 为同分异构体，分子式为 $C_5H_{10}O_4$，与 Br_2 作用得到分子式相同的酸($C_5H_{10}O_5$)，与乙酸酐反应均生成三乙酸酯，用 HI 还原 A 和 B 都得到正戊烷。A 和 B 与 HIO_4 作用都能生成一分子甲醛

和一分子甲酸。A 能与苯肼反应生成糖脎，而 B 则不能。试推导 A 和 B 的结构，并写出相关反应式。

知识地图

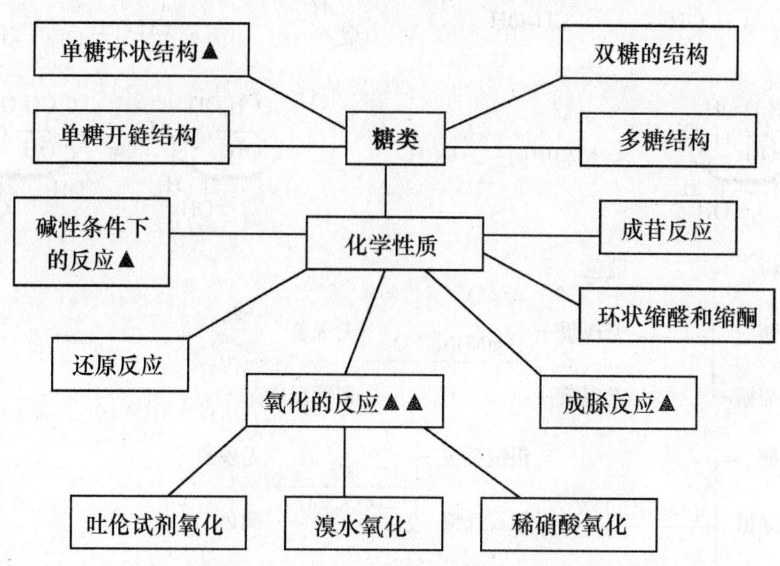

习题参考答案

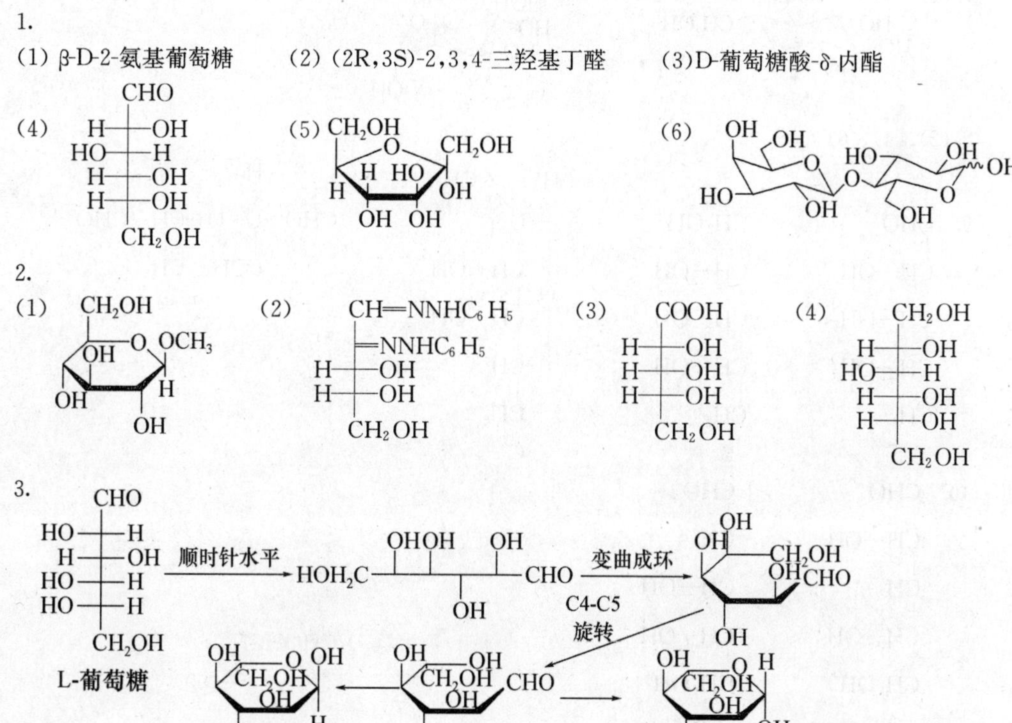

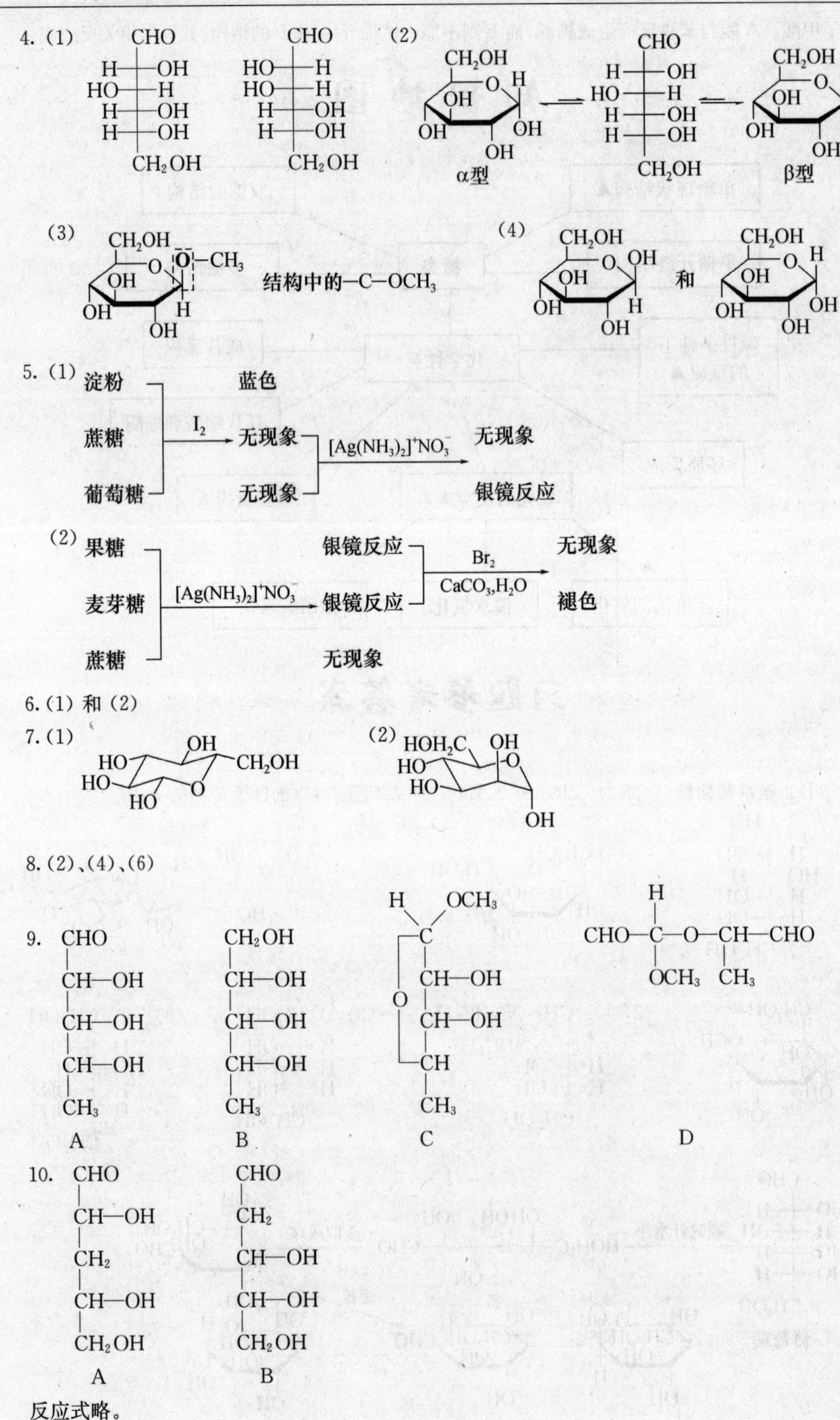

4.(1) (2) α型 β型

(3) 结构中的—C—OCH$_3$ (4) 和

5.(1) 淀粉 蔗糖 葡萄糖 I_2 蓝色 无现象 无现象 $[Ag(NH_3)_2]^+NO_3^-$ 无现象 银镜反应

(2) 果糖 麦芽糖 蔗糖 $[Ag(NH_3)_2]^+NO_3^-$ 银镜反应 银镜反应 无现象 Br_2 $CaCO_3$,H_2O 无现象 褪色

6.(1) 和 (2)

7.(1) (2)

8.(2)、(4)、(6)

9. A B C D

10. A B

反应式略。

第十六章　氨基酸、多肽、蛋白质和核酸

本章学习中需熟练掌握氨基酸的基本结构，偶极离子、等电子的概念，氨基酸基本化学变化；理解氨基酸构型的表示方法，肽键的结构特点；了解肽和蛋白质以及核酸的结构。

学习要点

1. 氨基酸

(1) 结构与分类

氨基酸是组成蛋白质的基本单元，蛋白质水解后的氨基酸主要有20种为α-氨基酸(除脯氨酸为α-亚氨基酸)，8种为必需氨基酸。结构通式为：

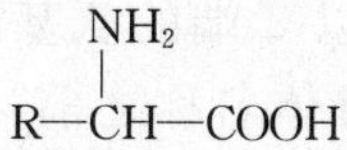

$$\text{R—}\underset{}{\overset{\displaystyle NH_2 \atop |}{\text{CH}}}\text{—COOH}$$

R代表不同的侧链基团，脯氨酸可看作是α-亚氨基酸。除甘氨酸外，α-氨基酸均具有旋光性。习惯上采用D、L标记构型。生物体内的α-氨基酸绝大多数为L型。如用R、S标记法，则除半胱氨酸为R构型外，其余的α-氨基酸均为S构型。

根据氨基酸中的烃基不同可分为脂肪族、芳香族和杂环氨基酸；根据氨基酸分子中所含氨基和羧基的数目不同分为酸性、碱性和中性氨基酸。

(2) 两性与等电点▲▲

氨基酸具有两性，一般情况下，α-氨基酸分子是偶极离子，常以内盐的形式存在，具有较高的熔点，在有机溶剂中难溶解。

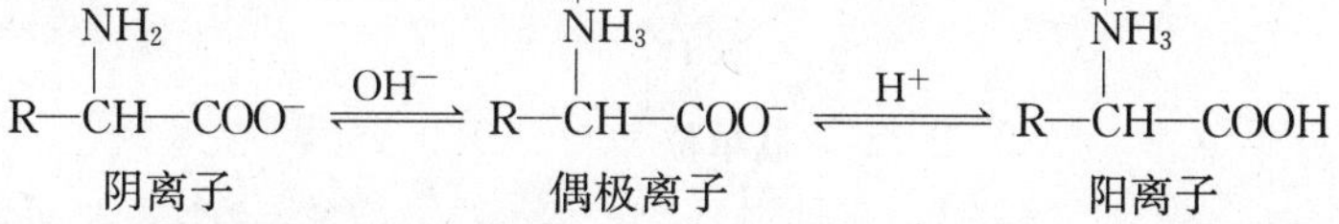

$$\underset{\text{阴离子}}{\text{R—}\overset{\displaystyle NH_2 \atop |}{\text{CH}}\text{—COO}^-} \underset{}{\overset{OH^-}{\rightleftharpoons}} \underset{\text{偶极离子}}{\text{R—}\overset{\displaystyle \overset{+}{N}H_3 \atop |}{\text{CH}}\text{—COO}^-} \overset{H^+}{\rightleftharpoons} \underset{\text{阳离子}}{\text{R—}\overset{\displaystyle \overset{+}{N}H_3 \atop |}{\text{CH}}\text{—COOH}}$$

在水溶液中氨基酸随溶液的pH不同而以不同的形式存在。使氨基酸处于电中性状态时溶液的pH，称为该氨基酸的等电点，通常以pI表示。每种氨基酸都有其特定的等电点。一般酸性氨基酸的等电点为2.7～3.2，碱性氨基酸为7.6～10.7，中性氨基酸为5.1～6.5。根据氨基酸等电点的差异，通过电泳技术可以分离氨基酸。

(3) 氨基酸的化学性质▲▲

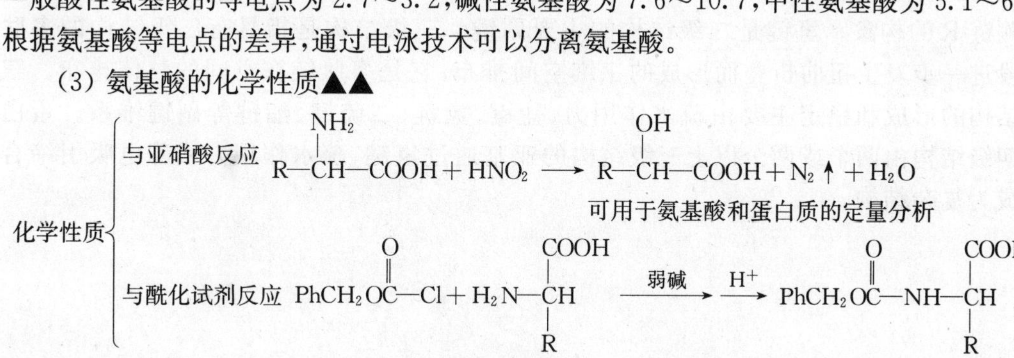

化学性质：

- 与亚硝酸反应　$\text{R—}\overset{\displaystyle NH_2 \atop |}{\text{CH}}\text{—COOH} + HNO_2 \longrightarrow \text{R—}\overset{\displaystyle OH \atop |}{\text{CH}}\text{—COOH} + N_2\uparrow + H_2O$

  可用于氨基酸和蛋白质的定量分析

- 与酰化试剂反应　$PhCH_2O\overset{\displaystyle O \atop \|}{C}\text{—Cl} + H_2N\text{—}\underset{\displaystyle | \atop R}{\overset{\displaystyle COOH \atop |}{CH}} \xrightarrow{\text{弱碱}} \xrightarrow{H^+} PhCH_2O\overset{\displaystyle O \atop \|}{C}\text{—NH—}\underset{\displaystyle | \atop R}{\overset{\displaystyle COOH \atop |}{CH}}$

化学性质
- 烃基化 $R-CH(NH_2)-COOH + O_2N-C_6H_3(NO_2)-F \longrightarrow O_2N-C_6H_3(NO_2)-NHCH(R)COOH + HF$
- 酯化 （脯氨酸，$\overset{+}{N}H_2$，COO^-）$+ PhCH_2OH \xrightarrow{H^+}$ （$\overset{+}{N}H_2$，$COOCH_2Ph$）
- 脱羧反应 $R-CH(NH_2)-COOH \xrightarrow{\triangle} R-CH_2NH_2 + CO_2\uparrow$
- 与茚三酮反应 α-氨基酸和水合茚三酮反应，发生一系列反应，最终生成蓝紫色物质。可用于氨基酸的定量分析

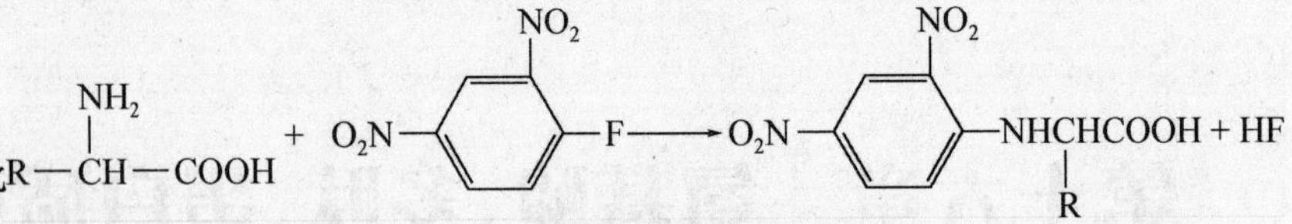

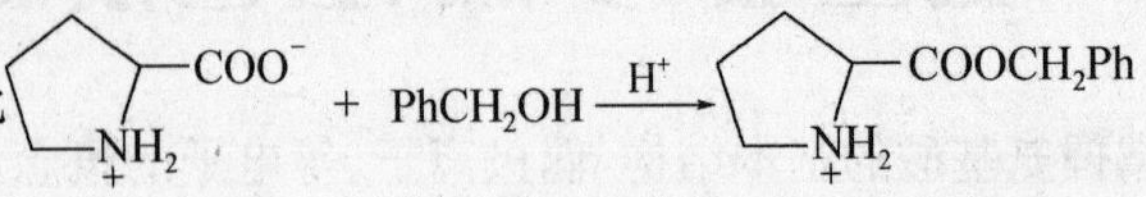

2. 多肽

(1) 命名

多肽是一类重要的化合物，生物体内含有许多生物活性肽。肽是氨基酸之间以肽键相互连接而成的化合物。命名时以C端的氨基酸为母体，从N端开始，将其余的氨基酸残基称为某氨酰，依次排列在母体名称之前，称为某氨酰某氨酸。也可用简写表示，即将组成肽链的各种氨基酸的英文简称或中文词头写到一起，氨基酸之间用“-”连接。

(2) 肽键的结构特点

肽键是多肽和氨基酸的基本化学键，组成肽键的4个原子与相邻的两个α-C原子共同构成肽单位。

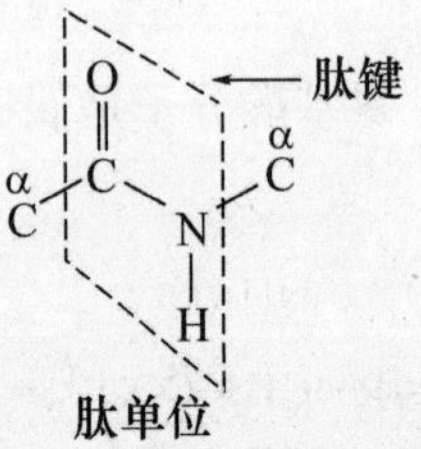

肽键

$\overset{\alpha}{C}-\overset{O}{\overset{\|}{C}}-\underset{H}{\underset{|}{N}}-\overset{\alpha}{C}$

肽单位

3. 蛋白质 蛋白质是生物体内一切组织的物质基础。蛋白质具有四个结构层次。一级结构是指多肽链中氨基酸残基的排列顺序，肽键是其主键。二级结构主要指多肽链的主链骨架在空间形成不同的构象（α-螺旋、β-折叠、β-转角和无规卷曲等），并不涉及侧链R的构象。氢键是二级结构的主要副键。三级结构是指具有二级结构的多肽链段进一步发生扭曲折叠而形成的三维空间排布，它是多肽链在空间的整体排布。三级结构的形成和稳定主要由疏水作用力、盐键、氢键、二硫键、酯键等副键维系。蛋白质四级结构由两个或两个以上三级结构的亚基通过氢键、疏水作用力或静电吸引缔合而成为复杂结构。

4. 核酸

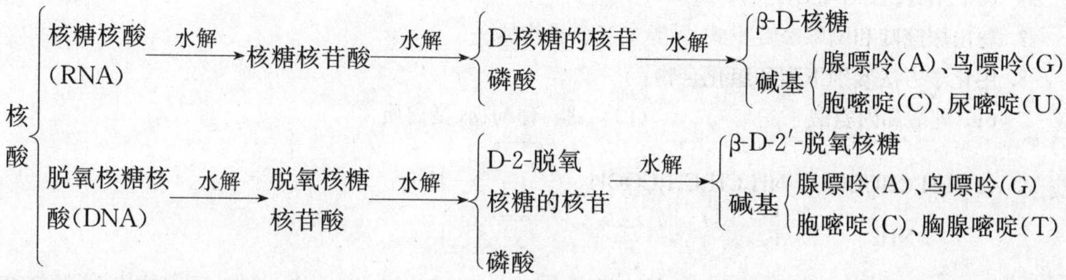

核酸或脱氧核酸是通过磷酸在一个核苷戊糖的3′位羟基和另一个核苷戊糖的5′位羟基之间形成磷酸酯键结合起来形成的没有分支的线性大分子。核酸分子中各种核苷酸的排列顺序称为核酸的一级结构。

经典习题

1. 写出下列化合物的结构式或命名：

(1) 甘氨酰丙氨酸　(2) 苯丙氨酸　(3) 谷-半胱-甘肽

(4) $C_6H_5-CH_2CH(\overset{+}{N}H_3)-\overset{O}{\overset{\|}{C}}-NH-CH(CH_2SH)-\overset{O}{\overset{\|}{C}}-NH-CH(CH_2CH(CH_3)_2)-COO^-$

(5) $HS-CH_2-CH(NH_2)COOH$

2. 写出苏氨酸各对映体的 Fischer 投影式，并标明 D/L 和 R/S 构型。

3. 已知甘氨酸(pI=5.97)、谷氨酸(pI=3.22)、赖氨酸(pI=9.74)，请回答下列问题：

(1) 它们的水溶液分别呈酸性还是碱性？

(2) 三种氨基酸在 pH=6 时，置于电场中，推测其移动方向。

4. 解释下列事实：

(1) 中性氨基酸的 pI 为什么不等于 7，而略小于 7？

(2) 在某一氨基酸的水溶液中加入 H^+ 至 pH 小于 7 的某值，可观察到此氨基酸被沉淀下来，这是什么原因？在这一 pH 该氨基酸以何种形式存在？这一氨基酸的等电点是大于 7 还是小于 7？

(3) 卵清蛋白(pI=4.6)、人血白蛋白(pI=4.9)和尿酶(pI=5.0)三种蛋白混合物为何在 pH=4.9 的缓冲溶液中进行电泳时分离效果最佳？

5. 胰岛素的等电点 pI=5.3，将其置于 pH 为 2.0、5.3 和 7.0 的缓冲溶液中，它分别带何种电荷？在哪一种溶液中溶解度最小？

6. 完成下列反应式：

(1) $H_3C-CH(NH_2)-COOH$ + F—(2,4-二硝基苯)（1-氟-2,4-二硝基苯，$F-C_6H_3(NO_2)_2$）$\longrightarrow$?

(2) $H_3C-CH(NH_2)-COOH + HNO_2 \longrightarrow$?

(3) $NH_2CH_2CH_2CH_2CH_2COOH \xrightarrow{\triangle}$?

7. 写出尿嘧啶和胸腺嘧啶酮式-烯醇式互变异构体。

8. 用化学方法鉴别下列各组化合物：

(1) 乳酸和丙氨酸　　(2) 二肽、葡萄糖、蛋白质

(3) $CH_3CH(NH_2)COOH$、$NH_2CH_2CH_2COOH$、$C_6H_5NH_2$

9. 某化合物 A($C_5H_9O_4N$)具有旋光性，与 $NaHCO_3$ 反应放出 CO_2，与 HNO_2 反应放出 N_2 并转变为 B($C_5H_8O_5$)。B 仍具有旋光性，被氧化可得到 C($C_5H_6O_5$)。C 无旋光性，但可与 2,4-二硝基苯肼反应作用生成黄色沉淀，C 在稀 H_2SO_4 存在下加热放出 CO_2 并生成化合物 D($C_4H_6O_3$)，在加热条件下，D 能与 Tollens 试剂反应，其氧化产物为 E($C_4H_6O_4$)，E 无支链。1 mol E 能与足量的 $NaHCO_3$ 反应放出 2 mol CO_2。试写出 A、B、C、D 的结构式。

知识地图

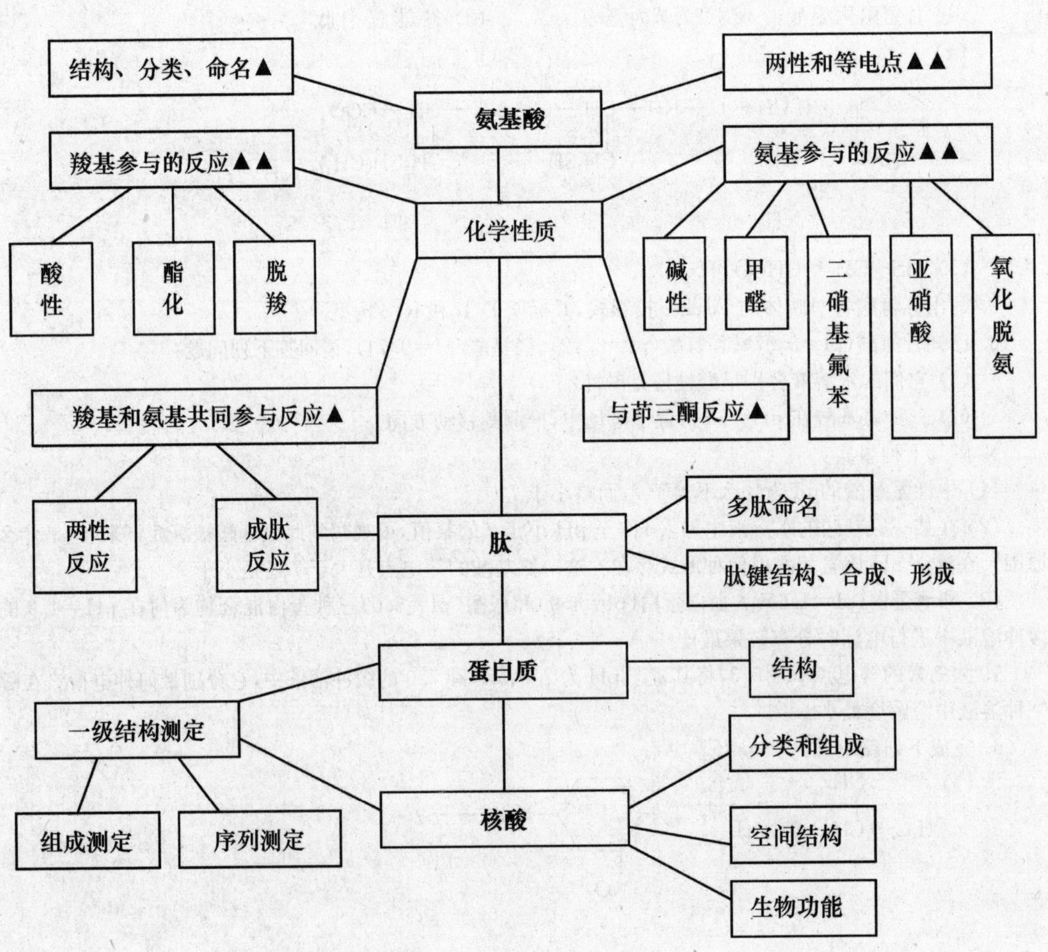

习题参考答案

1.(1) $H_2N-CH_2-\overset{\overset{O}{\|}}{C}-NH-\overset{\overset{CH_3}{|}}{CH}-COOH$　　(2) $H_2\underset{\underset{C_6H_5}{|}}{C}-\overset{\overset{NH_2}{|}}{C}HCOOH$

(3) $H_2N-\overset{\overset{COOH}{|}}{CH}-CH_2-CH_2-\overset{\overset{O}{\|}}{C}-NH-\overset{\overset{HS-CH_2}{|}}{CH}-\overset{\overset{O}{\|}}{C}-NH-CH_2-COOH$

(4) 苯丙半胱亮肽　　(5) 半胱氨酸

2.

COO⁻	COO⁻	COO⁻	COO⁻
H—C—NH_3^+	H_3N^+—C—H	H—C—NH_3^+	H_3N^+—C—H
H—C—OH	HO—C—H	HO—C—H	H—C—OH
CH_3	CH_3	CH_3	CH_3
D(2R,3R)	L(2S,3S)	L(2R,3S)	D(2S,2R)

3.(1) 甘氨酸呈酸性；谷氨酸呈酸性；赖氨酸呈碱性

(2) 甘氨酸基本不动；谷氨酸向正极移动；赖氨酸向负极移动

4.(1) 中性氨基酸由于 $NH_3{}^+$ 给出质子的能力大于 COO^- 接受质子的能力，故在纯水中呈微酸性，其 pI 略小于 7。

(2) 这是因为在 pH 小于 7 的某值达到了该氨基酸的等电点，在等电点的氨基酸的溶解度最小，因此被沉淀下来。此时氨基酸以内盐形式存在，$R-\overset{\overset{NH_3^+}{|}}{CH}-COO^-$ 即该氨基酸的等电点小于 7。

(3) 这是因为在 pH＝4.9 时是人血白蛋白的等电点，此时电泳血清蛋白不动，卵清蛋白带负电向正极泳动，尿酶带正电向负极泳动，从而将三种蛋白分离，效果最佳。

5. 胰岛素的等电点 pI＝5.3，在 pH 为 2.0 缓冲溶液中带正电荷，在 pH 为 7.0 的缓冲溶液中带负电荷，在 pH 为 5.3 缓冲溶液中不带电荷，此时，溶解度最小。

6.(1) $H_3C-CHCOOH$（N 上连 2,4-二硝基苯基：HN—$C_6H_3(NO_2)_2$）　　(2) $H_3C-\overset{\overset{OH}{|}}{CH}-COOH$　　(3) 2-哌啶酮（六元环，N—H 与 C=O 相邻）

7. 尿嘧啶

酮式 ⇌ 烯醇式

胸腺嘧啶

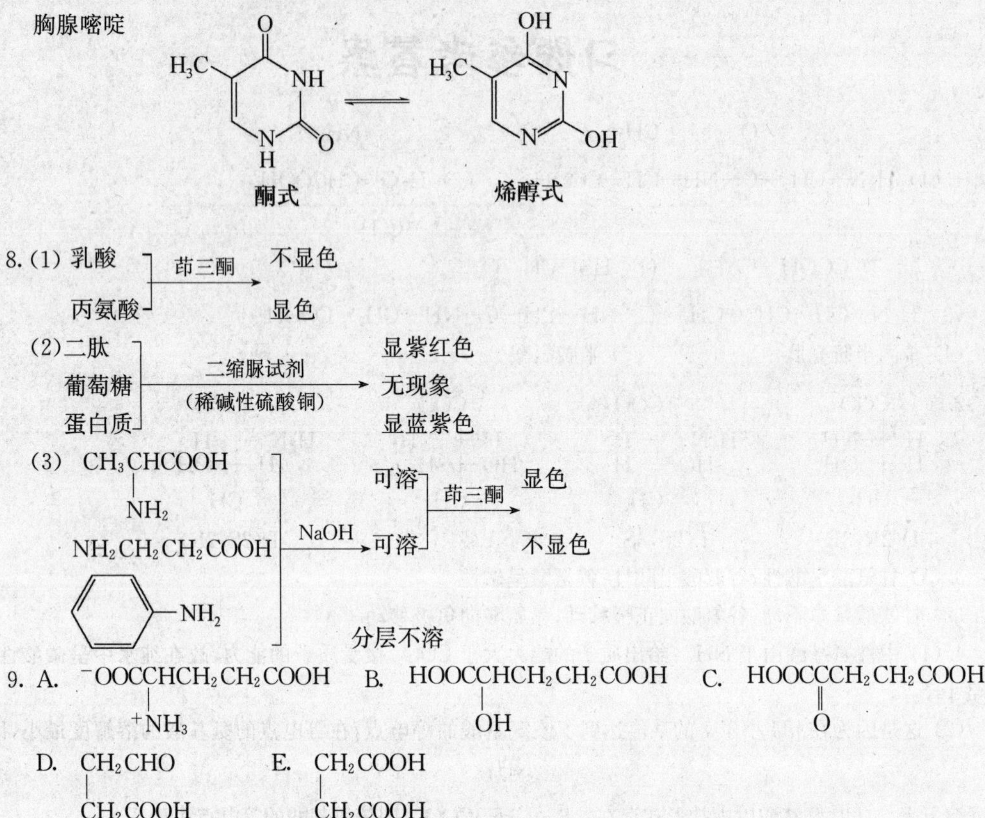

8.(1) 乳酸、丙氨酸 $\xrightarrow{\text{茚三酮}}$ 乳酸：不显色；丙氨酸：显色

(2) 二肽、葡萄糖、蛋白质 $\xrightarrow[\text{(稀碱性硫酸铜)}]{\text{二缩脲试剂}}$ 二肽：显紫红色；葡萄糖：无现象；蛋白质：显蓝紫色

(3) $CH_3CH(NH_2)COOH$、$NH_2CH_2CH_2COOH$、苯胺（$C_6H_5NH_2$）$\xrightarrow{NaOH}$ $CH_3CH(NH_2)COOH$：可溶；$NH_2CH_2CH_2COOH$：可溶；苯胺：分层不溶

可溶者 $\xrightarrow{\text{茚三酮}}$ $CH_3CH(NH_2)COOH$：显色；$NH_2CH_2CH_2COOH$：不显色

9. A. $^{-}OOCCH(\overset{+}{N}H_3)CH_2CH_2COOH$　B. $HOOCCH(OH)CH_2CH_2COOH$　C. $HOOCC(=O)CH_2CH_2COOH$

D. CH_2CHO—CH_2COOH（$OHCCH_2CH_2COOH$）　E. CH_2COOH—CH_2COOH（$HOOCCH_2CH_2COOH$）

第十七章　萜类和甾族化合物

本章学习中需熟练掌握萜类和甾族化合物的结构特点；理解萜类化合物的分类及重要的单萜类化合物；掌握萜类化合物的异戊二烯规则，甾族化合物的命名，甾族化合物的碳架构型、构象分析。

学习要点

1. 萜类化合物的结构特点及异戊二烯规则▲▲　萜类化合物分子的基本骨架可以划分为若干个异戊二烯单位，这称为异戊二烯规则。大多数萜类化合物分子是由异戊二烯单位头尾相连而成，少数则由头头相连或尾尾相连而成。

头　　　　　　尾 头　　　　　尾
C—C—C—C┆C—C—C—C

2. 萜类化合物的分类及重要的单萜类化合物　根据分子中所含异戊二烯单位的数目，萜类化合物可分为单萜（两个异戊二烯单位）、倍半萜（三个异戊二烯单位）、二萜（四个异戊二烯单位）等。

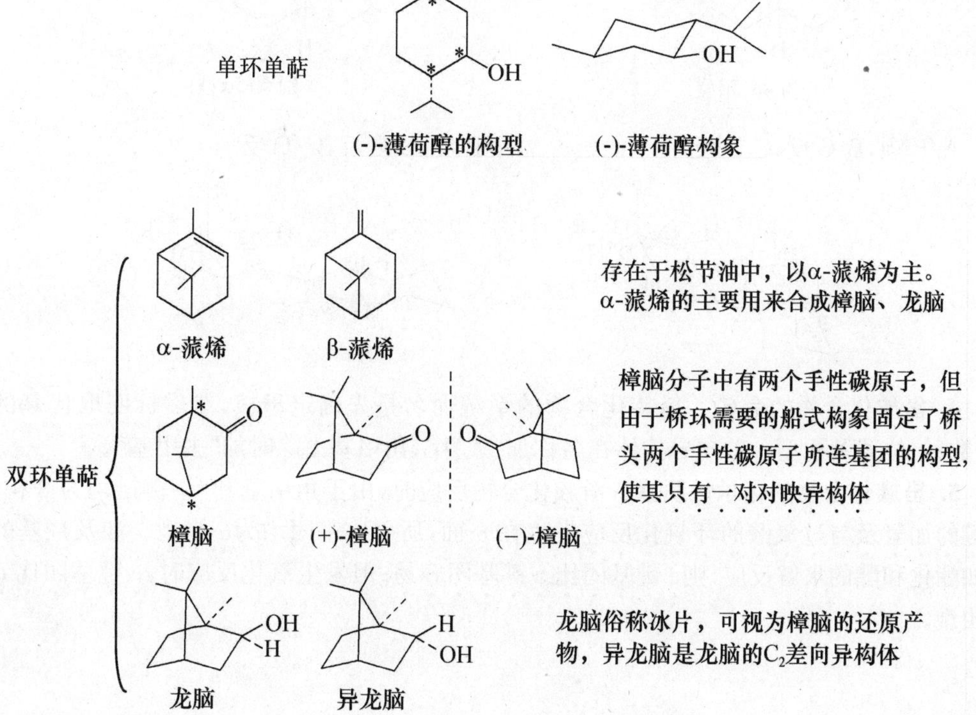
单环单萜
OH
(-)-薄荷醇的构型
(-)-薄荷醇构象
双环单萜
α-蒎烯
β-蒎烯
存在于松节油中，以α-蒎烯为主。
α-蒎烯的主要用来合成樟脑、龙脑
O
樟脑
(+)-樟脑
(−)-樟脑
樟脑分子中有两个手性碳原子，但由于桥环需要的船式构象固定了桥头两个手性碳原子所连基团的构型，使其只有一对对映异构体
OH
H
龙脑
异龙脑
龙脑俗称冰片，可视为樟脑的还原产物，异龙脑是龙脑的C2差向异构体

3. 甾族化合物的结构▲▲

(1) 甾族化合物的基本结构

甾族化合物是由环戊烷骈多氢菲母核和三个侧链构成，三个侧链中两个是甲基，一个是含不同碳原子数的碳链或含氧基团。

甾族化合物基本结构　　　　胆甾烷

四个环用 A、B、C、D 标记，碳原子按固定顺序用阿拉伯数字编号，如胆甾烷。位于环平面上方的原子或原子团为β-构型，用实线表示；位于环平面下方的原子或原子团为α-构型，用虚线表示；波纹线则表示所连原子或原子团的构型待定。

(2) 甾族化合物的构型和构象

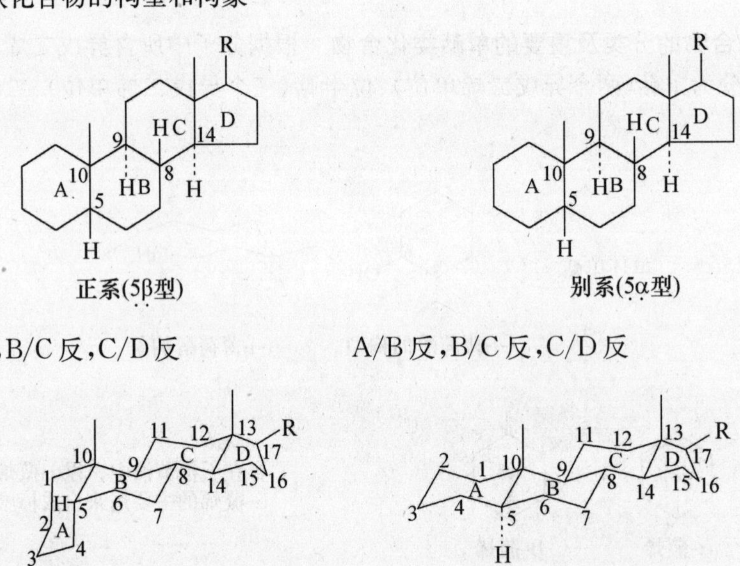

正系(5β型)　　　　别系(5α型)

A/B 顺，B/C 反，C/D 反　　　　A/B 反，B/C 反，C/D 反

4. 甾族化合物的命名　甾族化合物的系统命名是先确定母核，然后标明取代基的名称、数目、位置及构型。差向异构体在名称加“表”字，角甲基去除时加“去甲基”。

5. 甾族化合物的化学性质▲　甾族化合物反应时，由于角甲基和 C_{17} 侧链均为β-构型，双键的加氢及与过氧酸的环氧化反应发生在α-面，所引入基团均为α-构型。涉及羟基的反应如酯化和酯的水解反应，则e键基团比 a 键基团容易；但发生氧化反应时，e 键基团比 a 键基团难。

经典习题

1. 标出下列化合物的异戊二烯单位并指出各属于哪种萜类：

(1)　　(2)

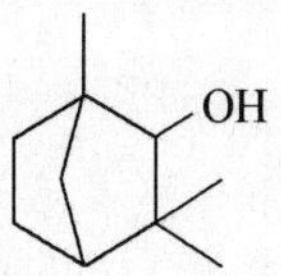

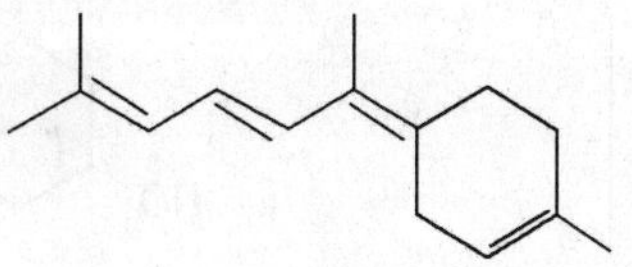

(3) 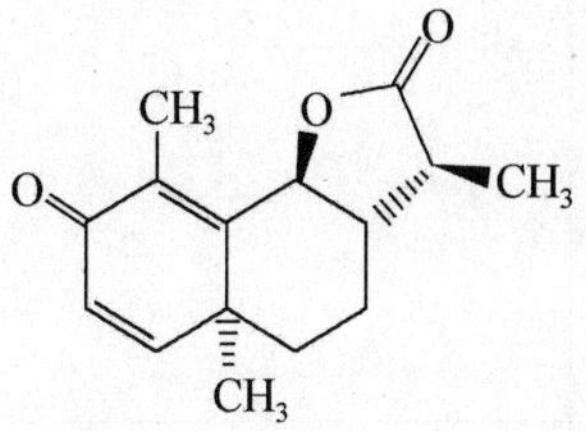　　(4)

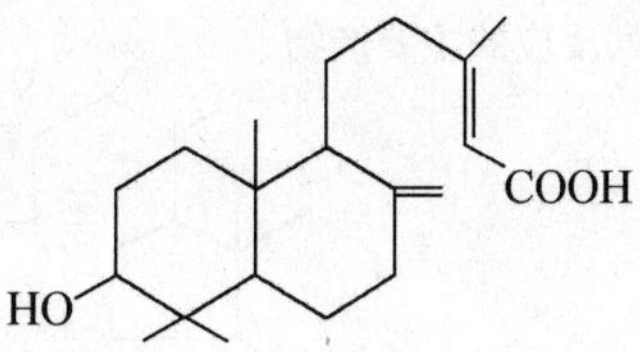

2. 写出下列化合物的构象式：

(1) (—)薄荷醇　(2) 樟脑　(3) 龙脑　(4) 异龙脑

(5) 雄甾酮　(6) 胆酸

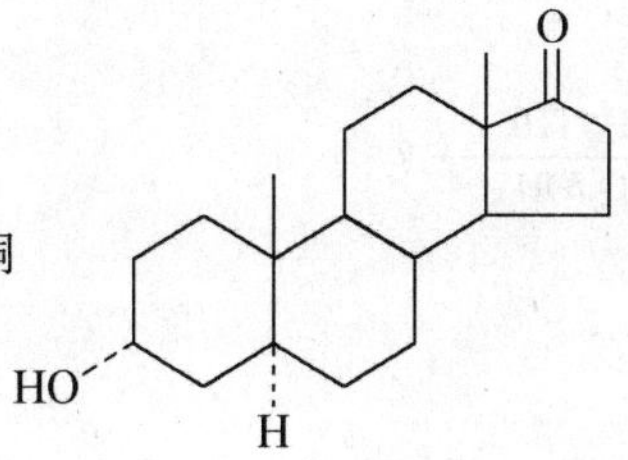

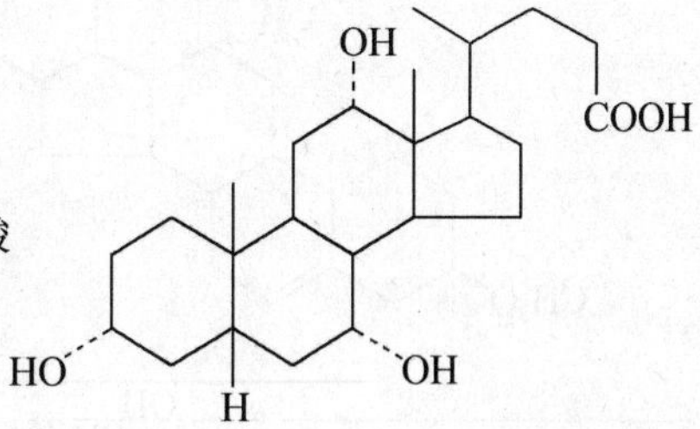

3. 写出下列反应机制：

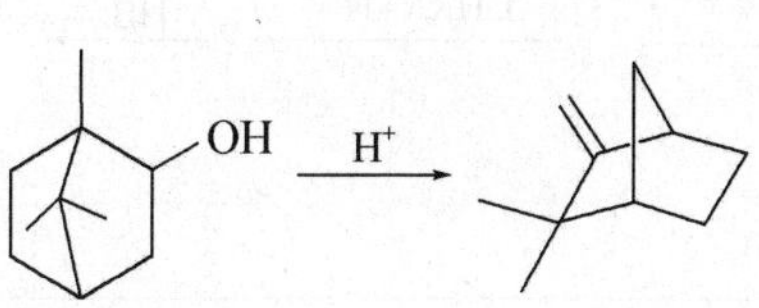

4. 回答下列问题：

(1) 樟脑分子中有两个手性碳原子，为什么只有一对对映异构体？

(2) 化合物 A 与化合物 B 用醋酸酐进行乙酰化反应时，反应速率 A 比 B 快，为什么？

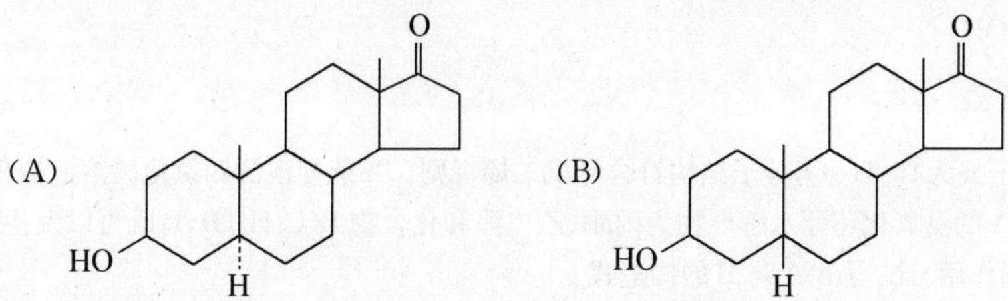

(3) 下列化合物用铬酸氧化时，哪个羟基优先发生反应？为什么？

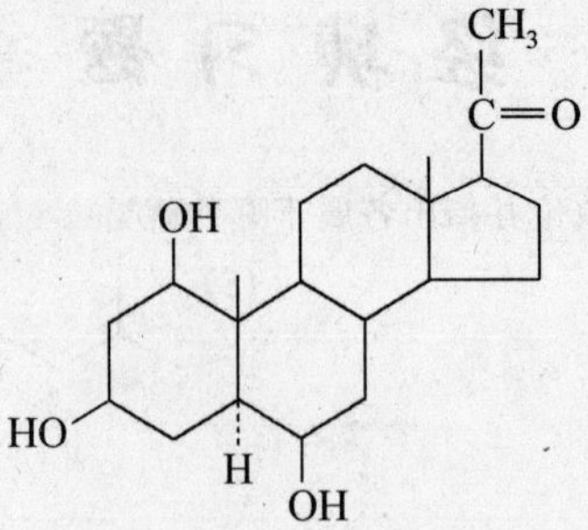

5. 写出下列反应的主要产物：

(1) $\xrightarrow{H_2/Pt}$?

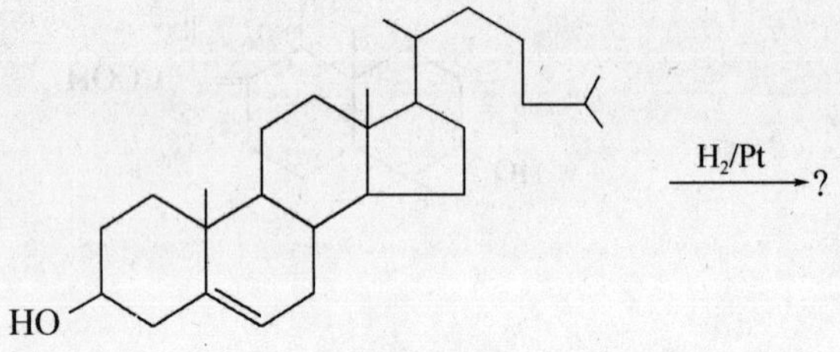

(2) $\xrightarrow[②H_2O_2/OH^-]{①B_2H_6/THF}$?

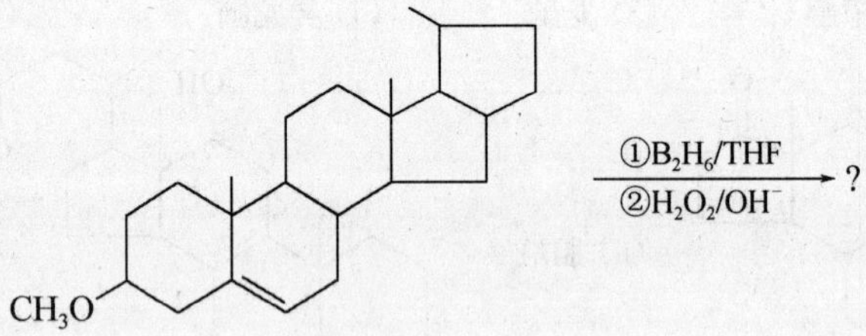

(3) $\xrightarrow{CH_3CO_3H}$? $\xrightarrow{HBr}$?

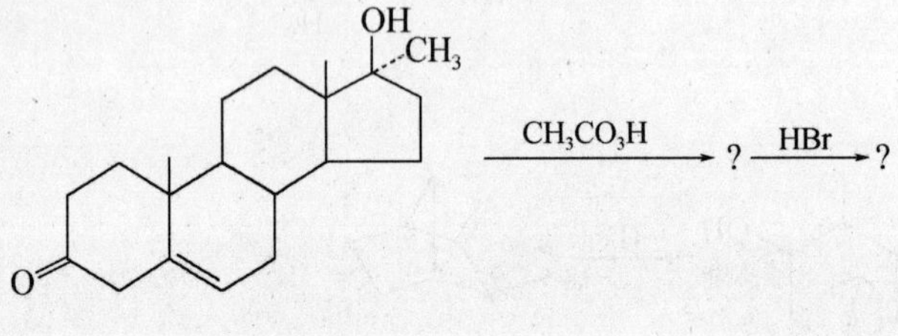

(4) $\xrightarrow{ClCOOC_2H_5}$?

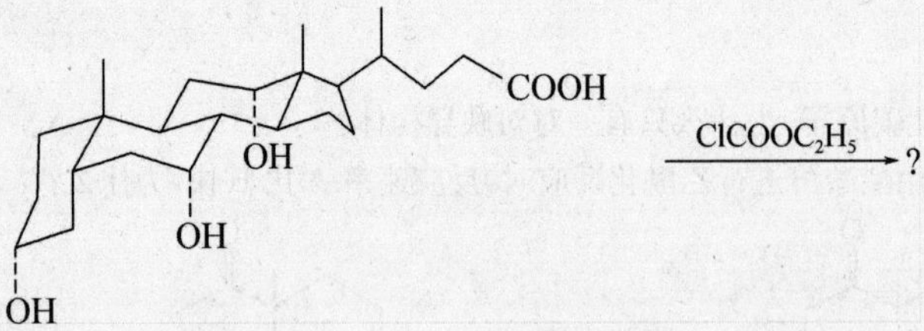

6. 化合物 A 的分子式为 $C_{10}H_{16}O$，分子结构符合异戊二烯规则。A 能使溴的四氯化碳溶液褪色，也能与 Tollens 试剂反应。A 的臭氧化还原水解产物为丙酮、乙二醛和化合物 B(C_5H_8O)，B 既可以发生碘仿反应，又能与 Tollens 试剂作用。试写出 A 与 B 的构造式。

知识地图

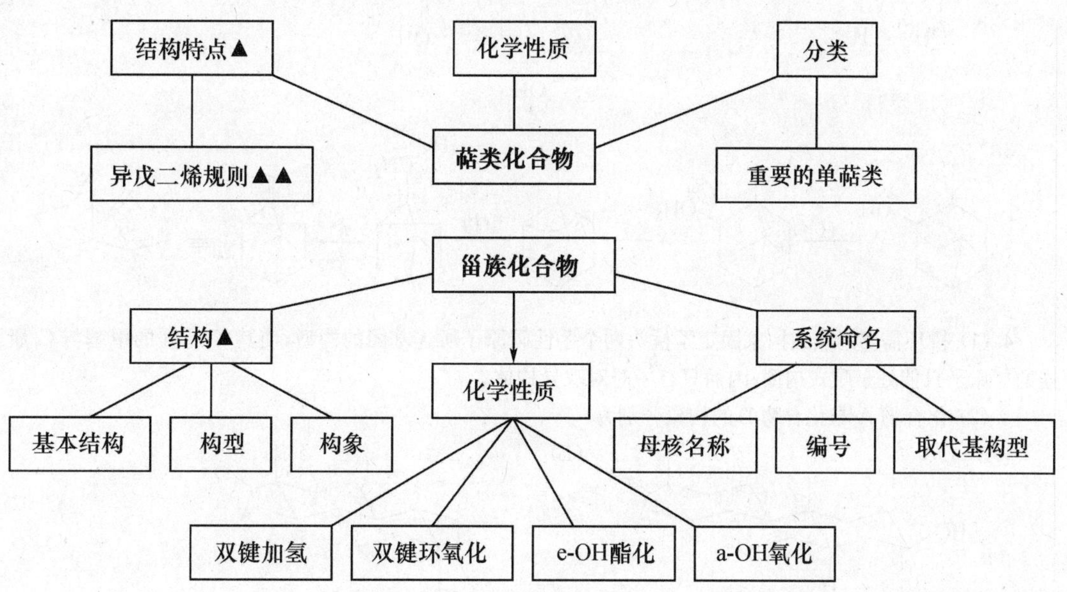
结构特点▲
化学性质
分类
异戊二烯规则▲▲
萜类化合物
重要的单萜类
甾族化合物
结构▲
系统命名
化学性质
基本结构
构型
构象
母核名称
编号
取代基构型
双键加氢
双键环氧化
e-OH酯化
a-OH氧化

习题参考答案

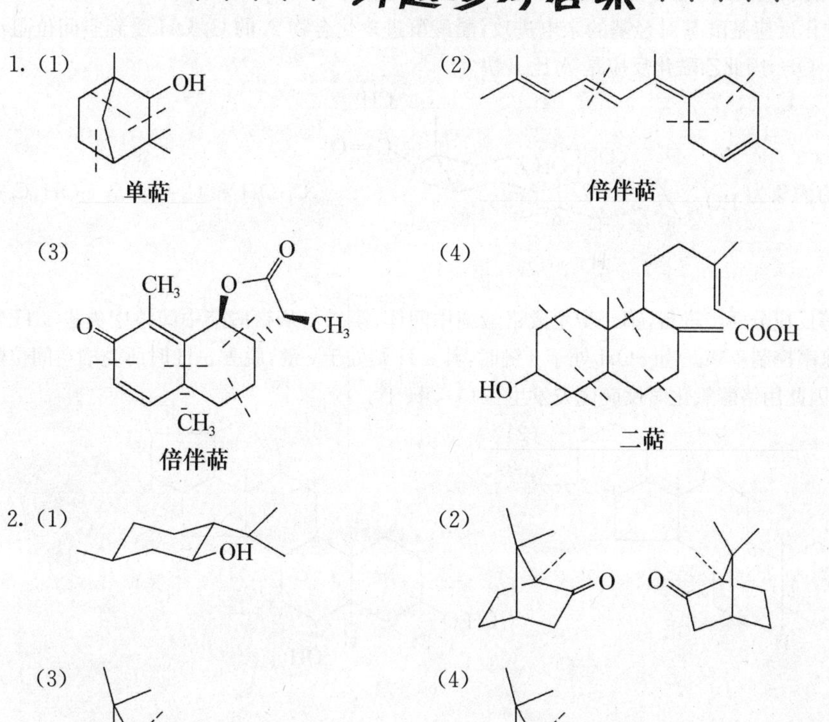
1. (1)
OH
单萜
(2)
倍伴萜
(3)
CH_3
O
O
O
CH_3
CH_3
倍伴萜
(4)
COOH
HO
二萜
2. (1)
OH
(2)
O
O
(3)
H
OH
(4)
OH
H

(5)　　　　(6)

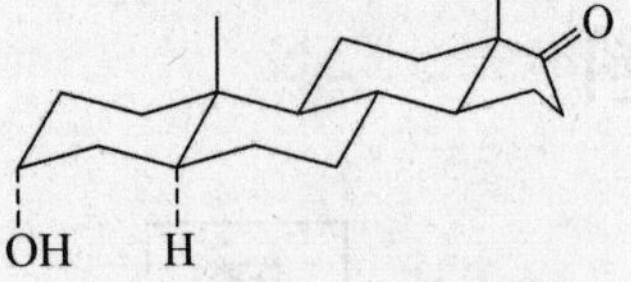

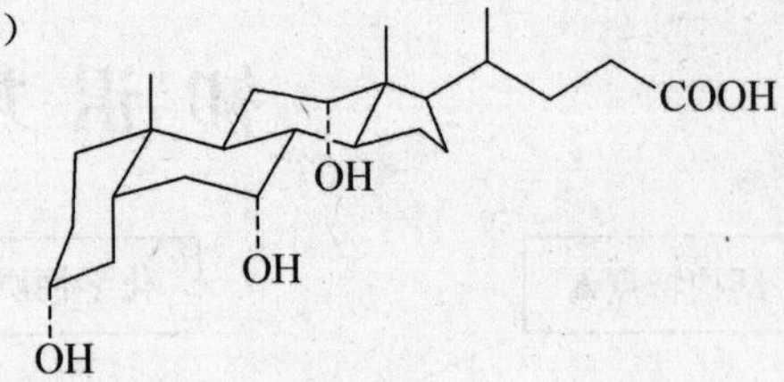

3.

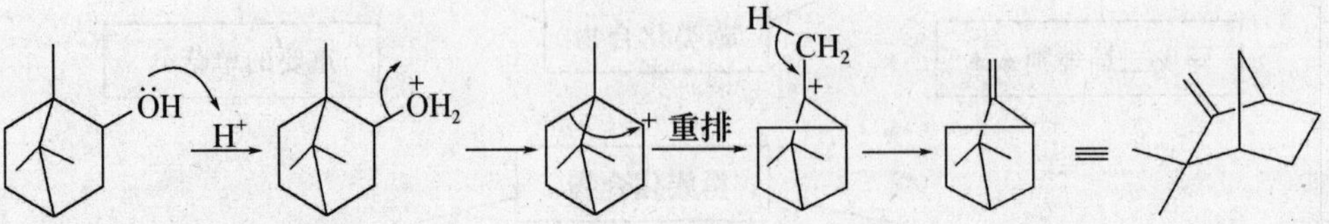

4. (1) 桥环需要的船式构象固定了桥头两个手性碳原子所连基团的构型，使其 C_1 所连的甲基与 C_4 所连的氢原子只能处于顺式构型，因而只有一对对映异构体。

(2) 化合物 A 与化合物 B 的构象分别为：

(A)　　　　(B)

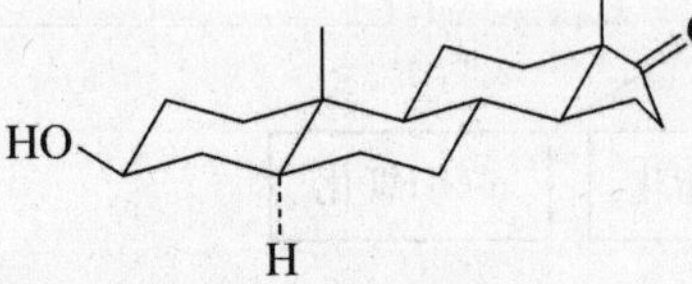

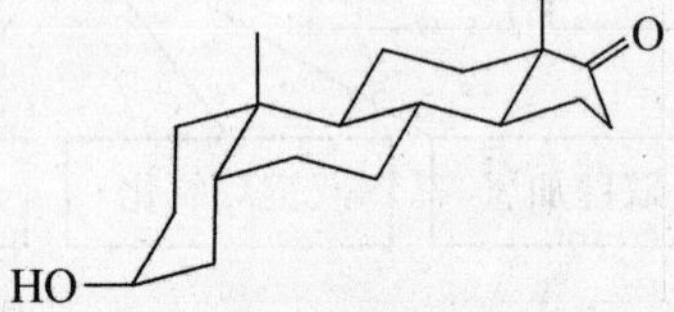

化合物 A 属于别系(5α 型)，化合物 B 属于正系(5β 型)。化合物 A 的 3β-OH 为 e-OH，化合物 B 的 3β-OH 为 a-OH。乙酰化反应是酰基对羟基的亲电进攻，醋酸酐进攻化合物 A 的 C_3-OH 受到空间位阻小于进攻化合物 B 的 C_3-OH，因此乙酰化反应是 A 比 B 快。

(3)化合物的构象为 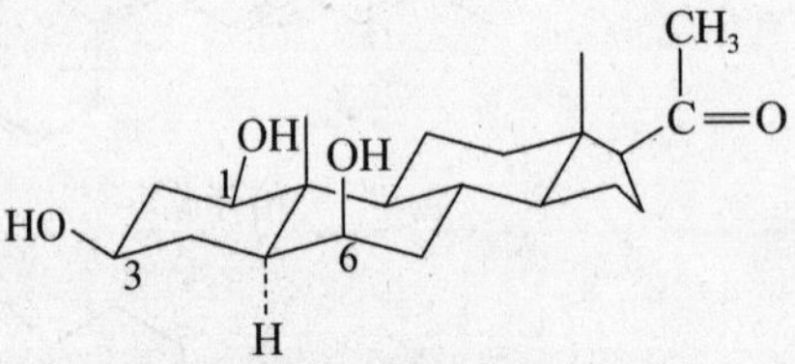　　，C_1-OH 和 C_3-OH 是 e-OH，C_6-OH 是 a-OH。铬酸与醇反应分两步进行，第一步生成铬酸酯中间体，第二步从铬酸酯中间体中失去 α-H 生成羰基化合物，这是速率控制步骤。当—OH 处于 a 键时，其 α-H 则处于 e 键，脱去 α-H 时所受的空间位阻较小，反应容易进行，因此用铬酸氧化时反应优先发生在 C_6-OH 上。

5. (1)　　　　(2)

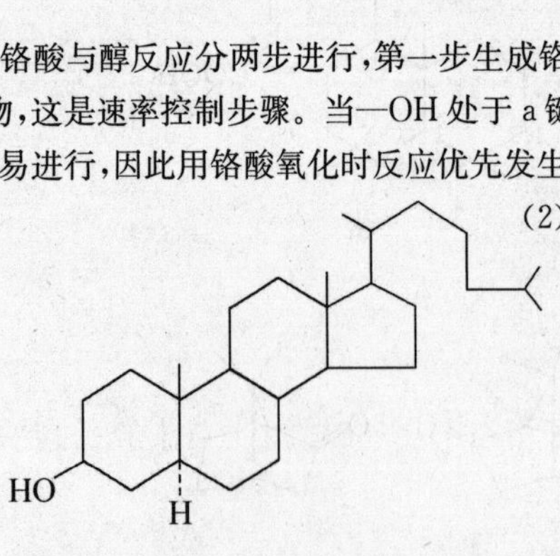

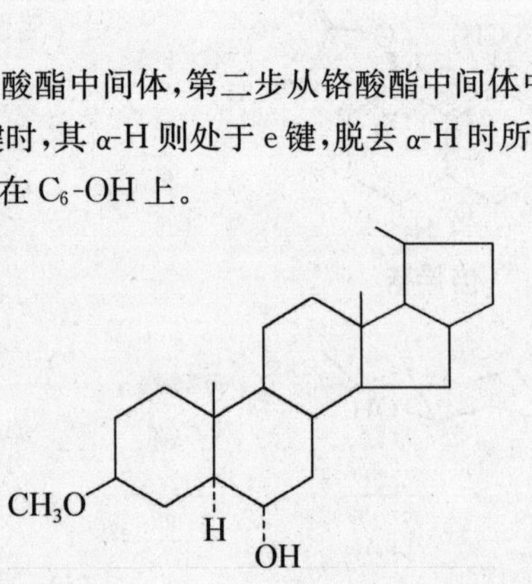

(3)

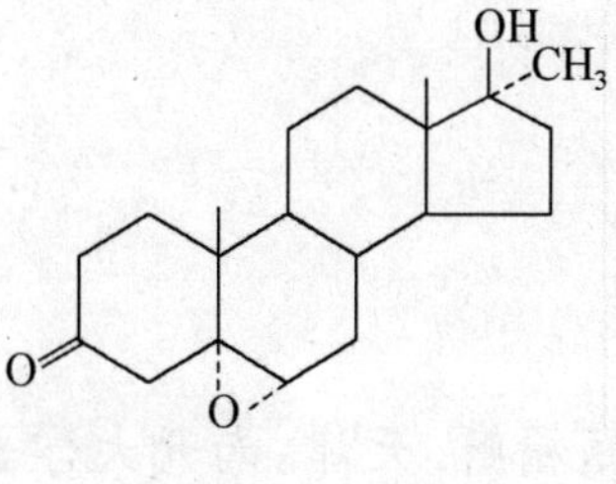

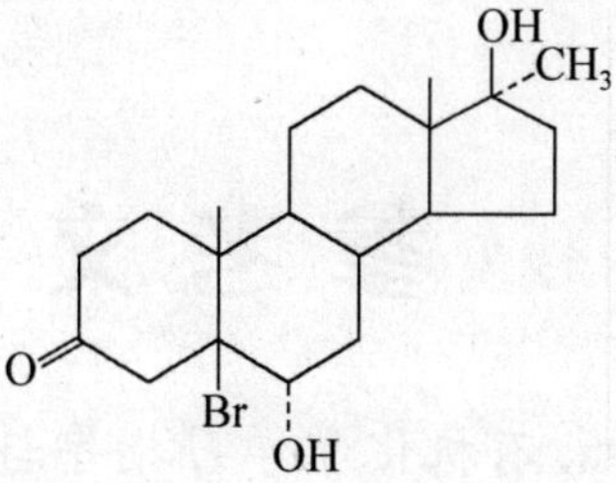

(4)

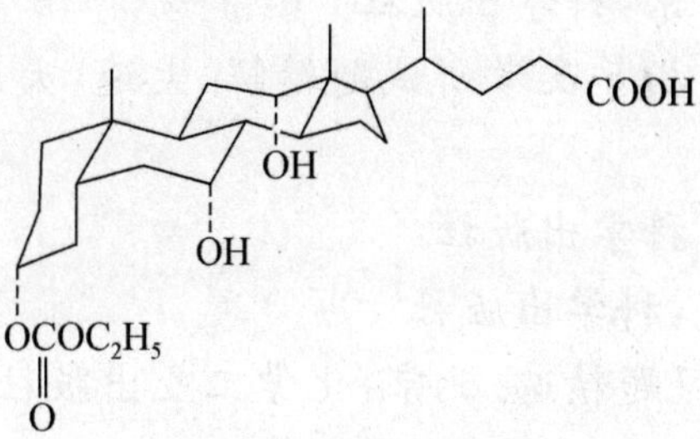

6. A：

$$\begin{matrix} CH_3 \\ \diagdown \\ C\!=\!CHCH_2CH_2C\!=\!CHCHO \\ \diagup \qquad\qquad\qquad | \\ CH_3 \qquad\qquad\qquad CH_3 \end{matrix}$$

B：$CH_3\underset{\underset{O}{\|}}{C}CH_2CH_2CHO$

参考文献

蔡敬杰,王信主编. 2005.有机化学学习指导与习题精解.天津:南开大学出版社

陈长水主编. 2006.有机化学学习指导.北京:科学出版社

姜文凤,陈宏博编著. 2002.有机化学学习指导及考研试题精解.大连:大连理工大学出版社

李发胜,李映苓编. 2012.有机化学.北京:科学出版社

刘建群编. 2005.有机化学学习笔记.北京:科学出版社

芦金荣主编. 2006.有机化学复习指南与习题精选.北京:化学工业出版社

陆涛主编. 2007.有机化学学习指导与习题集.北京:人民卫生出版社

陆阳,李勤耕编. 2010.有机化学.北京:科学出版社

倪沛洲主编. 2003.有机化学.第五版,北京:人民卫生出版社

王积涛,胡青梅,张宝申等编. 1993.有机化学.天津:南开大学出版社,4

邢其毅,裴伟伟,裴坚编. 2006.基础有机化学(上、下册).第3版.北京:高等教育出版社

薛德钧,甘远奇主编. 2005.有机化学一原理与解析.江西:江西科学技术出版社

杨大伟,朴红善主编. 2008.有机化学学习指导.大连:大连理工大学出版社

袁履冰主编. 2002.有机化学.北京:高等教育出版社

曾昭琼主编. 2004.有机化学(上、下册).第4版.北京:高等教育出版社